MATTHES & SEITZ BERLIN PAPERBACK

Robin Wall Kimmerer

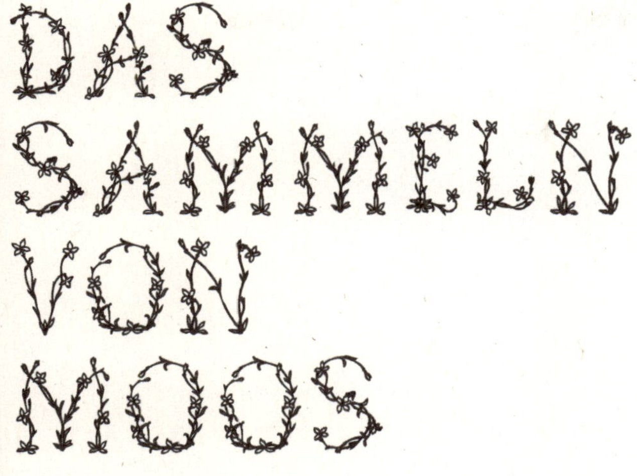

DAS SAMMELN VON MOOS

Eine Geschichte von
Natur und Kultur

Aus dem Amerikanischen
von Dieter Fuchs

NATURKUNDEN

INHALT

VORWORT
DIE WELT DURCH EINE MOOSFARBENE BRILLE BETRACHTEN

Meine früheste Erinnerung an »Naturwissenschaft« (oder war es »Religion«?) stammt aus meinem Kindergarten in der alten Grange Hall. Wir rannten zu den vereisten Fenstern und drückten uns die Nasen platt, um den ersten, schwindlig machenden Schneeflocken zuzusehen. Miss Hopkins war als Erzieherin viel zu erfahren, um die Begeisterung Fünfjähriger über den ersten Schnee bremsen zu wollen, und ging mit uns nach draußen. Eingepackt in Stiefel und Handschuhe umringten wir sie inmitten von lautlos wirbelndem Weiß. Aus der Tiefe ihrer Manteltasche holte sie eine Lupe. Den ersten Blick durch dieses Gerät werde ich nie vergessen – auf Schneeflocken, die den Ärmel ihres marineblauen Wollmantels schmückten, als seien sie Sterne am mitternächtlichen Himmel. Was sich hier zehnfach vergrößert an Komplexität und Detailliertheit darbot, ließ mir den Atem stocken. Wie konnte etwas so Kleines und Gewöhnliches wie Schnee derartig vollkommen sein? Noch jetzt erinnere ich mich an das Gefühl der Verheißung, des Mysteriums, das diesen ersten Blick begleitete. Zum ersten, aber bei weitem nicht zum letzten Mal spürte ich, dass die Welt aus viel mehr bestand als nur aus dem, was unmittelbar vor den Augen liegt. Ich sah den Schnee, der sich weich auf die Äste und Dächer senkte, mit dem komplett neuen Bewusstsein, dass jedes noch so kleine Häufchen ein ganzes Universum an sternförmigen Kristallen birgt. Wie ein Schock wirkte das Geheimnis, das mir der Schnee hier offenbarte. Die Lupe und die Schneeflocke waren eine Erweckung für mich, der Beginn des Sehens. Damals begann ich zu ahnen, dass die ohnehin schon wunderbare Welt noch schöner wird, je genauer man sie betrachtet.

Die richtige Betrachtungsweise von Moosen entspricht dieser frühen Erinnerung an eine Schneeflocke. Am Rand unserer gewöhnlichen Wahrnehmung findet sich in der Hierarchie des Schönen eine weitere Ebene: Blätter, so klein und perfekt gebaut wie eine Schneeflocke, und darin verborgenes Leben, so komplex wie faszinierend. Alles, was man dafür braucht, sind Aufmerksamkeit und der richtige Blick. Moose sind für mich ein Mittel, um Intimität mit der Landschaft herzustellen – fast eine Art Geheimnis des Waldes. Das vorliegende Buch ist eine Einladung in ebendiese Landschaft.

Dreißig Jahre nach meiner ersten Betrachtung von Moosen habe ich so gut wie immer eine Lupe um den Hals hängen. Ihre Schnur verwickelt sich mit dem Lederband meines Medizinbeutels, metaphorisch und auch ganz real. Mein Wissen um die Pflanzen stammt aus unterschiedlichen Quellen: den Pflanzen selbst, meiner naturwissenschaftlichen Ausbildung und einem intuitiven Zugang zum traditionellen Wissen meines Volkes, der Potawatomi. Schon lange, bevor ich im Studium die wissenschaftlichen Bezeichnungen der Pflanzen lernte, sah ich sie als meine Lehrmeister an. An der Uni verwickelten sich die zwei Betrachtungsweisen pflanzlichen Lebens, als Subjekt und Objekt oder Geist und Materie, wie die beiden Schnüre um meinen Hals. Die Art und Weise, in der ich die Wissenschaft der Pflanzen erlernte, verdrängte mein traditionelles Pflanzenwissen. So war die Abfassung dieses Buchs der Prozess, genau diese Kenntnis zurückzugewinnen und ihr den rechtmäßigen Platz einzuräumen.

Unsere Geschichten der alten Tage erzählen von einer Zeit, in der alle Lebewesen eine gemeinsame Sprache hatten – Drosseln, Bäume, Moose und Menschen. Diese Sprache ist aber längst in Vergessenheit geraten. So erfahren wir unsere jeweiligen Geschichten durch das Sehen, durch ein Betrachten der unterschiedlichen Lebensweisen. Ich möchte die Geschichte der Moose erzählen, da ihre Stimmen kaum wahrgenommen werden und wir so viel von ihnen lernen können. Sie haben wichtige Botschaften, die unbedingt gehört werden müssen, Sichtweisen von Spezies, die anders sind als die unsrige. Die Wissenschaftlerin in mir möchte mehr über das Leben der Moose erfahren, und in der Tat ist die Wissenschaft eine formidable Möglichkeit, ihre Geschichte zu erzählen. Aber sie reicht nicht aus. Denn in der Geschichte geht es auch um eine Beziehung. Wir beide kennen uns schon lange, die Moose und ich. Beim Erzählen ihrer Geschichte habe ich gelernt, die Welt durch eine moosfarbene Brille zu betrachten.

Indigenes Wissen beruht auf dem Grundsatz, dass man etwas erst dann versteht, wenn man es mit allen vier Aspekten unserer Existenz erfasst hat: Verstand, Körper, Gefühl und Geist. Die wissenschaftliche Erkenntnis beruht ausschließlich auf empirischen Informationen über die Welt, die der Körper sammelt und der Verstand interpretiert. Um die Geschichte der Moose erzählen zu können, brauche ich die unterschiedlichen Ansätze, den objektiven wie den subjektiven. Die vorliegenden Essays geben beiden Arten des Erkennens Raum, lassen Materie und Geist kameradschaftlich Seite an Seite gehen. Und manchmal auch miteinander tanzen.

DIE STEHENDEN STEINE

Fast zwanzig Jahre gehe ich nun schon abends über diesen Weg, den Großteil meines Lebens, wie es scheint, und zwar barfuß, sodass die Erde gegen die Wölbung meiner Füße drückt. Nur selten habe ich eine Taschenlampe dabei, damit mich allein der Weg durch die Dunkelheit der Adirondack Mountains trägt. Die Füße berühren den Boden wie Finger eine Klaviertastatur und spielen aus dem Gedächtnis ein schönes, altes Lied, eines von Kiefernnadeln und Sand. Unbewusst steige ich über die dicke Wurzel beim Zuckerahorn, wo sich morgens immer die Strumpfbandnattern sonnen. Dort habe ich mir einmal den Zeh verstaucht, deshalb passe ich auf. Am Fuß des Hügels, wo der Regen den Pfad auswäscht, gehe ich ein paar Schritte durch die Farne, um den spitzen Kieseln auszuweichen. Dann folgt ein Streifen glatter Granit, und ich spüre noch die Wärme des Tages im Stein. Der Rest ist einfach, Sand und Gras, vorbei an der Stelle, wo meine Tochter Larkin als Sechsjährige in ein Wespennest getreten ist, vorbei an dem Dickicht aus Streifenahorn, in dem wir einmal eine ganze Familie Baby-Kreischeulen entdeckt haben, auf einem Ast aufgereiht und tief schlafend. Ich biege ab zu meiner Hütte, genau dort, wo ich die Quelle tropfen höre, ihre Feuchtigkeit riechen und spüren kann, wie das Wasser zwischen meinen Zehen aufsteigt.

Das erste Mal kam ich als Studentin her, um an der Cranberry Lake Biological Station mein vorgeschriebenes Praktikum in Feldbiologie abzuleisten. Hier kam es zu meiner ersten Begegnung mit Moosen, als ich Dr. Ketchledge durch den Wald folgte und mit einer Standard-Handlupe, einer Ward's Scientific Student, die ich aus dem Geräteraum bekommen hatte und an einem speckigen Band um den Hals trug, die Moose entdeckte. Ich wusste, dass ich ihnen verfallen war, als ich am Ende des Kurses einen Teil meiner kargen College-Ersparnisse nahm und mir eine professionelle Lupe von Bausch & Lomb bestellte, die gleiche wie er.

Die habe ich immer noch, und ich trage sie an einer roten Schnur um den Hals, wenn ich meine eigenen Studenten über die Wege am Cranberry Lake führe, wohin ich zurückgekehrt bin, um dem Lehrkörper beizutreten und irgendwann die Bio-Station zu leiten. In all diesen Jahren haben sich die Moose längst nicht so stark verändert wie ich. Der kleine Fleck *Pogonatum*, den Ketch uns am Tower Trail gezeigt hat, ist immer noch da. Sommer für Sommer halte ich an, um ihn mir genauer anzusehen und über seine Langlebigkeit zu staunen.

In den letzten Jahren haben meine Studenten und ich uns mit Gestein beschäftigt und anhand der Kolonienbildung diverser Moosspezies versucht, so viel wie möglich über ihr Zusammenleben auf Felsblöcken zu erfahren. Jeder Gesteinsblock steht so einsam wie eine Insel in der wogenden See des Waldes. Seine einzigen Bewohner sind die Moose. Wir versuchen herauszufinden, warum auf dem einen Felsblock zehn oder noch mehr Moos-Arten friedlich zusammenleben, während ein nahegelegener Stein, äußerlich gleich, von einem einzigen, singulär hier wachsenden Moos beherrscht wird. Welches sind die Bedingungen, die nicht nur Individuen, sondern darüber hinaus auch gemischte Gemeinschaften ermöglichen? Das ist eine komplexe Fragestellung für Moose, von uns Menschen ganz zu schweigen. Am Ende des Sommers haben wir hoffentlich eine kleine Publikation fertig, unseren gelehrten Beitrag zur Wahrheit über Steine und Moose.

Die Adirondacks sind voll mit glazialen Felsblöcken, klobigen, wie zufällig hingeworfenen Granitstücken, die das Eis vor zehntausend Jahren hier zurückgelassen hat. Ihre moosbewachsenen Ausmaße lassen die Wälder urzeitlich wirken, und dennoch weiß ich, wie sehr sich die Szenerie um sie herum verändert hat, vom Tag, an dem sie hier auf einer unfruchtbaren Fläche des Gletscher-Abriebs gestrandet sind, bis zu den dichten Ahornwäldern, die sie heute umgeben.

Die meisten Blöcke reichen mir nur bis zu den Schultern, aber bei manchen brauchen wir eine Leiter, um sie vollständig untersuchen zu können. Meine Studenten und ich wickeln ein Maßband um sie herum. Wir messen Lichteinfall und pH-Wert, notieren die Anzahl der Spalten und die Stärke ihrer dünnen Humusschicht. Sorgfältig katalogisieren wir die Position sämtlicher Moos-Arten und sagen dabei laut ihre Namen. *Dicranum scoparium.*

Plagiothecium denticulatum. Die Studentin, die alles mitschreiben muss, bittet um kürzere Bezeichnungen. Aber Moose haben in Amerika keine Spitznamen, denn niemand hat sich je für sie interessiert. Sie besitzen nur die wissenschaftlichen Bezeichnungen, die ihnen protokollgemäß und mit juristischer Präzision Carolus Linnaeus gegeben hat, der große Pflanzentaxonom. Sogar sein eigener Name, Carl Linné, erhalten von der schwedischen Mutter, wurde im Dienste der Wissenschaft latinisiert.

Etliche der Felsen hier haben Namen, die rund um den See als Bezugspunkte benutzt werden: Chair Rock, Gull Rock, Burnt Rock, Elephant Rock, Sliding Rock. Jeder Name erzählt eine Geschichte und verbindet uns immer, wenn wir ihn aussprechen, mit der Vergangenheit und gleichzeitig der Gegenwart dieses Ortes. Meine Töchter, die hier aufgewachsen sind und deshalb glauben, dass Felsen einfach Namen haben, erfinden eigene: Bread Rock, Cheese Rock, Whale Rock, Reading Rock, Diving Rock.

Die Bezeichnungen, die wir für Steine oder andere Wesen verwenden, hängen von unserer Sichtweise ab, also davon, ob wir von innerhalb oder außerhalb des Kreises sprechen. Der Name auf unseren Lippen enthüllt das Wissen, das wir voneinander haben, daher die süßen, geheimen Ausdrücke für unsere Liebsten. Die Namen, die wir uns selbst geben, sind eine mächtige Art der Selbst-Bestimmung, der Unabhängigkeitserklärung. Außerhalb des Kreises mögen die wissenschaftlichen Namen ausreichen, aber wie nennen sich innerhalb des Kreises die Moose selbst?

Ein großer Vorzug der Bio-Station ist, dass sie sich von Sommer zu Sommer kaum verändert. Wir können im Juni einfach hineinschlüpfen wie in ein verwaschenes Flanellhemd, das nach dem Holzrauch vom Vorjahr riecht. Sie ist eine Art Lebensgrundlage, unser wahres Zuhause, eine Konstante inmitten der anderweitigen Veränderungen. Es gab keinen einzigen Sommer, in dem in den Fichten beim Speisesaal keine Meisenwaldsänger genistet hätten. Mitte Juli, also bevor die Blaubeeren reif sind, streift regelmäßig ein hungriger Bär durchs Camp. Pünktlich wie die Uhr schwimmen zwanzig Minuten nach Sonnenuntergang die Biber am vorderen Steg vorbei, und der letzte Morgennebel findet sich immer am Südhang des Bear Mountain. Oh, manchmal verändert sich doch etwas. In einem harten Winter schiebt das Eis vielleicht Treibholz ans Ufer. Einmal ist ein silbriger, alter Stamm, dessen einer Ast wie der Hals eines Reihers aussieht, in der Bucht zwanzig Meter weitergewandert. Und in einem der Sommer fanden sich die Saftleckerspechte in einem anderen Baum wieder, nachdem die Krone der alten Zitterpappel vom Sturm weggeblasen wurde. Sogar die Veränderungen bilden bekannte Muster, etwa die Abdrücke der Wellen im Sand, der Wechsel von glatter Seeoberfläche zu meterhohem Wellengang, das Rascheln des Espenlaubs lange vor dem Regen, die abendlichen Wolken, deren Aussehen die Windstärke des nächsten Tages ankündigt. Ich schöpfe Kraft und Trost aus dieser körperlichen Intimität mit der Umgebung, dem Gefühl, die Namen der Felsen und außerdem meinen Platz auf der Welt zu kennen. An diesem wilden Ufer ist meine innere Landschaft ein nahezu perfektes Spiegelbild der äußeren Welt.

Umso faszinierter war ich von dem, was ich heute entdeckt habe, auf einem wohlbekannten Uferweg und nur wenige Meilen von der Hütte entfernt. Mich traf fast der Schlag. Orientierungslos schnappte ich nach Luft und blickte umher, um mich zu vergewissern, dass ich immer noch auf demselben Weg und nicht in irgendeiner Zwischenwelt war, wo die Dinge anders sind als gedacht. Ich bin diesen Weg öfter gegangen, als ich hier aufzählen kann, und dennoch war ich erst heute in der Lage, sie auch zu sehen: fünf Felsblöcke, jeder so groß wie ein Schulbus, dicht beisammen liegend und ineinandergeschmiegt wie ein altes Ehepaar, in den Armen des jeweils anderen sicher und geborgen. Der Gletscher muss sie in diese Liebesstellung geschoben und sich dann weiterbewegt haben. Andächtig umkreiste ich das Felsgebilde und ließ dabei die Fingerspitzen über seinen Moosbewuchs gleiten.

Auf der östlichen Seite befindet sich eine Öffnung, eine höhlenartige Dunkelheit zwischen den Steinen. Irgendwie wusste ich, dass sie da sein würde. Diese Tür, die ich noch nie zuvor gesehen habe, kommt mir eigenartig bekannt vor. Meine Familie gehört zum Bären-Clan der Potawatomi. Der Bär besitzt die Medizinkenntnis für das Volk und hat eine besondere Beziehung zu den Pflanzen. Er ist derjenige, der sie mit Namen anredet und ihre jeweilige Geschichte kennt. Wir rufen ihn an, um über eine Vision die Aufgabe zu finden, für die wir bestimmt sind. Mir scheint, ich folge dem Bären.

Die Landschaft ringsum wirkt alarmiert – jedes Detail hat eine übernatürliche Schärfe. Ich stehe auf einer Insel surrealer Ruhe, wo die Zeit so schwer wie der Fels vor mir wiegt. Als ich jedoch den Kopf schüttele, um wieder normal sehen zu können, höre ich das vertraute Rauschen der Wellen und die tschilpenden Schnäpperwaldsänger über meinem Kopf. Die Höhle zieht mich in sich hinein, auf Händen und Knien ins Dunkel, unter die Tonnen an Fels, in Erwartung einer Bärenhöhle. Eine Biegung, und das Licht von draußen verschwindet hinter mir. Ich atme die Kühle ein, ohne jede Witterung eines Bären, nur von weicher Erde und dem Geruch des Granits. Mit den Fingern tastend, bewege ich mich vorwärts, ohne recht zu wissen, warum. Der Höhlenboden ist abwärts geneigt, trocken und sandig, als würde der Regen nie so weit eindringen. Vor mir, hinter einer weiteren Biegung, steigt der Tunnel wieder an. Grünes Waldlicht wird sichtbar, also schiebe ich mich weiter. Ganz offenbar bin ich durch eine Röhre gekrochen, die unter diesem Steinhaufen hindurch auf die andere Seite führt. Ich winde mich aus dem Tunnel, bin aber keineswegs wieder im Wald. Stattdessen gelange ich auf eine kleine, grasbewachsene Wiese, einen Kreis, der von den Felsen umschlossen ist. Das ist ein Zimmer, ein mit Licht erfülltes Zimmer, das wie ein rundes Auge hinauf ins Blau des Himmels blickt. Hier blüht Castilleja, und nach Heu duftender Farn grenzt an den Ring der stehenden Steine. Ich bin in der Mitte dieses Kreises. Es gibt keine Öffnung außer der, durch die ich gekommen bin, und ich spüre, wie sich dieser Eingang hinter mir verschließt. Ich suche den Kreis ab, ohne die Öffnung im Fels zu entdecken. Zuerst packt mich die Angst, aber das Gras riecht warm in der Sonne und die Wände sind voller Moos. Wie merkwürdig es ist, nach wie vor die Rotschwänzchen in den Bäumen draußen zu hören, in einem Paralleluniversum, das wie eine Fata Morgana verschwimmt, während mich die bemoosten Wände umschließen.

Unerklärlicherweise bin ich hier, in diesem Steinkreis, weit entfernt von jedem Denken, jedem Fühlen. Die Felsen sind voller Absicht, eine intensive Gegenwart, die Lebendiges anzieht. Dies ist ein Ort der Kraft, der vor Energie vibriert, ausgestrahlt in langen Wellen. Im Bann der Steinbrocken wird meine Anwesenheit gewürdigt.

Die Felsen sind jenseits jeder Schwerfälligkeit und Stärke, aber trotzdem geben sie einem grünen Atem nach, der so kräftig wie ein Gletscher ist, während das Moos ihre Oberfläche abnutzt und sie langsam, Körnchen für Körnchen, wieder zu Sand werden lässt. Zwischen Moosen und Steinen findet ein uraltes Gespräch statt, das reine Poesie sein muss. Über Licht und Schatten und das Driften der Kontinente. Das ist, was jemand die »Dialektik von Moos auf Gestein« genannt hat: »Ein Aufeinandertreffen von Unermesslichkeit und Winzigkeit, von Vergangenheit und Gegenwart, Weichheit und Härte, Ruhe und Schwingung, Yin und Yang« (G. Schenk, *Moss Gardening*, 1999). Das Materielle und das Spirituelle leben hier zusammen.

Mooskolonien sind vielleicht für Wissenschaftler ein Rätsel, nur wissen Moos und Stein alles voneinander. Als Intimpartner haben Moose eine detaillierte Kenntnis der Gesteinskonturen. Sie wissen, welchen Weg das Regenwasser durch eine Felsspalte nimmt, genau wie ich weiß, wie der Pfad zu meiner Hütte verläuft. Ich stehe in diesem Kreis und erkenne, dass Moose ihre eigenen Namen haben und schon lange vor Carl Linnaeus hatten, dem latinisierten Namensgeber der Pflanzen. Die Zeit vergeht.

Ich weiß nicht, wie lange ich weg war, ob Minuten oder Stunden. Für diesen Zeitraum hatte ich keine Empfindung meiner Existenz. Es gab nichts außer Fels und Moos. Moos und Fels. Als würde mir sanft eine Hand auf die Schulter gelegt, komme ich zu mir und blicke mich um. Ich bin aus der Trance erwacht. Über mir höre ich wieder die Rotschwänzchen tschilpen. Die Wände ringsumher sind übersät mit allen möglichen Moosen, und ich betrachte sie, als sähe ich sie zum ersten Mal. Ob grün oder grau, alt oder neu an diesem Ort und zu diesem Zeitpunkt – alle teilen sie diesen Moment der Ruhe zwischen den Gletschern. Meine Vorfahren wussten, dass Steine die Geschichten der Erde aufbewahren, und für einen Augenblick konnte ich sie hören.

Meine Gedanken kommen mir hier zu laut vor, wie ein ärgerliches Rauschen, das die Steine in ihrem Gespräch stört. Die Tür in der Wand ist wieder aufgetaucht, auch die Zeit setzt sich wieder in Bewegung. Ein Zugang zu diesem Steinkreis wurde geöffnet – und ein Geschenk gemacht. Ein Geschenk bringt Verantwortung mit sich. Ich hatte nicht den Wunsch, die Moose an diesem Ort zu benennen, sie mit den Linné'schen Bezeichnungen zu versehen. Meine Aufgabe bestand wohl eher im Mitnehmen der Botschaft, dass Moose ihre eigenen Namen haben. Ihre Existenz auf der Welt kann nicht allein durch Daten beschrieben werden. Sie rufen mir ins Gedächtnis, dass es Geheimnisse gibt, für die ein Maßband keine Bedeutung hat; Fragen und Antworten, für die in der Wahrheit über Felsen und Moose kein Platz ist.

Auf dem Weg hinaus ist der Tunnel weniger mühsam. Diesmal weiß ich, wohin ich mich bewege. Ich drehe mich noch einmal nach den Steinen um, dann setze ich meine Füße auf den bekannten Weg nach Hause. Ich weiß, dass ich einem Bären folge.

SEHEN LERNEN

Nach vier Stunden in 10 000 Metern Höhe habe ich mich der Lähmung eines Transkontinentalflugs ergeben. Vom Start bis zur Landung sind wir alle im Zustand ausgesetzter Animiertheit, in einer Pause zwischen Kapiteln unseres Lebens. Wenn wir durchs Fenster in die strahlende Sonne blicken, ist die Erde nur eine flache Projektion, deren Gebirgszüge auf Falten in der kontinentalen Haut reduziert sind. Ohne Rücksicht auf unsere Reise hier oben entfalten sich unten andere Geschichten. Brombeeren reifen in der Augustsonne heran, eine Frau packt den Koffer und zögert an der Türschwelle; ein Brief wird geöffnet, und zwischen den Seiten erscheint ein überraschendes Foto. Aber wir bewegen uns zu schnell und sind zu weit weg; wir bekommen keine der Geschichten mit, nur unsere eigene. Als ich mich vom Fenster wegdrehe, verschwinden sie in der zweidimensionalen, grün-braunen Landkarte unter uns. Wie eine Forelle, die in den Schatten eines Uferüberhangs gleitet und einen weiter auf die glatte Wasseroberfläche starren lässt mit der Frage, ob sie überhaupt da war.

Ich setze mir die neu erworbene, nach wie vor frustrierende Lesebrille auf und beklage meine mittel-alte Sehkraft. Die Wörter auf der Seite werden scharf und verschwimmen wieder. Wie ist es möglich, dass ich nicht mehr sehen kann, was einst so deutlich war. Mein fruchtloses Bemühen, zu sehen, was ich da direkt vor mir weiß, erinnert mich an meine erste Reise in die Regenwälder Amazoniens. Unsere indigenen Tourguides zeigten uns geduldig den Leguan auf einem Ast oder den Tukan, der durch die Blätter auf uns herabäugte. Was ihrem geübten Blick so offensichtlich war, erschien uns so gut wie unsichtbar. Ohne die nötige Erfahrung konnten wir das Muster aus Licht und Schatten einfach nicht als »Leguan« interpretieren, deshalb hatten wir ihn direkt vor der Nase und sahen ihn frustrierenderweise nicht.

Wir armen, kurzsichtigen Menschen, die wir weder die scharfe Fernsicht der Greifvögel noch die Panoramavision einer Stubenfliege besitzen. Mit unserem großen Gehirn wissen wir immerhin um die Grenzen unseres Sehvermögens. In einer für unsere Spezies seltenen Demut erkennen wir an, dass vieles auf unserer Welt nicht sichtbar ist, und ersinnen deshalb die erstaunlichsten Methoden ihrer Betrachtung. Infrarot-Satellitenbilder, optische Fernrohre und das Hubble-Weltraumteleskop rücken das Unermessliche ins Blickfeld. Elektronenmikroskope lassen uns das verborgene Universum unserer Zellen durchstreifen. Aber im mittleren Bereich, dem des bloßen Auges, scheinen unsere Sinne merkwürdig stumpf zu sein. Mit raffinierten Technologien versuchen wir zu sehen, was außerhalb unseres Vermögens liegt, aber für die zahllos funkelnden Facetten vor uns sind wir oft merkwürdig blind. Wir glauben, wir würden bereits *sehen*, dabei haben wir nur an der Oberfläche gekratzt. Unsere Sehschärfe in diesem mittleren Bereich scheint reduziert zu sein, allerdings nicht durch ein Versagen der Augen, sondern durch die Bereitschaft unseres Verstandes. Hat die Potenz unserer Geräte dazu geführt, dass wir dem bloßen Auge nicht mehr trauen? Oder lassen wir links liegen, was zur Betrachtung keine Technologie erfordert, dafür aber Dinge wie Zeit und Geduld? Dabei kann Aufmerksamkeit dem stärksten Vergrößerungsglas Paroli bieten.

Ich erinnere mich an meine erste Begegnung mit dem Nordpazifik, am Rialto Beach der Olympic-Halbinsel. Als Festland-Botanikerin konnte ich es kaum erwarten, zum ersten Mal den Ozean zu sehen, deshalb spähte ich um jede Kurve der gewundenen Schotterpiste. Wir erreichten ihn in dichtem, grauem Nebel, der tief in den Bäumen hing und meine Haare mit Feuchtigkeit benetzte. Bei klarem Himmel hätten wir nur gesehen, was wir erwarteten: eine felsige Küste, üppige Wälder und die Weite des Meeres. Aber an diesem Tag war die Luft undurchsichtig, und die hinter uns liegende Hügellandschaft kam nur dann zum Vorschein, wenn sich die Wipfel der Sitka-Fichten durch die Wolken bohrten. Das Meer war allein durch seine dröhnende Brandung anwesend, aber draußen, jenseits der Gezeitenbecken. Hier, am Rand dieser Unermesslichkeit, war die Welt ganz klein geworden, denn der Nebel verdeckte alles außer der Mitteldistanz. Mein aufgestautes Verlangen, das Küstenpanorama zu sehen, richtete sich so auf die einzigen erkennbaren Dinge: den Strand und die verstreuten Gezeitenbecken.

Beim Herumstreifen in diesem Grau verloren wir uns schnell aus den Augen, denn meine Freunde verschwammen nach wenigen Schritten wie Geister. Nur unsere gedämpften Stimmen hielten uns zusammen, indem Funde wie ein perfekter Kieselstein oder die intakte Schale einer Scheidenmuschel vermeldet wurden. Vom Studium der Reiseführer wusste ich, dass wir in den Gezeitenbecken Seesterne entdecken »müssten« – in meinem Fall zum allerersten Mal. Einen hatte ich schon im Zoologie-Kurs gesehen, allerdings getrocknet, und jetzt wollte ich sie zu Hause erleben, wo sie ja eigentlich hingehörten. Ich suchte zwischen Muscheln und Napfschnecken, ohne einen zu entdecken. Es gab hier so viele Krebse und exotisch aussehende Algen, Seeanemonen und Käferschnecken, dass jeder Gezeitenbecken-Novize glücklich gewesen wäre. Aber keinen Seestern. Ich ging gebückt über die Felsen, hob mondfarbene Muschelschalen oder eigenwillig geformte Treibholzstückchen auf und hielt weiter Ausschau. Kein Seestern weit und breit. Enttäuscht richtete ich mich auf, um meinen steifen Rücken zu entlasten, und plötzlich – sah ich einen. Leuchtend orange klebte er direkt vor mir an einem Stein. Und dann war es, als würde ein Vorhang weggezogen, und ich sah sie überall. Wie Sterne, die an einem dunkler werdenden Sommerabend nach und nach zum Vorschein kommen. Orangefarbene Sterne in den Spalten eines schwarzen Felsbrockens, Sterne in geflecktem Burgunder und mit ausgestreckten Armen, violette Sterne, zusammengeballt wie eine Familie, die sich vor der Kälte schützt. Kaskadenartig wurde das Unsichtbare sichtbar.

Ein Cheyenne-Ältester hat mir einmal erklärt, dass man etwas am ehesten dann findet, wenn man nicht danach sucht. Für eine Wissenschaftlerin ist das natürlich eine problematische Vorgehensweise. Aber er meinte, man solle aus dem Augenwinkel betrachten und offen für Möglichkeiten sein, dann würde sich das Gesuchte offenbaren. Die Offenbarung, plötzlich das zu sehen, wofür ich nur kurze Zeit vorher noch blind gewesen war, ist für mich ein grandioses Erlebnis. Ich kann an diesen Augenblick zurückdenken und immer noch die Welle der Expansion spüren. Wie die Grenze zwischen meiner Welt und der eines anderen Wesens ruckartig verschoben wird und auf einmal Klarheit besteht, ein so demütig machendes wie gleichermaßen wunderbares Erlebnis.

Das plötzliche Gefühl eines visuellen »Bewusstseins« entsteht partiell durch die Entstehung eines »Suchbildes« im Gehirn. In einer komplexen visuellen Landschaft registriert das Gehirn zunächst alle eingehenden Informationen, ohne sie kritisch zu bewerten. Fünf orangefarbene Arme, sternförmig angeordnet, dazu ein glatter, schwarzer Fels sowie Licht und Schatten. Das ist, was ankommt, aber das Gehirn interpretiert eben nicht gleich, gibt dem Verstand also keine Bedeutungen weiter. Erst wenn das Muster wiederholt wird und der Verstand darauf reagiert, »erkennen« wir, was wir da sehen. Genauso werden Tiere zu geschulten Detektoren ihrer Beute, indem sie nämlich komplexe visuelle Muster nach der besonderen Konstellation absuchen, die für sie Nahrung bedeutet. Zum Beispiel sind Waldsänger sehr erfolgreiche Jäger, wenn eine bestimmte Raupe häufig auftritt und im Gehirn des Vogels dadurch ein entsprechendes Suchbild entsteht. Gibt es aber nur wenige, bleiben sie durchaus auch unentdeckt. Die neuralen Bahnen müssen durch Erfahrung trainiert werden, um zu erzeugen, was gesehen wird. Die Synapsen feuern, und die Sterne kommen heraus. Das Ungesehene ist plötzlich klar ersichtlich.

Im Hinblick auf Moose ist der Waldspaziergang eines 1,80 Meter großen Menschen mit einem Transkontinentalflug zu vergleichen – in 10 000 Metern Höhe. So hoch über der Erde und unterwegs zu einem anderen Ort laufen wir Gefahr, ein ganzes Universum unter unseren Füßen zu übersehen. Moose und andere Kleinlebewesen laden uns ein, für eine gewisse Zeit an den Rändern der gewöhnlichen Wahrnehmung zu verweilen. Dafür ist nichts als Aufmerksamkeit nötig. Schau auf spezielle Weise hin und entdecke eine komplett neue Welt.

Mein Ex-Mann hat mich wegen meiner Leidenschaft für Moose gern aufgezogen und gemeint, die seien doch höchstens als Deko gut. Für ihn waren sie nur eine Tapete des Waldes, die seinen Fotos von Bäumen die richtige Stimmung verleihen. In der Tat erzeugt ein Teppich aus Moos dieses grün schimmernde Licht. Aber fokussiere die Linse auf die moosige Tapete selbst, und der verschwommen grünliche Hintergrund wird nicht nur scharf, sondern lässt auch eine gänzlich neue Dimension erkennen. Die Tapete, die auf den ersten Blick gleichförmig strukturiert schien, ist in Wahrheit eine komplexe Tapisserie, eine golddurchwirkte, aufwändig gemusterte Oberfläche. Das »Moos« entpuppt sich als Vielzahl von Moosen ganz unterschiedlicher Ausformung. Es gibt Wedel, die an Miniatur-Farne erinnern, straußenfedernartige Fäden oder glänzende Büschel, die wie seidiges Babyhaar aussehen. Bei genauer Betrachtung eines bemoosten Baumstamms denke ich immer, ich betrete ein Märchen-Stoffgeschäft. Die Schaufenster sind voll bunter Gewebe und Farben, die einen dazu einladen, die ausliegenden Stoffballen genauer zu untersuchen. Man kann mit den Fingerspitzen über die silbrigen Tuchbahnen des *Plagiothecium* fahren und den schimmernden Brokat eines *Brotherella* betasten. Es gibt die dunklen Wollbündel des *Dicranum*, die goldenen Bettlaken des *Brachythecium* und die funkelnden Schleifchen des *Mnium*. Der knotig-braune *Callicladium*-Tweed ist über seine gesamte Fläche mit vergoldeten *Campylium*-Fäden durchschossen. Hier ohne genaueres Hinsehen vorbeizueilen, ist, wie wenn man ins Handy spricht und dabei an der Mona Lisa vorbeigeht.

Nähere dich diesem Teppich aus grünem Licht und Schatten, und schlanke Zweige bilden einen belaubten Baumwipfel über robusten Stämmen, Regen tropft durch den Baldachin, und scharlachrote Milben turnen im Blattwerk. Die Architektur des umgebenden Waldes wiederholt sich in der Form des Moosteppichs – der Nadel- und der Mooswald sind ein Spiegelbild des jeweils anderen. Fokussiere deinen Blick auf die Größe eines Tautropfens, dann wird die Waldlandschaft zur verschwommenen Tapete und ist plötzlich nur noch Hintergrund des scharfen Moosmikrokosmos.

Die richtige Betrachtung von Moosen hat mehr mit Hören zu tun als mit Sehen. Ein flüchtiger Blick reicht da nicht. Einer weit entfernten Stimme zu lauschen oder im leisen Subtext eines Gesprächs Nuancen zu erhaschen, erfordert Aufmerksamkeit, ein Wegfiltern von Störgeräuschen, um die Musik mitzubekommen. Moose sind mitnichten Fahrstuhlmusik, eher die verwobenen Fäden eines Beethoven-Quartetts. Moose betrachtet man am besten so, wie man dem Wasser lauscht, wenn es über Steine fließt. Der beruhigende Klang eines Flusses hat viele Stimmen; das bewegte Rauschen, mit dem er sich selbst umspielt, und sein spritzender Aufprall an den Felsbrocken. Dann können – mit Bedacht und Ruhe – in dieser Fuge des Flussklangs die einzelnen Töne isoliert werden. Das Gleiten des Wassers über einen Felsblock, Oktaven höher als das dumpfe Brummen von malmendem Kies, das

Gurgeln des Kanals, der sich zwischen zwei Steinen hindurchschleust, die glockenartigen Töne eines Tropfens, der in ein Wasserbecken fällt. So ist das auch beim Betrachten von Moosen. Sobald wir langsamer werden und näher herangehen, bilden und verbreiten sich in den verworrenen Tapisserie-Fäden Muster. Die Fäden sind sowohl abgelöst vom Ganzen als auch ein Teil davon.

Die Fraktalgeometrie einer einzelnen Schneeflocke zu kennen, macht eine Winterlandschaft noch zauberhafter. Eine Kenntnis der Moose bereichert unser Weltwissen. Diesen Wandel spüre ich, wenn ich meine Bryologie-Studenten den Wald mit ganz neuen Augen betrachten sehe.

Ich gebe diese Kurse im Sommer, dann streifen wir durch die Wälder und betrachten gemeinsam Moose. Die ersten Tage sind immer am aufregendsten, denn die Studenten lernen, die diversen Moosarten zu unterscheiden, erst mit bloßem Auge, dann mit der Lupe. Ich fühle mich wie die Geburtshelferin einer Erweckung, wenn ihnen erstmals klar wird, dass ein bemooster Stein nicht nur mit »Moos«, sondern mit zwanzig unterschiedlichen *Arten* von Moos bedeckt ist, jede davon mit ihrer eigenen Geschichte.

Beim Wandern und im Labor höre ich gern ihren Gesprächen zu. Mit jedem Tag wird ihr Wortschatz größer, und voller Stolz bezeichnen sie blattartig-grüne Triebe als »Gametophyten«, die kleinen, braunen Dinger obendrauf hingegen pflichtbewusst als »Sporophyten«. Die aufrechten, büscheligen Moose werden zu »akrokarpen«, während die mit horizontalen Wedeln »pleurokarpe« sind. Kann man diese Formen benennen, werden ihre Unterschiede umso vieles deutlicher. Mit den richtigen Worten kann man klarer sehen. Diese Worte zu finden, ist ein weiterer Schritt beim Sehen-Lernen.

Eine neue Dimension und damit auch ein neues Lexikon öffnen sich, wenn die Studenten anfangen, die Moose unters Mikroskop zu legen. Einzelne Blätter werden in mühsamer Dissektion abgelöst und auf einem Glasträger platziert, um genauer erforscht zu werden. In zwanzigfacher Vergrößerung betrachtet, sind die Blattoberflächen wunderschön geformt. Das Licht, das hell durch einzelne Zellen dringt, illuminiert ihre elegante Form. Beim Untersuchen dieser Stellen löst sich leicht die Zeit auf, als würde man eine Kunstausstellung mit verblüffenden Formen und Farben besuchen. Manchmal blicke ich am Ende des Seminars vom Mikroskop auf und erschrecke mich über die Schlichtheit der normalen Welt, ihre langweiligen, vorhersehbaren Formen.

Aufgrund ihrer Klarheit finde ich die Sprache der mikroskopischen Beschreibung bestechend. Der Rand eines Blattes ist nicht einfach ungleichmäßig; es gibt ein ganzes Glossar an speziellen Wörtern für das Aussehen einer Blattkante: *gezähnt* für große, breite Zähne, *gesägt* für einen zackigen Rand, *fein gesägt*, wenn die Zacken dünn und gleichmäßig sind, *bewimpert* für eine gefranste Kante. Ein Blatt, das wie ein Akkordeon aussieht, ist *gefaltet*, während *flach* eines bezeichnet, das so platt ist, als hätte man es zwischen zwei Buchseiten gepresst. Jede Nuance der Moos-Architektur hat ihre eigene Bezeichnung. Die Studenten benutzen sie wie die Geheimsprache einer Bruderschaft, und ich kann sehen, wie sie immer enger zusammenwachsen. Über die Worte entsteht auch eine Intimität mit der Pflanze, die von sorgfältiger Beobachtung zeugt. Sogar die Oberflächen einzelner Zellen haben ihre eigenen Bezeichnungen – *mammillös* für eine brustartige Schwellung, *papillös* für einen kleinen Hügel, und *warzig*, wenn es so viele Hügel sind, dass sie wie Windpocken aussehen. Auch wenn das wie eine ganz normale Fachsprache wirkt, sind diese Begriffe doch mit Leben erfüllt.

Den normalen Menschen sind Moose derartig unbekannt, dass kaum welche eine umgangssprachliche Bezeichnung haben. Am ehesten kennt man sie unter ihrem wissenschaftlichen, also lateinischen Namen, was die meisten Menschen davon abhält, sie bestimmen zu wollen. Ich hingegen mag die Fachtermini, denn sie sind so schön und raffiniert wie die Pflanzen, die sie bezeichnen. Mit welchem Rhythmus, welcher Musikalität diese Worte von der Zunge rollen: *Herzogiella striatella, Thuidium delicatulum, Barbula fallax.*

Für die Kenntnis der Moose sind ihre wissenschaftlichen Namen natürlich keineswegs zwingend. Die lateinischen Bezeichnungen, die wir ihnen geben, sind ja nur willkürliche Konstruktionen. Wenn ich hin und wieder eine neue Moos-Art entdecke und den offiziellen Namen erst noch herausfinden muss, nenne ich sie erst einmal so, wie es mir am schlüssigsten erscheint: grüner Samt, Lockenkopf oder roter Stengel. Der Wortlaut ist dabei unwesentlich. Wichtig scheint mir aber, dass man sie wahrnimmt, ihre Individualität anerkennt. Nach indigenem Verständnis wird jedes Lebewesen um uns herum als nicht-menschliche Person wahrgenommen, und jedes hat seinen eigenen Namen. Es ist ein Zeichen von Achtung, ein Lebewesen mit seinem Namen anzusprechen, und ein Zeichen von Respektlosigkeit, das nicht zu tun. Worte und Namen sind das, womit wir Menschen Beziehungen aufbauen, nicht nur untereinander, sondern auch mit den Pflanzen.

Die Bezeichnung »Moos« wird immer wieder für Pflanzen verwendet, die gar keines sind. Rentier-»Moos« ist eine Flechte, Spanisches »Moos« eine Blütenpflanze, See-»Moos« eine Alge und Bärlapp-»Moos« eine Gefäßpflanze. Was *ist* also ein Moos? Richtige Moose oder Bryophyten sind die primitivsten aller Landpflanzen. Oft werden sie durch das beschrieben, was ihnen im Vergleich zu bekannten, höher entwickelten Pflanzen fehlt. Sie tragen keine Blüten, Früchte oder Samen und haben keine Wurzeln. Sie besitzen kein Vaskulärsystem, kein Xylem oder Phloem zum internen Wassertransport. Sie sind die allereinfachsten Pflanzen, in ihrer Einfachheit aber äußerst elegant. Mit den wenigen, rudimentären Komponenten Stengel und Blatt hat die Evolution weltweit um die 22 000 Moos-Arten hervorgebracht. Jede ist die Variation eines gemeinsamen Grundthemas – eine einzigartige Kreation, designt für den Erfolg in winzigen Nischen des jeweiligen Ökosystems.

Die Betrachtung von Moosen gibt der Vertrautheit mit dem Wald Tiefe und Intimität. Durch den Wald zu gehen und eine Spezies schon fünfzig Schritte vorher – allein durch ihre Farbe – zu erkennen, verbindet mich sehr mit dem Ort. Dieses besondere Grün, seine spezielle Art, das Licht einzufangen, gibt seine Identität preis, genau wie man Freunde an ihrem Gang erkennt, lange bevor man das jeweilige Gesicht gesehen hat. So wie man in einem lärmigen Raum die Stimme einer geliebten Person heraushört oder im Gesichtermeer das Lächeln des eigenen Kindes entdeckt, ermöglicht eine intime Verbindung das Erkennen in einer viel zu oft sehr anonymen Welt. Dieses Gefühl der Verbindung entstammt einer besonderen Urteilsfähigkeit, einem Suchbild, das wiederum auf einer langen Zeit des Sehens und Hörens beruht. Die Intimität schenkt uns eine andere Betrachtungsweise, wenn die normale Sehschärfe nicht mehr ausreicht.

DIE VORTEILE DES KLEIN-SEINS: LEBEN IN DER GRENZSCHICHT

Das weinende Kind an meinem Arm handelt mir den strafenden Blick einer ohnehin schon ernsten Dame ein. Meine Nichte ist untröstlich, weil ich sie zum Überqueren der Straße an die Hand genommen habe. Aus Leibeskräften brüllt sie: »Ich bin nicht zu klein! Ich will groß sein!« Wenn sie nur wüsste, wie schnell sich ihr Wunsch erfüllen wird. Wieder im Auto, und nachdem sie die Schmach des Im-Kindersitz-Angeschnallt-Werdens jammernd über sich ergehen ließ, versuche ich, normal mit ihr zu reden, und erinnere sie an die Vorteile des Klein-Seins. Sie passt in das geheime Fort im Fliederbusch, wo sie sich vor ihrem Bruder verstecken kann. Und was ist mit den Geschichten auf Omas Schoß? Aber sie will nichts davon wissen. Auf dem Heimweg schläft sie ein, in der Hand den neuen Drachen und im Gesicht ihre trotzige Miene.

Als ich in ihrem Kindergarten ein bisschen Naturkunde machen sollte, nahm ich einen moosbedeckten Stein mit. Ich wollte von den Kindern wissen, was ein Moos denn sei. Sie ließen die Frage nach Tier, Pflanze oder Mineral links liegen und nannten gleich das hervorstechendste Merkmal: Moose sind klein. Kinder erkennen das sofort. Diese auffallendste Eigenschaft hat gewaltige Auswirkungen auf die Art und Weise, in der Moose die Welt bewohnen.

Moose sind klein, weil sie über kein Stützsystem verfügen, das sie aufrecht hält. Größere Moose kommen meist nur in Seen und Flüssen vor, wo ihr Gewicht vom Wasser getragen wird. Dass Bäume aufrecht und sicher dastehen, liegt an ihrem Leitgewebe, dem Xylem-Netzwerk aus dickwandigen Tubuluszellen, die als eine Art hölzernes Rohrleitsystem in der Pflanze Wasser führen. Moose sind die primitivsten aller Pflanzen und haben kein derartiges Leitgewebe. Wären sie größer, könnten ihre schlanken Stengel das eigene Gewicht nicht mehr tragen. Ohne Xylem kann auch kein Wasser aus dem Erdboden in die obersten Blätter geleitet werden. Nur Pflanzen von wenigen Zentimetern Höhe können sich hydriert halten.

Klein zu sein bedeutet aber keineswegs, erfolglos zu sein. Unter biologischen Gesichtspunkten *sind* Moose nämlich erfolgreich: Sie bewohnen so gut wie jedes Ökosystem der Erde und belaufen sich auf 22 000 verschiedene Arten. So wie meine Nichte kleine Orte zum Verstecken findet, können Moose in den diversesten Mikrogemeinschaften leben, in denen groß zu sein ein Nachteil wäre. Ob in den Rissen des Bürgersteigs, auf den Ästen einer Eiche, auf dem Rücken eines Käfers oder am Rand einer Klippe – Moose können all die kleinen Leerräume zwischen größeren Pflanzen füllen. Weil sie wunderbar an ein Leben in der Miniatur angepasst sind, ziehen Moose größte Vorteile aus ihrem Klein-Sein und wachsen nur auf eigene Gefahr hin über sich hinaus.

Mit ihrem verzweigten Wurzelwerk und Schatten werfenden Blätterdach sind Bäume die unbestrittenen Herrscher des Waldes. Gegen ihre kompetitive Überlegenheit und die herabfallenden Laubmengen haben Moose nicht die geringste Chance. Klein-Sein bedeutet unter anderem, dass ein Wettstreit um das Sonnenlicht schlichtweg unmöglich ist – gewinnen werden immer die Bäume. Deshalb sind Moose in der Regel auf ein Leben im Schatten angewiesen, wo sie jedoch gut gedeihen. Das Chlorophyll in ihren Blättern unterscheidet sich von dem ihrer sonnenliebenden Gegenspieler und kann genau die Wellenlänge des Lichts absorbieren, die durch das Blätterdach des Waldes dringt.

Moose gedeihen im feuchten Schatten der immergrünen Bäume und bilden dort oft einen dichten, grünen Teppich. In Laubwäldern sorgt aber der Herbst dafür, dass der Boden so gut wie unbewohnbar wird, denn er begräbt sie unter einer dunklen, nassen Decke aus herabfallenden Blättern. Zuflucht vor den Blättern finden die Moose auf herumliegendem Holz und auf Baumstümpfen, die sich über den Waldboden erheben wie Härtlinge über das Flachland. Moose haben Erfolg, indem sie Orte bewohnen, die für Bäume ungeeignet sind, also harte, wasserundurchlässige Substrate wie etwa Felsen, Klippen oder Baumrinden. In eleganter Adaption leiden Moose aber nicht unter dieser Einschränkung, sondern sind im Gegenteil die unbestrittenen Herrscher ihrer gewählten Umgebung.

Moose leben auf Flächen: den Außenseiten von Felsen, der Rinde von Bäumen, der Oberfläche von gefälltem Holz – in dem kleinen Raum, wo Erde und Atmosphäre erstmals in Kontakt kommen. Dieser Begegnungsort zwischen Luft und Land wird Grenzschicht genannt. Moose liegen Wange an Wange mit Felsen oder Holzstücken, sind mit den Konturen und Strukturen ihres Untergrunds also bestens vertraut. Durch ihre Größe sind Moose in der Lage, sich ohne jeden Zwang die Vorteile dieses einzigartigen, in der Grenzschicht entstehenden Mikromilieus zunutze zu machen. Was ist diese Schnittstelle zwischen Atmosphäre und Erde? Jede Oberfläche, ob klein wie ein Blatt oder groß wie ein Berg, besitzt eine Grenzschicht. Wir alle haben sie längst kennengelernt, auf simpelste Art und Weise. Wenn man sich an einem sonnigen Nachmittag auf eine Wiese legt, um in den Himmel zu schauen und den Wolken nachzusehen, befindet man sich in der Grenzschicht der Erdoberfläche. Flach am Boden ausgestreckt, ist der Wind nicht mehr so stark; man spürt kaum noch die Stöße, die einem beim Aufrechtstehen die Frisur verwüsten würden. Hier unten ist es auch schön warm; der sonnenbeschienene Boden wirft seine Wärme zurück, und durch den fehlenden Wind bleibt sie auch dort, wo sie ist. Das Klima in unmittelbarer Bodennähe ist anders als das sechs Fuß darüber. Der Effekt, den wir am Boden liegend wahrnehmen, wiederholt sich auf jeder Oberfläche, ob groß oder klein.

So immateriell uns die Luft auch vorkommen mag, interagiert sie dennoch auf erstaunliche Art und Weise mit den Dingen, die sie berührt – genau wie der Wasserstrom mit den Konturen eines Flussbetts. Wenn sich ein Luftstrom über die Oberfläche etwa eines Steins bewegt, verändert diese Oberfläche das Verhalten der Luft. Ohne Hindernisse würde sie gleichmäßig einer linearen Bahn folgen, die man *laminare Strömung* nennt. Wäre sie sichtbar, sähe sie aus wie Wasser, das in einem flachen, tiefen Flussbett ungestört vor sich hinfließt. Trifft sie jedoch auf eine Oberfläche, zerrt die Reibung an der strömenden Luft und bremst sie ab. Bei fließendem Wasser kann man das deutlich sehen; wenn ein Fluss auf steinigen Untergrund oder im Weg liegende Baumstämme stößt, wird das Wasser langsamer. Kommt die laminare Strömung mit einer Oberfläche in Berührung, teilt sie sich in Schichten mit unterschiedlicher Geschwindigkeit. Ganz oben ist schnell strömende Luft, die eine glatte, lineare Schicht bildet. Darunter liegt ein

Bereich mit Turbulenzen, wo die Luft beim Zusammenstoß mit Hindernissen zu wirbeln und zu strudeln beginnt. Noch weiter zum Untergrund hin fließt die Luft immer langsamer, bis sie unmittelbar darüber vollkommen stillsteht, festgehalten von der Reibung mit der Oberfläche.

In größerem Rahmen habe ich jedes Frühjahr mit diesen Luftschichten zu tun. Am ersten warmen Tag im April fährt der Wind in unsere schönen Drachen, die den Winter über auf der Veranda gehangen haben und voller Spinnweben sind, und ihr Rascheln erinnert uns an den blauen Himmel. Also nehmen wir sie ab, um in der Grenzschicht mit ihnen zu spielen. In unserem geschützten Tal ist der Wind nur selten so stark, dass er die großen Drachen, die meine Kinder und ich so sehr lieben, sofort nach oben tragen könnte. Deshalb rennen wir wie verrückt über die grüne Wiese, weichen den Kuhfladen aus und versuchen, irgendwie den nötigen Wind zum Aufsteigen zu erzeugen. Direkt an der Erdoberfläche ist der Wind zu schwach, um das Gewicht der Drachen tragen zu können. Sie sind gefangen, außerhalb der Reichweite des Windes. Erst wenn unser wildes Herumgerenne einen Drachen aus der ruhigen Luftschicht befreien kann, zieht er tänzelnd an seiner Schnur. Die dramatischen Zuckungen und drohenden Abstürze lassen erkennen, dass er in die turbulente Zone aufgestiegen ist. Irgendwann strafft sich die Schnur und der gelb-rote Drachen gleitet in die ungehindert strömende Luftschicht darüber. Drachen sind für die luftige Zone der laminaren Strömung gemacht, Moose hingegen für die Grenzschicht.

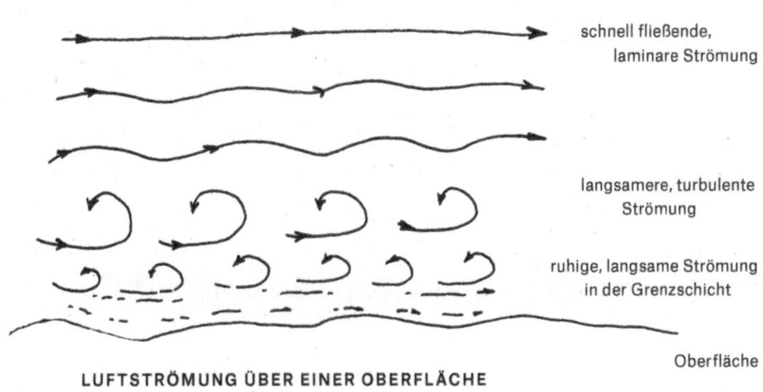

LUFTSTRÖMUNG ÜBER EINER OBERFLÄCHE

Unsere Wiese ist voller Felsblöcke, die der Gletscher zurückgelassen hat, und auf einen dieser Blöcke setze ich mich, um die Schnur abzurollen und den Lerchenstärlingen zuzuhören. Der Fels ist warm von der Sonne und durch Moosbewuchs angenehm weich. Ich kann mir richtig vorstellen, wie um ihn herum die Luft strömt, bis sie die Oberfläche erreicht, auf der die Moose leben. Die Sonnenwärme sammelt sich in der dünnen Schicht mit nahezu stehender Luft. Da diese sich kaum bewegt, bildet sie eine Isolationsschicht, vergleichbar dem toten Zwischenraum in einer Sturmklappe, die als Barriere für den Wärmeausgleich dient. Der Frühlingswind ringsumher ist frisch, die Luft an der Oberfläche des Felsblocks hingegen deutlich wärmer. Auch an Tagen mit Minusgraden kann ein sonnenbeschienener Fels ohne Weiteres mit flüssigem Wasser bedeckt sein. Indem sie klein sind, können Moose in dieser Grenzschicht leben – einer Art Gewächshaus, das direkt über der Felsoberfläche schwebt.

Die Grenzschicht sammelt nicht nur Wärme, sondern auch Wasserdampf. Die Feuchtigkeit, die an der Oberfläche eines nassen Holzstücks verdunstet, wird in der Grenzschicht aufbewahrt und erzeugt eine humide Zone, in der Moose gedeihen können. Moose wachsen nur, wenn sie feucht sind. Sobald sie austrocknen, kommt die Photosynthese zum Stillstand und das Wachstum hört auf. Die richtigen Bedingungen für ein Wachstum treten oft nur unregelmäßig ein, deshalb wachsen Moose auch nur langsam. Indem sie innerhalb der Grenzschicht leben, bleibt ihnen jedoch die Möglichkeit

LUFTSTRÖMUNG ÜBER EINEM MOOSTEPPICH

zum Wachsen erhalten, denn hier kann der Wind die Feuchtigkeit nicht rauben. Klein genug zu sein, um in der Grenzschicht leben zu können, erlaubt den Moosen, einen warmen, feuchten Lebensraum zu haben, wie er größeren Pflanzen unbekannt ist.

Die Grenzschicht kann neben Wasserdampf auch noch andere Gase enthalten. Von der chemischen Zusammensetzung her unterscheidet sich die Luft in der dünnen Grenzschicht eines Totholzes erheblich von der des umgebenden Waldes. Auf dem verrottenden Holzstück leben Abermillionen Mikroorganismen. Pilze und Bakterien sind unermüdlich dabei, das Holz zu zersetzen, und zwar mit der Wirkung einer Abrissbirne. Die fortwährende Arbeit der Dekompostierer verwandelt das stabile Holz nach und nach in bröckelnden Humus, wobei kohlendioxidhaltige Gase freigesetzt werden, die ebenfalls in der Grenzschicht bleiben. Unsere Luft hat im Durchschnitt einen Kohlendioxidgehalt von etwa 400 Teilen auf eine Million. In der Grenzschicht eines Holzstücks kann die Konzentration hingegen zehn Mal höher sein. Kohlendioxid ist der Rohstoff der Photosynthese, und es wird bereitwillig in die feuchten Blätter der Moose aufgenommen. Dementsprechend bietet die Grenzschicht nicht nur ein gutes Klima für das Wachstum, sondern zudem eine gesteigerte Versorgung mit Kohlendioxid, dem Rohstoff der Photosynthese. Wozu denn woanders leben?

Klein genug zu sein, um in der Grenzschicht gedeihen zu können, ist ein entscheidender Vorteil. Moose haben Mikrolebensräume gefunden, in denen ihre Größe einen Wert darstellt. Das Wachstum eines Mooses wäre schlagartig beendet, wüchsen die Triebe zu hoch und damit in die austrocknende Luft der turbulenten Zone. Man könnte also davon ausgehen, dass alle Moose gleich klein sind, im exakten Rahmen der Grenzschicht eben. Nur zeigt sich innerhalb der Arten eine immense Vielfalt an Größen, vergleichbar der Bandbreite zwischen einem Blaubeerstrauch und einem Mammutbaum. Sie reichen von winzigen, gerade mal millimetergroßen Krusten bis hin zu üppigen Trieben von zehn Zentimetern Höhe. Diese Unterschiede sind meist auf die unterschiedliche Grenzschicht des jeweiligen Lebensraums zurückzuführen. Auf einem Felsblock, der Wind und starker Sonneneinstrahlung ausgesetzt ist, ist sie ganz dünn. Die Moose, die an derart trockenen Orten leben, müssen sehr klein sein, um innerhalb der schützenden Grenzschicht zu bleiben. Liegt der Felsblock hingegen in einem feuchten Wald, können die Moose darauf viel höher wachsen und dennoch in einem günstigen Mikroklima bleiben, denn die Grenzschicht des Felsens hat über sich, als Regenschirm, die Grenzschicht des Waldes. Die Bäume bremsen den Wind ab, während ihre Schatten die Wasserverdunstung reduzieren und das Gebiet vor der austrocknenden Atmosphäre schützen. In einem feuchten Regenwald können die Moose üppig und groß sein. Je dicker also die Grenzschicht, desto höher kann das Moos wachsen.

Moose sind allerdings in der Lage, das Ausmaß ihrer Grenzschicht zu verändern, und zwar durch ihre Form. Jedes Element einer Oberfläche, das die Reibung mit strömender Luft erhöht, kann ebendiese verlangsamen und dadurch eine dickere Grenzschicht erzeugen. Eine raue Oberfläche verlangsamt die Luft effektiver als eine glatte. Stellen Sie sich vor, Sie werden von einem Prärie-Schneesturm erwischt, mit tosendem Wind, der Ihnen die Eisflocken ins Gesicht treibt. Um der Gewalt des Windes zu entkommen, legen Sie sich flach hin und suchen Zuflucht in der Grenzschicht der Erde. Wenn Sie die Wahl hätten – wäre Ihnen auf einer kahlen Fläche oder einem Stück mit hohem Gras wärmer? Das Gras, das weit in die strömende Luft hineinragt, verlangsamt diese und erzeugt eine dickere Grenzschicht, was Ihnen beim Bewahren der Körpertemperatur hilft. Genau dieses Prinzip machen sich auch Moose zunutze, um die Grenzschicht über sich größer zu machen. Die Oberflächenbeschaffenheit eines Mooses kann einen Widerstand für den Luftstrom erzeugen. Und je größer der Widerstand, desto dicker auch die Grenzschicht. Wie eine Art Miniversion des hohen Graslandes gibt es auch bei Moosen Adaptionen, die den Luftstrom behindern. Etliche Moos-Arten besitzen lange, schmale Blätter, die hoch aufragen und die Luft um sich herum abbremsen. Bei Moosen, die an trockenen Ort leben, haben die Blätter oft eine dichte Behaarung, länglich aufwärtsgebogene Spitzen oder winzige Stacheln. Diese Erweiterungen der Blattoberfläche tragen ebenfalls dazu bei, die Luft zu verlangsamen und durch die Erzeugung einer dickeren Grenzschicht das Verdunsten lebensnotwendiger Feuchtigkeit zu verhindern.

In Trockengebieten sind Moose für ihre tägliche Wasserration oft auf den Morgentau angewiesen. Das Zusammenspiel von Luft und Felsoberfläche erzeugt die Bedingungen für dessen Bildung. In der Nacht, wenn die

Hitze des Tages nachlässt, kann der Temperaturunterschied zwischen einem Felsblock (der noch Restwärme gespeichert hat) und der abgekühlten Luft zur Entstehung von Kondenswasser führen. Ein dünner Film bildet sich genau dort, wo Luft und Gestein aufeinandertreffen, und kann von den Moosen problemlos aufgenommen werden.

Die sicheren Gefilde der Grenzschicht sind für die Moose ein gut geschütztes Refugium. Nur stellt ebendiese Umgebung, die in der Reife das Wachstum sichert, ein Problem für die nächste Generation dar. Genau wie meine Nichte müssen auch Moose irgendwann dem Schutz der Älteren entfliehen und ihren eigenen Platz finden. Moose vermehren sich durch die Bildung von Sporen, kleinen, pulvrigen Propagulen, die allein der Wind forttragen kann. Die meisten Sporen können nicht im Blätterteppich ihrer Eltern keimen, deshalb ist ihre Entfernung zwingend. In der ruhigen Atmosphäre der Grenzschicht fehlt die Luftbewegung, die sie davontragen könnte. Um also den Wind zu erreichen und ihnen beim Verlassen des angestammten Lebensraums zu helfen, heben die Moose ihre Sporen an langen Setae nach oben, Stielen, die über die Grenzschicht hinausreichen. Die schnell reifenden Sporophyten werden durch die Grenzschicht und hinauf in die turbulente Zone manövriert – genau wie ein Drachen in den Wind. Hier wirbelt die Luft um die Kapseln herum, ergreift die Sporen und trägt sie zu einem neuen Lebensraum. Wie der Nachwuchs jeder anderen Spezies entfliehen sie den Restriktionen der Älteren und begeben sich in die Freiheit unbesetzter Räume.

Die Länge der Setae oder Stiele hängt stark vom Ausmaß der Grenzschicht ab. So muss die Seta eines Waldmooses weit nach oben ragen, um die Grenzschicht überwinden und den schwachen Wind erreichen zu können, der über den Waldboden weht. An ausgesetzten Orten, wo die Grenzschicht dünner ist, haben Moose normalerweise kürzere Setae.

Moose nehmen Orte in Besitz, die anderen Pflanzen durch ihre Größe verwehrt sind. Ihre Lebensform ist ein Triumph des Klein-Seins. Sie sind erfolgreich, indem sie die spezifischen Eigenschaften ihrer Gestalt den physikalischen Gesetzen anpassen, die beim Zusammenspiel von Luft und Erde herrschen. Weil sie klein sind, wird ihre Begrenztheit zur Stärke. Und das erklären Sie jetzt bitte meiner Nichte.

ZURÜCK ZUM TEICH

Mich fröstelt im feuchtkalten Wind, aber trotzdem schaffe ich es nicht, an diesem Aprilabend, der vom Gipfel des Winters in den Frühling gleitet, das Fenster zu schließen. Mit der kalten Luft dringt auch das entfernte Gequake der Frühlingspfeifer herein, nur genügt mir das nicht. Ich brauche mehr. Deshalb gehe ich nach unten und ziehe über das Nachthemd meine alte Daunenjacke an, schlüpfe barfuß in meine Sorel-Boots und lasse die Wärme des Küchenofens hinter mir. Mit hängenden Schnürsenkeln, die durch die letzten Schneereste schleifen, stapfe ich zum Teich oberhalb des Farmhauses und atme dabei den Geruch der nassen Erde ein. Die Klänge ziehen mich vorwärts. Beim Näherkommen fühlt es sich an wie ein Crescendo, das ein Chor aus Stimmen anschwellen lässt. Erneut durchfährt es mich kalt. Der vereinte Ruf der Frühlingspfeifer bringt geradewegs die Luft zum Pulsieren, sogar die Nylonschicht meiner Jacke vibriert. Ich denke über die Macht dieser Rufe nach, die mich vom Schlaf wegholen und die Frühlingspfeifer zurück zum Teich bringen. Haben wir eine gemeinsame Sprache, die uns alle hierher lockt? Die Frühlingspfeifer folgen ihrem eigenen Plan. Was ist es aber, das *mich* hierher bringt und wie einen Felsbrocken in diesem Fluss aus Klängen stehen lässt?

Die hellen Töne rufen sämtliche Frühlingspfeifer der Umgebung an diesen Versammlungsort, um den Frühjahrsritus der Massenbefruchtung zu vollziehen. Die Weibchen legen ihre Eier ins flache Wasser, wo die Männchen sie mit milchigen Spermaschwaden bedecken. In der gallertigen Masse, die die Eier umgibt, reifen die Kaulquappen heran, aus denen zum Ende des Sommers, lange nachdem ihre Eltern wieder in die Wälder zurückgehüpft sind, selbst erwachsene Frösche werden. Frühlingspfeifer verbringen den Großteil ihres Erwachsenenlebens als alleinstehende Baumfrösche, die sich wenn, dann über den Waldboden fortbewegen. So weit sie auch wandern mögen, müssen sie für die Fortpflanzung zurück ans Wasser. Sämtliche Amphibien sind durch ihre Evolutionsgeschichte mit dem Teich verbunden, denn sie haben als primitivste Wirbeltiere den Übergang vom Wasserdasein ihrer Vorfahren zum Leben auf dem Festland vollzogen.

Moose sind die Amphibien der Pflanzenwelt. Sie sind der erste Schritt, den die Evolution in Richtung terrestrischer Lebensformen gemacht hat, ein Mittelding zwischen Algen und höheren Landpflanzen. Durch ein paar rudimentäre Adaptionen können sie auf dem Festland und dort sogar in der Wüste überleben. Für die Vermehrung müssen sie aber genau wie die Frühlingspfeifer zurück zum Wasser. Ohne Beine, die sie tragen könnten, müssen Moose die ursprünglichen Teiche ihrer Vorfahren in den eigenen Zweigen erzeugen.

Am nächsten Nachmittag gehe ich erneut an den jetzt stillen Teich, um Sumpfdotterblumen fürs Abendessen zu pflücken. Als ich mich nach den Blättern bücke, sehe ich das Nachspiel des gestrigen Abends: massenweise Eier, die im flachen, sonnenbeschienenen Wasser liegen. Sie sind von grünen Algen umschlungen, an denen winzige Sauerstoffbläschen hängen. Ein einzelnes Bläschen steigt auf und platzt an der Wasseroberfläche.

Der Überlieferung der Zuñi zufolge bestand die Welt zunächst nur aus Wolken und Wasser, bevor Erde und Sonne den Bund der Ehe eingingen und die Grünalgen hervorbrachten. Aus diesen Algen entstanden dann sämtliche Formen des Lebens. Die Naturwissenschaft sagt, dass Leben anfänglich nur im Wasser vorkam, bevor es die Welt begrünte. In flachen Buchten schlugen dann die Wellen ans kahle Ufer. Auf dem sonnenbeschienenen Festland gab es keinen einzigen Baum, der hätte Schatten spenden können. Die Atmosphäre hatte noch keine Ozonschicht, weshalb die Sonne gnadenlos brannte und die Erde einem Dauerregen aus tödlicher Ultraviolettstrahlung aussetzte, die der DNA eines Lebewesens, das ans Ufer kroch, erheblichen Schaden zufügte.

Aber genau wie der Schöpfungsmythos der Zuñi berichtet, waren im Meer und in Binnenseen, wo das Wasser die UV-Strahlen filterte, die Algen eifrig dabei, den Lauf der Evolutionsgeschichte zu verändern. Sauerstoffbläschen stiegen von den Algensträngen auf, und diese »Abgase« der Photosynthese versammelten sich Molekül für Molekül in der Atmosphäre. Der

Sauerstoff, dieses neue Element, wurde in der Stratosphäre durch das starke Sonnenlicht zu Ozon, und so entstand die entsprechende Schicht, die eines Tages alles irdische Leben abschirmen und schützen würde. Erst da war die Erdoberfläche so sicher, dass auf ihr Leben entstehen konnte.

Süßwasserseen boten den Grünalgen ein angenehmes Dasein. Getragen vom Wasser und ständig von Nährstoffen umgeben, mussten sie keine komplexen Strukturen entwickeln, keine Wurzeln, Blätter oder Blüten, nur ein Wirrwarr aus Fäden, um Sonne zu tanken. Sex war in diesem warmen Bad leicht und unkompliziert. Die Eier wurden aus glitschigen Strängen abgelassen und drifteten ziellos umher, auch das Sperma ging direkt ins Wasser. Ohne dass ein Mutterleib nötig gewesen wäre, entstanden aus dieser Zufallsverbindung von Ei und Sperma neue Algen – das Wasser sorgte einfach für alles.

Wer weiß, wie sie vonstatten ging, die Migration vom angenehmen Leben im Wasser zu den Mühen des Festlandes? Vielleicht sind die Seen ausgetrocknet, und die Algen blieben am Grund zurück wie Fische auf dem Trockenen. Vielleicht besiedelten die Algen die schattigen Risse felsiger Küsten. Fossilien präsentieren uns die erfolgreichen Ergebnisse, ohne je die Entwicklung dorthin zu dokumentieren. Aber wir wissen, dass im Devon-Zeitalter, vor 350 Millionen Jahren, die primitivsten bislang entdeckten Landpflanzen aus dem Wasser kamen und das Leben auf dem Festland ausprobierten. Diese Pioniere waren die Moose.

Der Abschied vom entspannten Wasserdasein und die Bewegung hinaus aufs Festland waren von ein paar formidablen Herausforderungen begleitet, ganz besonders in Bezug auf Sex. Das Erbe der Algen-Ahnen bestand in treibenden Eiern und frei herumschwimmendem Sperma, was im Wasser gut funktionierte, auf der trockenen Erde aber ein Problem darstellte. Ein austrocknender Teich wäre etwa das Ende für die Eier der Frühlingspfeiferweibchen. Auch die austrocknende Luft würde einem Algen-Ei den Garaus machen. Der Lebenskreislauf, der von den Moosen entwickelt wurde, meistert all diese Herausforderungen.

Als mein Korb voll mit Blättern ist, tauche ich ein altes Einmachglas ins Wasser und schöpfe ein bisschen Froschlaich. Den bringe ich meinen Mädchen mit, damit sie verfolgen können, wie aus den Eiern Kaulquappen

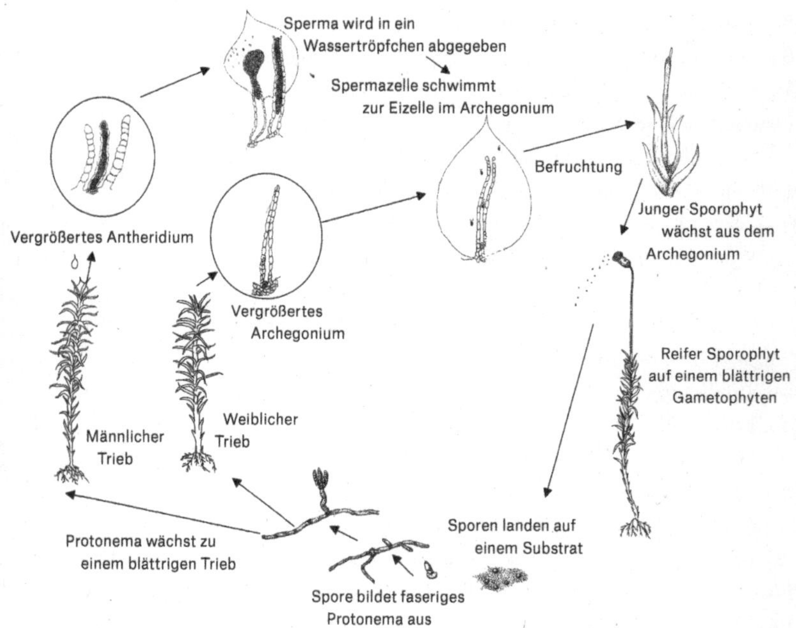

LEBENSZYKLUS TYPISCHER MOOSE

werden. Mich hat als Kind immer fasziniert, wie dem schwarzen Punkt in der Mitte des Eies irgendwann Beine und ein Schwanz wuchsen. Die dicken, runden Eier erinnern mich an meine eigenen Schwangerschaften und an das Gefühl, in dem warmen, inneren Teich meine eigene zuckende Kaulquappe herumzutragen. Jeder macht es auf seine Art, aber letztendlich gehen wir bei der Fortpflanzung alle zurück zum Teich und nehmen Kontakt mit unseren Wasser-Ursprüngen auf. Das Teichufer ist voller Moos, deshalb nehme ich davon auch eine Handvoll mit. Ich kann das Moos unters Mikroskop legen und den Mädchen zeigen.

Um an Land überleben zu können, haben die Moose eine ganz neuartige Architektur entwickelt, die jene der einfacheren Algen übertraf. Die treibenden Bänder der Algen wurden durch Stengel ersetzt, die sich aufrecht halten können. Unter dem Mikroskop sieht man die Windungen perfekt ausgebildeter Blättchen und kleiner, wurzelartiger Rhizoide, ein braunes Flaumknäuel, das sie in der Erde verankert. An der Spitze des Triebs sehen die Blätter anders aus, dort sind sie in einem engen Kreis zusammengeballt. Unsichtbar, verborgen im oberen Blätterbündel, liegt das weibliche Geschlechtsorgan, das Archegonium. Mit vorsichtigem Forschergriff teile ich die Blätter, um zu sehen, was sich da verbirgt. Drei oder vier Gebilde sind es, kastanienbraun und in der Form langhalsiger Weinflaschen. Auf einem anderen Stengel ist in einer Blattachsel ein Büschel haariger Blättchen. Ich schiebe sie beiseite und entdecke eine Ansammlung wurstförmiger Beutel, allesamt grün und prall. Das sind die Antheridia, die männlichen Strukturen, randvoll mit freizusetzendem Sperma.

Die Moose haben eine gewaltige Neuerung eingeführt, um die Probleme zu bewältigen, die sich der Reproduktion auf dem trockenen Festland stellen. Das Ei bleibt geschützt im weiblichen Teil, anstatt im Wasser ausgesetzt zu werden. Alle heutigen Pflanzen, von den Farnen bis hin zu den Tannen, nutzen diese erstmals von den Moosen entwickelte Strategie. Wie ein schützender Mutterleib hält der geschwollene Unterteil des Archegoniums das Ei. Die dichten Blätter sammeln Wasser, was das Ei vor dem Austrocknen bewahrt und gleichzeitig eine Art Schwimmbecken schafft, durch das sich das Sperma bewegen kann. Das unbefruchtete Ei sitzt friedlich im Archegonium und wartet.

Nur ist es unglaublich schwer, das Sperma zum Ei zu bekommen. Das erste Problem besteht in der Notwendigkeit von Wasser, das auf dem Festland keineswegs selbstverständlich ist. Um zum Ei zu gelangen, braucht das schwimmende Sperma einen geschlossenen Film aus Wasser. Zwischen den dichtstehenden Blättern werden Regen und Tau gesammelt. Die Kapillarräume zwischen den Blättern leiten das Wasser innerhalb der Pflanze und bilden ein transparentes Aquädukt zwischen weiblichem und männlichem Teil. Aber jede Unterbrechung dieses Wasserfilms stellt ein unüberwindliches Hindernis dar, das dem Sperma den Weg zum Ei versperrt. Es ist ein Wettlauf zwischen Sperma und Verdunstung, die es auf die temporären Brücken aus Wasser abgesehen hat. Wenn das Moos nicht voll mit Regen, Tau oder der Gischt eines Wasserfalls ist, bleibt das Ei unbefruchtet. In einem trockenen Jahr ist die Reproduktion dementsprechend unwahrscheinlich.

Moossperma wird in gewaltigen Mengen produziert, nur hat jede dieser winzigen Zellen eine minimale Chance, tatsächlich auch ein Ei zu finden. Im Gegensatz zu den Frühlingspfeifern, die ihre Artgenossen so energisch herbeirufen, gibt es für die Spermien kein Signal, das sie an ihr Ziel führt, weshalb sie völlig planlos in ihrem Wasserfilm herumschwimmen. Die meisten verirren sich einfach in diesem Labyrinth aus Blättern. Die kleinen Spermien sind keine guten Schwimmer und haben für ihre Reise nur wenig Kraft zur Verfügung. Sobald sie aus dem Antheridium freigesetzt sind, beginnt der Countdown ihrer Überlebenswahrscheinlichkeit. Innerhalb der nächsten Stunde werden alle ihre Ressourcen aufgebraucht haben und tot sein. Die Eier hingegen warten.

Die dritte Herausforderung liegt in der Natur des Wassers selbst. Uns Menschen kommt Wasser unglaublich flüssig vor, weil wir problemlos in die Tiefe tauchen können. Aber für ein mikroskopisch kleines Moosspermium ist die Fortbewegung im Wasser so, als müsste unsereiner ein Becken voller Götterspeise durchqueren. Die Oberflächenspannung eines Wassertröpfchens stellt für die Moosspermien eine elastische Barriere dar – sie können zappeln und dagegen stoßen, so viel sie wollen, kommen aber einfach nicht durch. Nur haben sie ein paar geniale Mittel entwickelt, um dem Griff des Wassers zu entkommen. Wenn das Sperma kurz davor ist, freigesetzt zu werden, nimmt das Antheridium überschüssiges Wasser auf und schwillt so lange an, bis es platzt. Durch den hydraulischen Druck werden die Spermien herausgeschleudert, was einen guten Start für ihre Reise darstellt.

Eine weitere Methode, wie Moose die Oberflächenspannung des Wassers überwinden, ist die Versorgung des Spermiums mit einem Tensid. Wenn das Antheridium platzt, wirkt diese chemische Beigabe wie Seife und macht das Wasser dünnflüssiger. Trifft das Tensid auf einen starren Wassertropfen, bricht die Oberflächenspannung zusammen; der gewaltige Dom des Tropfens flacht zu einer beweglichen Wasserschicht ab, die das Sperma wie einen Surfer auf der Welle vorwärtsträgt.

Bei ihrer Reise zum Ei sind die Spermien auf so viel Hilfe wie möglich angewiesen, wobei sie sich von dem Antheridium, das sie produziert hat, nur selten mehr als zehn Zentimeter entfernen. Manche Arten haben Mittel entwickelt, um diese Distanz zu vergrößern, und machen sich zur Verbreitung des Spermas die Wucht eines Wasserspritzers zunutze. Bei Arten wie dem *Polytrichum* sind die Antheridia von einer flachen Scheibe aus Blättern umgeben, die dem Blätterkranz einer Sonnenblume ähnelt. Fällt ein Regentropfen auf diese Scheibe, landen die Spritzer bis zu fünfundzwanzig Zentimeter weit entfernt, was den eigentlichen Radius der Spermien mehr als verdoppelt.

Wenn all diese Bedingungen stimmen, ist das Spermium in der Lage, zum weiblichen Teil und dort den langen Hals des Archegoniums hinunter zum Ei zu schwimmen. Mit der Befruchtung entsteht die erste Zelle der nächsten Generation: der Sporophyt. Bei den Frühlingspfeifern sind die befruchteten Eier auf die Gnade ihrer Umgebung angewiesen, frei im Wasser schwebend und nur durch ihre Gallerthülle geschützt. Die Moosmütter lassen ihre Jungen hingegen nicht im Stich. Sie ziehen die nächste Generation direkt in ihrem Archegonium auf. Spezielle Transferzellen, denen in der Plazenta vergleichbar, erlauben es, dass Nährstoffe vom elterlichen Moos zu den heranwachsenden Nachkommen fließen. Wie wunderbar, eine solche Verwandtschaft mit diesen Pflanzen zu haben, die ihre Kinder mit ähnlichen Zellen füttern, wie meine Töchter vor ihrer Geburt zur Verfügung hatten.

Die befruchteten Eier der Frühlingspfeifer werden erst zu Kaulquappen und dann zu Kopien ihrer Eltern. Junge Moose werden hingegen nicht gleich erwachsen und somit das blättrige Abbild ihrer Eltern. Stattdessen entwickelt sich das befruchtete Ei zu einer Art Zwischengeneration, dem Sporophyten. Nach wie vor an den Elternteil gebunden und von diesem genährt, wird der Sporophyt die nächste Generation erzeugen und verbreiten.

An meinem Teich hat der Sommer das Wasser erwärmt, und meine Töchter und ich hätten Lust, ein Runde zu schwimmen. Aber das Wasser ist vor lauter Algen trüb und wenig einladend, nicht einmal an diesem heißen Tag. Also legen wir uns nur ans Ufer und genießen die Sonne, jede ein Buch vor sich. Ich mag es, den Boden auf Augenhöhe vor mir zu haben. Verträumt fahre ich mit dem Finger über die Sporophyten, die sich auf den Moosen am Ufer gebildet haben. Widerwillig schnalzen sie von meiner Fingerkuppe zurück und geben dabei eine kleine Sporenwolke an den Wind ab. Jeder

Sporophyt erhebt sich vom Stielende, wo das Archegonium im Frühjahr das Ei aufbewahrt hat. Jetzt ist er eine dicke, fassförmige Kapsel auf einem zwei Zentimeter langen Stengel, der Seta. Innen hat er Unmengen von pulvrigen Sporen, die losgeschickt werden, um dort, wo der Wind sie hinträgt, ihr Glück zu suchen.

Eine Heimat zu finden ist ein unsicheres Geschäft; die meisten Sporen werden an untauglichen Plätzen landen. Sollte aber eine Spore am feuchten Rand eines anderen Teichs oder an einem anderen geeigneten feuchten Ort niedergehen, wird eine weitere Verwandlung stattfinden. Die runde, bernsteinfarbige Spore wird Feuchtigkeit aufnehmen, anschwellen und einen grünen Faden austreiben, das Protonema. Die Fäden werden sich verzweigen, über den feuchten Boden ausbreiten und ein grünes Netzwerk bilden. An diesem Punkt seines Lebens ähnelt das Moos seinem entfernten Verwandten: Es ist von den faserigen Grünalgen kaum zu unterscheiden. Wie ein Neugeborenes, das genauso aussieht wie seine Urgroßmutter, besitzt das Protonema sämtliche Attribute seiner Algen-Vorfahren – ein evolutionäres Echo, gelagert in seinen Genen. Aber die Ähnlichkeit lässt rasch nach, und aus den Knospen entlang des Protonema wachsen blättrige Triebe, die ein neues, dickes Stück Moos bilden.

Die meisten Moosgeschichten nehmen aber kein so schönes Ende. Moose sind im Business der Reproduktion an Land reine Amateure, und das zeigt sich auch. Ihre Adaptionen erlauben ihnen durchaus, sich zu vermehren, das aber mit einer niedrigen Effizienz. Nur wenige Spermien schaffen es in die Nähe des Archegoniums, und sehr viele Eier müssen wie enttäuschte Bräute vor dem Altar warten – eine unglaubliche Energieverschwendung. Da sich so viele Faktoren gegen eine erfolgreiche geschlechtliche Vermehrung verschworen haben, muss man sich nicht wundern, dass viele Moos-Arten den Sex komplett aufgegeben haben. Tatsächlich ist die Produktion von Sporen bei diversen Spezies selten, bei anderen gänzlich unbekannt.

Ohne sexuelle Reproduktion gäbe es keine Frühlingspfeifer mehr, und damit auch keine schallenden Chöre im Frühjahr. Aber im Gegensatz zu den Fröschen können Moose sich ausbreiten und vermehren, ohne dass Spermium und Eizelle aufeinandertreffen. Sex ist nicht die einzige Möglichkeit der Fortpflanzung. Lange vor dem Aufkommen der Gentechnik haben Moose bereits Klone erzeugt und ihre Umwelt mit genetisch identischen Kopien von sich selbst überhäuft. Genaugenommen kann sich fast jede Moos-Art aus einem winzigen Fragment zur Gänze reproduzieren. Ein einzelnes Blatt, das zufällig abgebrochen wurde und auf feuchtem Boden landet, kann eine komplett neue Pflanze entstehen lassen. Asexuelle Fortpflanzung kann auch ein alternativer Reproduktionsplan sein. Gemmen, Bulbillen, Bruträume, Ästchen - Moose produzieren eine ganze Reihe spezieller, asexueller Diasporen, bei denen es sich einfach um abtrennbare Zusätze an diversen Stellen der Moospflanze handelt. Sie brechen ab und verbreiten sich in neue Lebensräume, wo sie ohne den Aufwand und die Ineffizienz von Sex neue Kolonien bilden können. Durch das Klonen entfällt die Notwendigkeit, ein Ei und ein Spermium zusammenbringen und dann auch noch Zeit und Energie für die Produktion eines Sporophyten aufwenden zu müssen. All diese Möglichkeiten, in der Welt vorzugehen, also sexuell und asexuell, sind ein komplexer Tanz von Genen und Umwelt, evolutionäre Variationen über das Thema Kontinuität und Fortbestehen.

Jedes Frühjahr sagen meine Töchter und ich, dass die Frühlingspfeifer mit ihrem Gesang »die Osterglocken wecken«. Die grünen Triebe kommen immer dann aus der Erde, wenn erstmals die Frösche zu hören waren, und noch bevor sie das Rufen beenden, gelangen sie zu voller Blüte. Meine Potawatomi-Vorfahren hatten eine Bezeichnung für dieses Mysterium: *Puhpowee*, die Kraft, die über Nacht einen Pilz aus der Erde wachsen lässt. Es ist wohl genau das, was mich an einem Aprilabend zum Teich zieht, nämlich Zeuge des *Puhpowee* zu sein. Kaulquappen und Sporen, Eizelle und Sperma, meins und deins, Moose und Frühlingspfeifer - wir alle sind verbunden durch ein gemeinsames Verständnis der Rufe, die zu Frühlingsbeginn den Abend erfüllen. Es ist die wortlose Stimme der Sehnsucht, die uns anspricht - der Sehnsucht, das geheiligte Leben auf unserer Welt fortzusetzen und daran teilzunehmen.

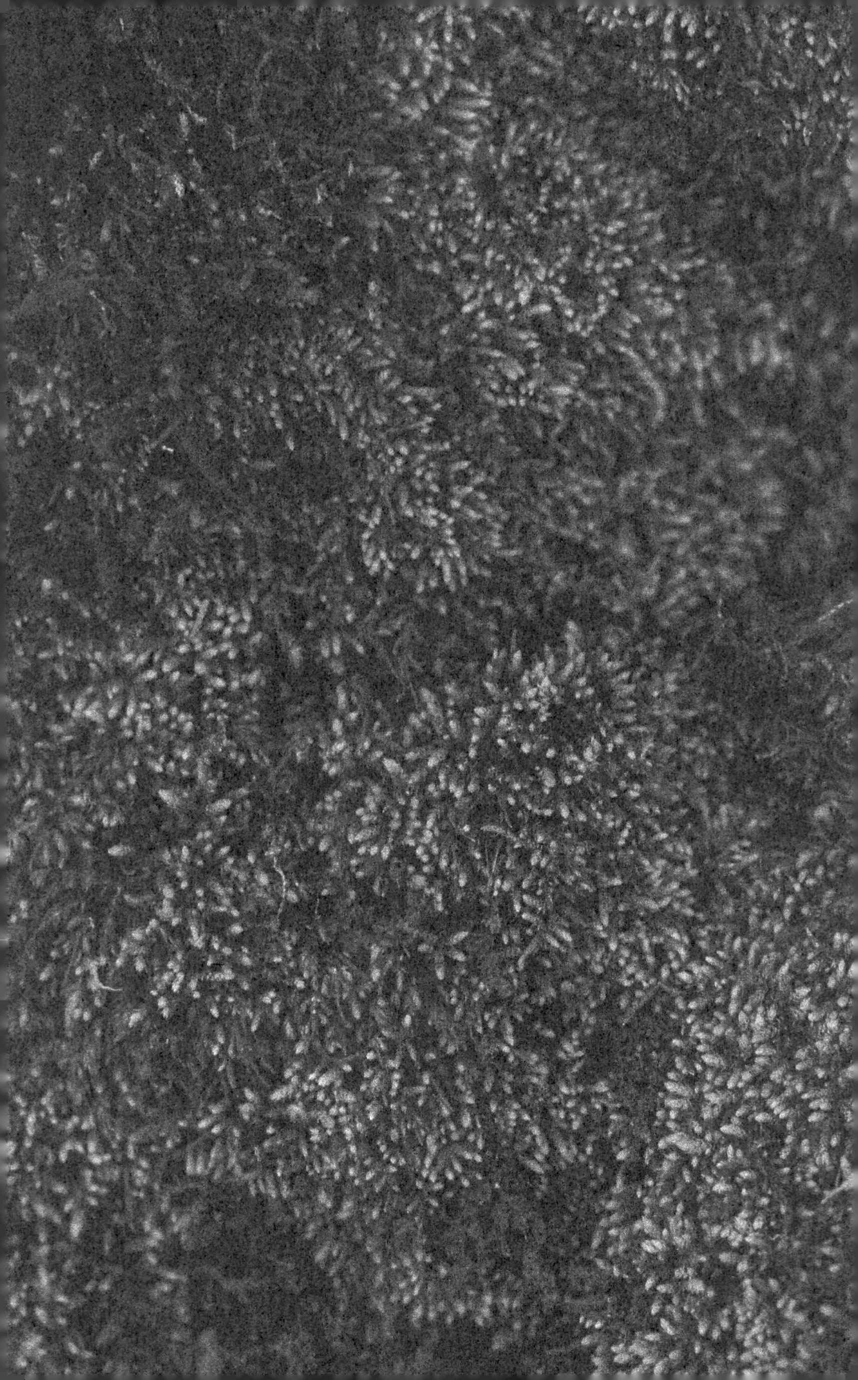

SEXUELLE ASYMMETRIE UND DIE SATELLITENSCHWESTERN

In unserem lokalen Radioprogramm gibt es samstagmorgens eine Sendung, die oft meine Wochenendvorbereitungen oder eine Fahrt in die Berge begleitet. Sie ist zwischen »Car talk« und »What do you know?« eingequetscht und heißt »The Satellite Sisters«. »Wir sind fünf Schwestern auf zwei Kontinenten, mit den gleichen Eltern und einem komplett unterschiedlichen Leben. Lasst uns reden.« Die Schwestern rufen aus aller Welt an, aber trotzdem hat man das Gefühl, sie sitzen am Küchentisch, vor halbvollen Kaffeetassen und einem Teller mit Süßgebäck. Das Gespräch wandert von Berufsstrategien zu Kindern, von Frauen als Umweltaktivisten zum ethischen Dilemma, das im Lebensmittelgeschäft das Vorab-Probieren der Weintrauben darstellt. Und natürlich auch zu Beziehungsfragen.

Mein Mann ist daheim und werkelt in der Scheune herum, unsere Töchter sind bei einer Geburtstagsparty, und ich bin so entspannt und faul wie das jetzige Gespräch der Schwestern. Es ist zu verregnet zum Rausgehen, zu matschig für Gartenarbeiten, also gehört der Vormittag mir, mir ganz allein, und ich wollte mir ohnehin diese unidentifizierten *Dicranum*-Moose ansehen. Welch ein Luxus, zur Arbeit zu kommen und zu spielen. Der Regen klatscht gegen die Fenster meines Labors, und außer mir gibt es nur die Stimmen der Schwestern. Ich kann mit ihnen lachen, denn wer hört mir schon zu? Es gibt keine Studenten, keine Anrufe, nur zwei, drei Handvoll Moos und ein paar Stunden Freiheit vom normalen Wochenendtrubel.

Dicranum ist eine Moosgattung, die viele Arten umfasst, Schwestern aus ein und derselben Familie. Für mich sind sie durchgehend weiblich, denn die »Männer« hatten ein ungewöhnliches, wenngleich verdientes Schicksal, das starken Frauen sofort einleuchten wird. Mehr dazu später. Während die Schwestern über die Verletzlichkeit reden, die eine neue Frisur mit sich bringt, also die Zurschaustellung eines versuchshaften Ichs, muss ich lachen: Wie konnte ich bisher übersehen, dass *Dicranum* mehr als jedes andere Moos wie Haar aussieht, gekämmtes Haar, säuberlich gescheitelt und auf eine Seite gelegt. Andere Moose lassen an Teppiche oder Miniatur-Wälder denken, aber *Dicranum* erinnert an Frisuren: Entenschwänze, Wellen, Korkenzieherlocken oder Stoppelschnitt. Würde man sie für ein Familienfoto aufreihen, vom kleinsten, *D. montanum*, zum größten, *D. undulatum*, dann könnte einem die Familienähnlichkeit ins Auge springen. Alle haben die gleichen, wie Haare wirkenden Blätter, lang, dünn und am Ende gekräuselt, alle in eine Richtung gebürstet, damit es aussieht, als sei der Wind hineingefahren.

Dicranum montanum

Genau wie die Satellitenschwestern, die aus Thailand und Portland, Oregon, anrufen, ist auch das *Dicranum* über die Wälder der ganzen Welt verstreut. *Dicranum fuscescens* lebt im hohen Norden, während das *D. albidum* in tropischen Regionen vorkommt. Vielleicht ist es ja wirklich die Entfernung, die eine friedliche Koexistenz von Geschwistern befördert. Die Gattung *Dicranum* hat eine starke adaptive Radiation durchgemacht, also die Evolution vieler neuer Arten aus einem gemeinsamen Vorfahren. Die adaptive Radiation, ob bei Darwinfinken oder beim *Dicranum*, erzeugt neue Spezies, die gut an ökologische Nischen angepasst sind. Darwinfinken haben sich aus einer einzigen Vorläufer-Art entwickelt, die sich auf dem Meer verirrt und die unberührten Galapagosinseln als Zufluchtsort entdeckt hat, wo sie dann eben neue Arten ausbildete. Auf jeder Insel dieses Archipels gibt es eine eigene Spezies, die sich jeweils ganz unterschiedlich ernährt. Analog dazu entstanden aus dem ursprünglichen *Dicranum* viele verschiedene Arten, jede mit ihrem eigenen Aussehen und Lebensraum, eben Lifestyle-Variationen des überlieferten Themas.

Die Kraft hinter dieser Divergenz in neue Spezies steht in Beziehung zu der unvermeidlichen Konkurrenz zwischen Geschwistern. Wissen Sie noch, wie Sie das haben wollten, was Ihr Bruder hatte, nur *weil* er es hatte? Wenn beim sonntäglichen Familienessen jeder eine Hühnerkeule will, wird mancher leer ausgehen und enttäuscht sein. Stellen zwei eng verwandte Spezies dieselben Forderungen an den gemeinsamen Lebensraum, ohne dass genug für alle da wäre, bekommt keine das, was sie zum Überleben braucht. In Familien gelingt die Koexistenz, indem Geschwister unterschiedliche Vorlieben entwickeln, und wer sich auf weißes Fleisch oder Kartoffelbrei spezialisiert, vermeidet den Kampf um die Keulen. Genau diese Spezialisierung hat beim *Dicranum* stattgefunden. Durch Vermeidung einer Konkurrenz können mehrere Arten koexistieren, jede in ihrem separaten Lebensraum, der nicht mit verwandten Arten geteilt werden muss und das Moos-Äquivalent eines »eigenen Zimmers« darstellt.

Im *Dicranum*-Clan gibt es eine Rollenverteilung, die man auch ohne Weiteres den Schwestern in einer Großfamilie zuschreiben könnte. Sie werden sie sofort erkennen. *D. montanum* ist die Anspruchslose; Sie kennen den Typ – unauffällig, unbeachtet, die kurzen Locken immer verstrubbelt. Sie ist die, die stets den übriggelassenen Lebensraum bekommt, die Hühnerflügel beim Sonntagsessen, die exponierte Baumwurzel oder blankes Gestein. Auf feuchten, schattigen Felsen lebt auch die glamouröse *D. scoparium*, die mit ihren langen, glänzenden und auf die Seite gelegten Blättern immer alle Blicke auf sich zieht. Sie ist die vornehme *Dicranum*-Art, über deren seidige Oberfläche man die Finger gleiten lassen möchte und deren dicke Polster man gern als Ruhekissen hätte. Wenn diese Schwestern-Arten gemeinsam auf einem Felsblock leben, nimmt die angeberische *D. scoparium* die besten Plätze ein, die feuchten, sonnenbeschienenen Erhebungen, die fruchtbare Erde, während sich *D. montanum* mit den Stellen dazwischen begnügen muss. Und niemand ist überrascht, wenn *D. scoparium* die kleine Schwester wegdrängt, ihr Zimmer betritt und sie hinaus an die Ränder treibt.

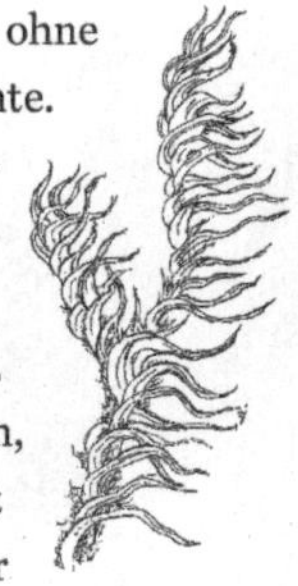

Dicranum scoparium

Die anderen *Dicranum*-Arten vermeiden die Konflikte, wie sie in geteilten Lebensräumen beim Aufeinanderprallen starker Persönlichkeiten entstehen. *D. flagellare*, mit ordentlichen, geraden Blättern, die an einen militärischen Kurzhaarschnitt erinnern, hält Abstand von anderen Moosen und lebt nur auf Holzstücken, die schon stark vermodert sind. Sie ist die Konservative, weitgehend keusch Lebende, die einer Familiengründung ausweicht und sich über Klone fortpflanzt. Einzelgängerisch und unglaublich grün, hat *D. viride* eine verborgene, sensible Seite, mit gebrochenen Blattspitzen, die wie abgekaute Fingernägel wirken. *Dicranum polysetum* ist hingegen die produktivste Mutter der Familie, was zwingende Folge ihrer vielen Sporophyten ist. Dann gibt es noch die lange, wellenblättrige *D. undulatum*, die auf den Spitzen sumpfiger Hügel thront, und die *D. fulvum*, das schwarze Schaf der Familie – insgesamt mehr als ein Dutzend starker Frauen.

Ich genehmige mir eine zweite Tasse Kaffee und katalogisiere geduldig die Moosproben, als das Samstagsgespräch der Satellitenschwestern zum Thema Männer kommt. Einige Schwestern sind glücklich verheiratet, andere berichten von der jüngsten Wochenend-Episode bei der Suche nach Mr. Right und diskutieren Bindungsbereitschaft und Charakterdisposition möglicher Väter. Das Finden des richtigen Partners ist ein universell-weibliches Problem – und auch eines für das *Dicranum*. Die sexuelle Fortpflanzung ist für Moose, wie wir gesehen haben, eine komplizierte Angelegenheit, auch weil die Möglichkeiten der schwachen, kurzlebigen »Männchen« begrenzt sind. Da zwischen ihnen und der Eizelle durchschwimmbares Wasser sein muss, hängt ihr Erfolg vom zeitlich passenden Regen ab. Das Spermium muss zum Ei schwimmen und dabei Hindernisse überwinden, die es von ihm trennt, auch wenn nur wenige Zentimeter dazwischen liegen. So nah und doch so fern bleiben die meisten Eizellen im Archegonium sitzen und warten auf ein Spermium, das niemals kommt.

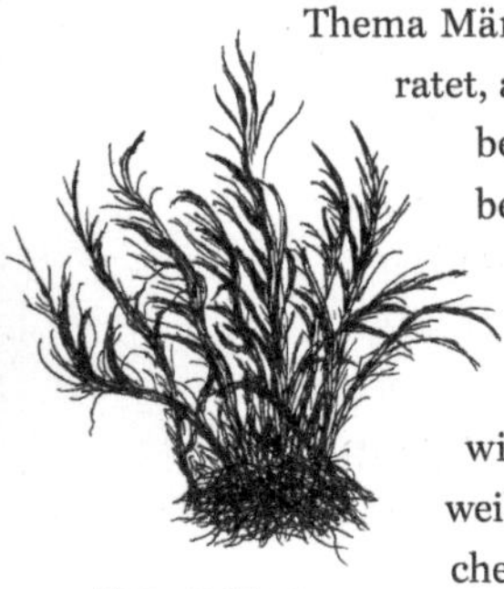

Dicranum fulvum

Manche Spezies haben ein Mittel entwickelt, um ihre Chancen auf einen Partner zu erhöhen. Sie werden zweigeschlechtig. Denn selbst wenn Eizelle und Sperma von ein und derselben Pflanze stammen, kann eine Befruchtung stattfinden. Die gute Neuigkeit ist also: es gibt Nachwuchs; die schlechte: Er ist durch Inzucht erzeugt. Keine einzige *Dicranum*-Art hat die zwitterhafte Lebensart entwickelt, sondern die Geschlechtsunterschiede sehr klar aufrechterhalten.

Angesichts der Schwierigkeiten, das Weibliche und das Männliche zusammenzubringen, überrascht doch, wie normal der Anblick einer *Dicranum*-Kolonie voller Sporophyten ist, dem Resultat vieler sexueller Begegnungen. Ich habe hier einen Klumpen *D. scoparium* vor mir, der gut und gerne fünfzig Sporophyten trägt – potenziell also fünfzig Millionen Sporen. Wie machen die das nur? Jetzt denken Sie vielleicht, der Schlüssel zu diesem Reproduktionserfolg sei ein vorteilhafter Sex-Quotient, also viele »Männchen«, die um jedes »Weibchen« herumschwirren. Manche Moose greifen zu dieser Strategie, das *Dicranum* allerdings nicht.

Während die Radioschwestern ihre Regeln für erste Dates vergleichen, zerlege ich meinen *Dicranum*-Klumpen und suche nach den Macho-Männchen, die für all diese Babys verantwortlich sind. Der erste Trieb, den ich herausziehe, ist weiblich. Der zweite ebenfalls. Und der dritte auch. Jeder einzelne Trieb in dieser Kolonie ist weiblich, und doch wurde jeder einzelne befruchtet. Schwangere Weibchen und kein einziges Männchen in Sichtweite? Die unbefleckte Empfängnis wurde bei Moosen bislang nicht dokumentiert, aber trotzdem kommt man ins Nachdenken.

Ich lege einen weiblichen Trieb unters Mikroskop, um ihn mir genauer anzusehen, und tatsächlich erblicke ich das, was ich erwartet habe: die weibliche Anatomie, mit befruchteten Eiern, angeschwollen und die nächste Generation in sich tragend. Der Stiel ist mit einem Bündel langer Blätter bedeckt, die graziös zur Seite gelegt sind, typisch *Dicranum*-Style eben. Ich folge einem der abgerundeten Blätter entlang des Bogens, seiner glatten Zellen und leuchtenden Mittelrippe. Und da entdecke ich einen bartförmigen kleinen Auswuchs, etwas, das ich bislang erst einmal gesehen habe. Ich stelle das Mikroskop auf größer und erkenne, dass es sich um eine kleine Ansammlung haarförmiger Blätter handelt, eine Miniaturpflanze, die auf dem riesigen *Dicranum*-Blatt wächst wie ein Büschel Farne auf dem Ast eines Baumes. Mit noch mehr Vergrößerung kommen wurstförmige Säckchen in den Blick, zweifellos Antheridia, prallvoll mit Sperma. Hier haben wir die fehlenden Väter: mikroskopisch kleine Männchen, so sehr geschrumpft, dass sie sich in den Blättern ihrer erhofften Partnerinnen verstecken können. Sie haben weibliches Gebiet aus einem einzigen Grund betreten, nämlich einer Art heimlichen Intimität, die sie so nahe an die Weibchen bringt, dass die wichtigen Spermien die Entfernung zu den Eizellen leicht zurücklegen können.

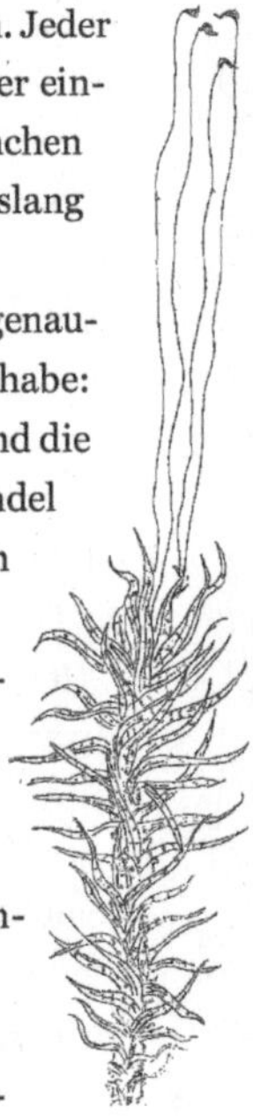

Dicranum polysetum

Die Weibchen dominieren sämtliche Aspekte des *Dicranum*-Lebens, sei es in Bezug auf Anzahl, Größe oder Energie. Auch die bloße Existenz der Männchen liegt in der Macht der Weibchen. Wenn ein befruchtetes Weibchen Sporen produziert, sind diese geschlechtslos. Jede Spore kann männlich oder weiblich werden, je nachdem, wo sie landet. Fliegt eine zu einem anderen Felsblock oder einem bislang unbewohnten Holzstück, keimt sie und wächst zu einer weiblichen Moospflanze heran. Landet sie aber auf einem *Dicranum* derselben Spezies, versinkt sie zwischen den Blättern der dortigen Weibchen, ist ab da gefangen und unterliegt deren Kontrolle. Die weibliche Pflanze sendet Hormone aus, die die unentschiedene Spore zu einem Zwergenmännchen werden lassen, einem gefangenen Sexualpartner, der zum Vater einer nächsten Generation in diesem Matriarchat wird.

Die Schwestern befragen jemanden zu den Auswirkungen der Doppelverdienerfamilie. Ich möchte in der Sendung anrufen und wissen, was sie vom Haushaltskonzept des *Dicranums* halten. Fünf Schwestern, fünf Meinungen zu den Zwergenmännchen: ein klarer Fall von weiblicher Tyrannei, Unterwerfung der Männlichkeit unter starke Frauen, Umkehrung der Verhältnisse ist nur fair ... hey, schenkt ihnen doch mehr Vertrauen, vielleicht sind das ja sensible Neunziger-Jungs, die Frauen gleiche Chancen einräumen. Oder denken die immer noch, dass es auf die Größe ankommt?

Heutzutage sind Männer und Frauen in der luxuriösen Situation, Beziehungen unabhängig von ihrem Wert für den Arterhalt gestalten zu können. Und weiß Gott, es gibt schon viele von dieser Sorte. Die Art und Weise, wie wir das Verhältnis von Macht und häuslicher Harmonie ausbalancieren, nimmt kaum Einfluss auf den Fortbestand unserer Population.

Aber vom evolutionären Standpunkt des *Dicranums* aus ist die Asymmetrie der sexuellen Beziehung von entscheidender Bedeutung. Zwergenmännchen sind eine effektive Lösung für das Problem der Befruchtung. Die gesamte Spezies, also beide Geschlechter, profitiert von diesem Arrangement. Ein gleich großes Männchen steht sich im Hinblick auf genetischen Erfolg selbst im Weg, denn seine Blätter und Zweige vergrößern den Abstand zwischen Sperma und Eizelle. Im Vergleich mit einem normalwüchsigen kann ein Zwergenmännchen viel mehr Nachkommen zeugen. Es trägt am besten zur nächsten Generation bei, indem es sein Sperma abgibt und dann aus dem Weg geht.

Der gleiche Impuls, der verschwisterte Arten divergieren lässt, erzeugt auch den deutlichen Unterschied zwischen Männchen und Weibchen beim *Dicranum*. Konkurrenz vermindert in einer Familie die individuellen Erfolgschancen. Deshalb begünstigt die Evolution eine Spezialisierung, durch die Konkurrenz vermieden wird, was wiederum die Überlebenschancen der gesamten Spezies erhöht. Ein großes Weibchen und ein kleines Männchen können nicht miteinander konkurrieren. Das Männchen ist klein, damit es sein Sperma besser abgeben kann. Das Weibchen ist groß und damit in der Lage, für den entstehenden Sporophyten zu sorgen, die gemeinsame Zukunft, die gemeinsamen Nachkommen. Ohne konkurrierende Geschlechtspartner bekommen die Weibchen alle guten Lebensräume, alles Licht und Wasser, allen Platz und alle Nährstoffe – alles im Hinblick auf das Wohlergehen der Nachkommen.

Die Stunde mit den Satellitenschwestern schließt mit einem Rezept für Zitronenmousse. Es klingt fantastisch. Der Regen hat aufgehört und ich bin fertig mit den Moosen, also mache ich lächelnd das Radio aus. Zeit zum Heimgehen – zum Mittagessen, das mein normal großer Ehemann mit Liebe zubereitet hat.

EINE AFFINITÄT ZUM WASSER

Auf den Hügeln rund um mein Haus in Upstate New York sehen die kahlen Äste der Ahornbäume aus, als seien sie mit einem gespitzten Bleistift auf den Winterhimmel gezeichnet. Aber im Willamette Valley in Oregon sind die Eichen mit dicken grünen Buntstiften gemalt. Der winterliche Dauerregen sorgt dafür, dass die Stämme voller Moos sind, während ihre Blätter Winterschlaf halten. Dieser moosige Schwamm tröpfelt beständig Wasser auf die Baumwurzeln, tränkt den Boden unter sich und füllt damit das Erdreservoir für den kommenden Sommer.

Im August ist der Winterregen längst aufgebraucht, und das Land hat wieder Durst. Die Eichenblätter hängen in der erhitzten Luft, während das Zirpen der Zikaden das Wetter vorhersagt: der 65. Tag ohne Regen. Die Wildblumen haben sich in die Erde zurückgezogen, um der Dürre zu entgehen, und hinterlassen eine Landschaft aus versengtem, braunem Gras. Die Moosteppiche liegen jetzt ausgetrocknet auf der Rinde der sommerlichen Eichen, wobei ihre zusammengeschrumpelten, drahtigen Skelette kaum erkennbar sind. In der Sommerdürre ist der Eichenhain ganz still und in Warteposition. Jedes Wachstum, jede Aktivität sind einem Dürreschlaf gewichen.

Lindens Flieger hat Verspätung, deshalb begebe ich mich zum AeroJava-Schalter, reihe mich in die Wartenden ein und schlage die Zeit tot. Auf dem Schalter steht ein Glas, das zur Hälfte mit Münzen gefüllt ist und die Aufschrift trägt: »Wenn Sie Angst vor dem Wechsel haben, dann immer her damit.« Ich merke, wie ohne jeden Grund meine Augen feucht werden und ich mir wünsche, ich könnte meine Taschen ausleeren, meine ganze Last an Kleingeld loswerden und dafür meine Tochter zurückbekommen, also die kleine, die auf einem Stuhl steht, meine Küchenschürze dreimal um sich gebunden, Kekse für den Valentinstag aussticht und die gesamte Küche mit rosa Glasur vollspritzt.

Die Moose beginnen ihre Wartezeit. Es kann nur ein paar Tage dauern, bis sich wieder Tau bildet, vielleicht kommen aber auch Monate der geduldigen Austrocknung. Ihre Art zu leben besteht in der Akzeptanz. Sie verdienen sich ihre Freiheit vom Schmerz des Wechsels oder Wandels, indem sie sich voll und ganz den Launen des Regens ergeben.

Ich habe eine Menge Tage mit Warten verloren, indem ich bis zu einem Wandel der Umstände den Atem angehalten und den Geruch von Regen herbeigesehnt habe. Zum Beispiel weiß ich noch gut, wie ich als Kind eine gefühlte Ewigkeit darauf gewartet habe, endlich allein mit dem Schulbus fahren zu dürfen, was dann zur Folge hatte, dass ich auf ebendiesen Bus wartete und mit den Füßen aufstampfte, um gegen die beißende Kälte anzukommen. Auf die neun wunderbar runden Monate, die ich auf die Ankunft meiner Babys wartete, folgte viel zu rasch das Warten außerhalb des Highschool-Basketballspiels, wo ich mit den Fingern ungeduldig auf mein Lenkrad trommelte. Und jetzt warte ich auf die Landung von Lindens Flieger, der sie vom College zurückbringt, und außerdem darauf, dass ich den Arm um sie legen kann, während wir gemeinsam am Bett meines Großvaters warten.

Welche Kunst des Wartens praktizieren die Moose, während sie da ganz zerknittert auf den sommerlichen Eichen rösten? Sie rollen sich ein, als würden sie Tagträumen nachhängen. Und sollten Moose tatsächlich träumen, dann vermutlich vom Regen.

Moose müssen voller Feuchtigkeit sein, damit die Alchemie der Photosynthese stattfindet. Ein dünner Wasserfilm auf dem Moosblatt ist das Gate für das Kohlendioxid, das sich hier auflöst, ins Blatt eindringt und so die Umwandlung von Licht und Luft in Zucker beginnt. Ohne Wasser kann ein trockenes Moos nicht wachsen. Da Moose keine Wurzeln haben, können sie das nötige Wasser nicht aus der Erde aufnehmen und sind für ihr Überleben allein auf den Regen angewiesen. Am prächtigsten gedeihen sie daher an durchweg feuchten Orten wie der Gischtzone eines Wasserfalls oder einer Felswand, durch die Quellwasser sickert.

Aber sie wachsen auch an Stellen, die austrocknen können, etwa Felsblöcken, die der Mittagssonne ausgesetzt sind, xerischen Sanddünen und sogar in Wüstengegenden. Die Äste eines Baums können im Sommer eine Wüste sein und ein Fluss im Frühjahr. Nur Pflanzen, die diese Polarität tolerieren, können hier überleben. Die Rinde dieser Oregon-Eichen ist das ganze Jahr über voll mit zotteligem *Dendroalsia abietina*. Der Name *Dendroalsia* kommt aus dem Wissenschaftslatein und bedeutet so etwas wie »Begleiter von Bäumen«. Wie andere seiner Art toleriert das schöne *Dendroalsia* diese großen Feuchtigkeitsunterschiede, und zwar durch die Ausbildung poikilohydrer, also wechselfeuchter, Adaptionen. Sein Leben ist eng an das Kommen und Gehen des Wassers geknüpft. Poikilohydre Pflanzen haben die Besonderheit, ihren Wassergehalt dem der Umgebung anzupassen. Gibt es viel Feuchtigkeit, saugt das Moos Wasser auf und wächst. Wird die Luft aber trocken, dann tut das auch das Moos, bis es irgendwann komplett ausgetrocknet ist.

Trockener, eingerollter Dendroalsia-Trieb

Eine derart dramatische Austrocknung wäre für höhere Pflanzen fatal, denn sie brauchen einfach einen konstanten Wassergehalt. Ihre Wurzeln, Leitgefäße und raffinierten Speichermechanismen erlauben ihnen, dem Austrocknen entgegenzuarbeiten und damit aktiv zu bleiben. Höhere Pflanzen verwenden den Großteil ihrer Mühen darauf, einen Wasserverlust zu verhindern. Aber wenn der Wassermangel allzu groß wird, funktionieren selbst diese Mechanismen nicht mehr, und die Pflanzen welken und sterben ab wie die Kräuter auf meiner Fensterbank, während ich im Urlaub war. Hingegen sind die meisten Moose gegen den Tod durch Trockenheit immun. Für sie ist eine Austrocknung nur eine vorübergehende Unterbrechung des Lebens. Moose können bis zu 98% ihrer Feuchtigkeit verlieren und dennoch weiterleben, bis wieder Wasser vorhanden und eine Erholung möglich ist. Selbst nach vierzig Jahren der Dehydrierung in einem verstaubten Naturalien-Kabinett haben sich Moose beim Eintauchen in eine Petrischale wieder vollständig regeneriert. Moose haben einen Pakt mit dem Wandel geschlossen; ihr Schicksal ist an die

Launen des Regens geknüpft. Sie schrumpfen und vertrocknen, während sie sorgfältig den Boden für die eigene Erneuerung vorbereiten. Sie schenken mir Hoffnung.

Linden steigt aus dem Flugzeug und ist froh, wieder daheim zu sein. Sie strahlt wie ein Mädchen, aber mit den Augen einer Frau sucht sie mein Gesicht nach Spuren von Kummer ab. Ich lächle zuversichtlich und umarme sie fest. Als ich dann neben ihr her gehe, sehe ich sofort, dass sie ihre Tage nicht mit Warten verschwendet, sondern mit Werden gefüllt hat. Jetzt weiß ich, dass ich um keinen Preis diese entzückende junge Frau, die strahlt und sich bei mir eingehängt hat, gegen das Kleinkind eintauschen würde, das in meinen Armen eingeschlafen ist.

Durch die Wechselfeuchtigkeit können Moose in wasserarmen Lebensräumen überleben, die für höhere Pflanzen unbewohnbar wären. Nur bringt diese Toleranz erhebliche Kosten mit sich. Wenn das Moos trocken ist, kann es keine Photosynthese leisten, weshalb sich ein Wachstum auf die kurzen Zeitfenster beschränkt, in denen es nicht nur Feuchtigkeit, sondern dazu auch noch Licht gibt. Die Evolution hat manchen Moosen das Geschenk gemacht, dieses Fenster verlängern zu können. Sie haben so elegante wie einfache Mittel für das Speichern der kostbaren Feuchtigkeit entwickelt. Aber wenn die unvermeidliche Austrocknung einsetzt, ist ihre Akzeptanz vollkommen, schließlich sind sie hervorragend fürs Ausharren gerüstet und können warten, bis es irgendwann wieder regnet.

Feuchter Dendroalsia-Trieb mit Sporophyten

Die Atmosphäre ist besitzergreifend, was ihr Wasser betrifft. Gehen die Wolken generös mit ihrem Regen um, fordert ihn der Himmel mit dem unerbittlichen Sog der Verdunstung wieder zurück. Das Moos ist dabei nicht hilflos; es kann selbst saugen und der diebischen Energie der Sonne etwas entgegensetzen. Wie eine eifersüchtige Geliebte schafft es auch das Moos, sein Wasser stärker an sich zu binden, und lädt es ein, noch ein bisschen zu verweilen. Bei ihm ist alles auf seine Affinität zum Wasser ausgerichtet. Von der Form des Moosklumpens über die Abstände der Blätter am Stengel bis hin zur Oberfläche selbst des kleinsten Blatts ist alles vom evolutionären Imperativ getragen, Wasser speichern zu können. Moospflanzen kommen so gut wie nie allein vor, sondern in Kolonien, so dicht besiedelt wie ein Maisfeld im August. Die Nähe anderer, mit ihren verschlungenen Trieben und Blättern, erzeugt ein poröses Geflecht aus Pflanzenteilen und Leerräumen, das wie ein Schwamm das Wasser aufbewahren kann. Je enger die Triebe stehen, desto größer ist die Speicherkapazität. Ein dichtgewebtes Stück dürreresistentes Moos hat pro Quadratzentimeter gut und gern dreihundert Stiele. Vom Rest des Klumpens abgesondert, trocknet ein einzelner Trieb sofort aus.

Ich merke, wie ich in ihrer Gegenwart wachse, mich ausdehne. Ihre Geschichten bringen mich zum Lachen und rufen eigene auf, die ich in ihre einfließen lasse. Wie sie da neben mir im Auto sitzt und im Radio ihren Lieblingssender sucht, weiß ich plötzlich wieder, wer ich wirklich bin – und dass die Trauer über ihre Abwesenheit nicht nur ihren Verlust betrifft, sondern auch den von allem, meinem Großvater, meinen Eltern, mir. Wie ängstlich wir gegen die Verluste ankämpfen, denen sich die Dendroalsia so demütig stellt. Im Kampf gegen das Unvermeidliche verausgaben wir uns durch sinnlosen Widerstand, als könnten wir das Trocknen einer tränenbenetzten Wange irgendwie verhindern.

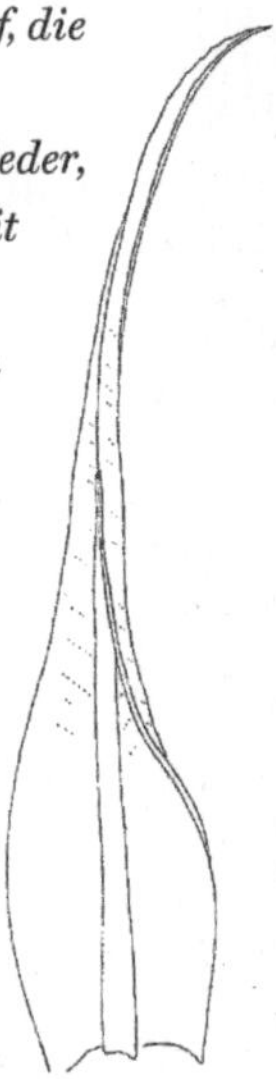

Wasser fühlt sich von den kleinen Leerräumen eines Moosklumpens stark angezogen. Durch seine Adhäsionseigenschaften binden sich die Moleküle bereitwillig an eine Blattoberfläche. Eine Seite des Wassermoleküls ist positiv geladen, die andere negativ. So kann sich das Wasser an jede ebenfalls geladene Oberfläche heften, sei sie positiv oder negativ, wobei die Zellwand von Moosen über beides verfügt. Die bipolare Anlage des Wassers sorgt auch für seine eigene Kohäsion oder »Festigkeit«, denn das positive Ende eines Moleküls klebt sich an das negative eines anderen. Als Resultat dieser starken Kohäsion und Adhäsion kann Wasser eine transparente Brücke zwischen zwei Pflanzenoberflächen bilden. Die Dehnfestigkeit dieser Brücke reicht für kleine Räume aus, bricht jedoch ein, wenn die Lücke zu breit ist. Die feinen Blätter und das generell überschaubare Ausmaß von Moosen erzeugen aber Räume, die für diese von der Kapillarkraft des Wassers getragenen Brücken genau richtig sind. Triebe, Zweige und Blätter sind so angeordnet, dass der Sog seiner Kapillarität die Verweildauer des Wassers verlängern und den Verdunstungskräften entgegenwirken kann. Moose ohne diese günstige Formgebung sind viel zu schnell ausgetrocknet und durch natürliche Auslese eliminiert worden.

Sehen Sie sich einmal an, wie ein Regentropfen auf ein breites, flaches Eichenblatt fällt. Für einen Moment bildet er eine Perle, in der sich der Himmel wie in einer Kristallkugel spiegelt, und gleitet dann zu Boden. Baumblätter sind in der Regel so angelegt, dass sie das Wasser abweisen und seine Aufnahme den Wurzeln überlassen. Sie sind mit einer dünnen Wachsschicht bedeckt, einer Barriere für Wasser, das entweder eindringen oder auch verdunsten will. Moosblätter haben keine derartige Barriere und sind auch nur genau eine Zelle dick. Jede Zelle eines jeden Blattes hat intimen Kontakt mit der Atmosphäre, auf dass ein Regentropfen direkt in die Zelle aufgenommen werden kann.

Auf dem Weg zum Krankenhaus reden wir ununterbrochen, manchmal über ihren Urgroßvater, aber vornehmlich über einen fantastischen Zeitraum – ihr derzeitiges erstes Studienjahr. Sie erzählt von ihren Kursen, Leuten, die ich nicht kenne, einem Rucksack-Trip, und ich werde mit Leidenschaften konfrontiert, von denen sie bislang selbst nichts wusste, mit mutigen Ausflügen in unbekanntes Gebiet. Ich bin ein bisschen neidisch auf ihre Offenheit gegenüber der Welt, in der ein Wandel nur den Reiz imaginierter Möglichkeiten darstellt und nicht etwa den Vollstrecker drohender Verluste. Aber ich weiß, dass ich keine Barriere errichten kann, mit der diese Verluste aufzuhalten wären, ohne dabei auch mich selbst auszuschließen, ganz allein und abgetrennt von der Welt.

Die Blätter von Bäumen sind gleichmäßig flach, um so viel Licht wie möglich aufzunehmen, und stehen so weit auseinander, dass sie sich nicht gegenseitig beschatten. Für Moose ist Licht aber längst nicht so wichtig wie Wasser. Deshalb sind Moosblätter auch vollkommen anders als die von Bäumen. Jedes ist so geformt, dass es dem Wasser ein Zuhause bieten kann. Ohne Wurzeln und interne Leitsysteme sind Moose beim Wassertransport allein auf ihre

Außenflächen angewiesen. Bei manchen Spezies wird der Wasserfluss durch die Verflechtung winziger Fäden beschleunigt, der sogenannten *Paraphyllien*, die den Moosstengel wie eine grobgestrickte Wolldecke überziehen. Form und Anordnung der Moosblätter dienen der Sammlung und Speicherung von Wasser, wobei ein konkaves Blatt in seiner Mulde einen einzigen Regentropfen aufbewahrt. Andere haben lange, zu kleinen Röhren zusammengerollte Spitzen, die sich mit Wasser füllen und die Tröpfchen zur Blattoberfläche leiten. Ein Blatt überlappt das nächste, was kleine, konkave Täschchen erzeugt und damit ein durchgängiges Verteilersystem von Wasser.

Selbst die Feinstruktur der Blattoberfläche ist so beschaffen, dass ein dünner Wasserfilm gebildet und gehalten werden kann. Die Blätter können winzige Akkordeonfalten haben, in deren Senkungen sich Wasser sammelt, wobei durch die Unebenheiten eine Mikrotopografie aus wogenden Hügeln und wasserreichen Tälern entsteht. Die Spezies trockener Lebensräume haben oft Blattzellen, die mit kleinen Höckern, den *Papillae*, übersät sind und eine aufgeraute Oberfläche erzeugen, die man bei vorsichtigem Darüberstreichen tatsächlich spüren kann. Ein Wasserfilm ruht zwischen den Papillae, die sich wie kleine Hügel über einen See erheben; so kann das Blatt sein Wasser länger aufbewahren und auch bei gnadenlosem Sonnenschein Photosynthese betreiben.

Auf den oberen Regalbrettern meines Büros gibt es kartonweise getrocknetes Moos – mögliche Referenzen für dieses oder jenes Forschungsprojekt. Sobald ich eines herausnehme, muss es zunächst einmal genässt werden, um seine Feinstruktur erkennen und es dadurch identifizieren zu können. Klar könnte ich es einfach für ein paar Minuten in eine Petrischale legen. Aber selbst nach all diesen Jahren genieße ich das Ritual, das Wasser nur tröpfchenweise beizufügen und das »Erwachen« der Triebe unter dem Mikroskop zu verfolgen. Für mich ist das eine Art Hommage an den bemerkenswerten Ehebund von Moosen und Wasser. Die beiden scheinen sich magnetisch anzuziehen. Ich gebe einen Tropfen auf die Spitze eines vertrockneten Triebs und sehe ihn durch die Blätter nach unten stürzen wie die Flutwelle in einem schmalen Canyon. Trockene, zusammengekrümmte Blätter falten sich auf, alles ist Licht und Bewegung, während die Tropfen jeden verfügbaren

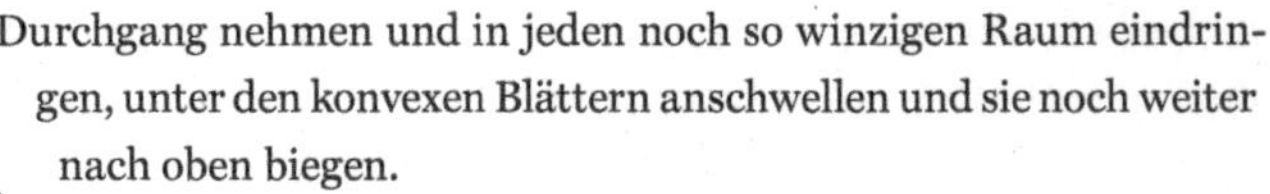

Durchgang nehmen und in jeden noch so winzigen Raum eindringen, unter den konvexen Blättern anschwellen und sie noch weiter nach oben biegen.

Dort, wo das Blatt am Stiel sitzt, befinden sich spezialisierte Flügelzellen. Für das bloße Auge wirken sie wie glänzende Halbmonde in den Ecken des Blatts. Unter dem Mikroskop sind Flügelzellen nicht nur viel größer als normale Blattzellen, sondern oft auch sehr dünnhäutig. Ihr großer Hohlraum kann Wasser schnell aufnehmen und zu einem durchsichtigen Ballon anschwellen. Durch die Schwellung biegt sich das Blatt weg vom Stiel und kann in dieser günstigeren Position mehr Licht einfangen. Ohne so etwas wie Nerven oder Muskeln können Moose dennoch das Wasser spüren, das ihnen ein Wachstum ermöglicht, und den Blattwinkel an die optimale Stellung zur Photosynthese anpassen. Der Blattboden füllt sich und fließt über, wobei der Überschuss an das darunterliegende Blatt geht. So entsteht unter den überlappenden Blättern eine Abfolge kleiner Becken. Innerhalb weniger Minuten ist der Trieb vollständig getränkt; die Bewegung des Wassers hört auf, und das Moos steht einfach drall und glänzend da. Die Form des Wassers wird durch das Moos verändert, während gleichzeitig das Moos vom Wasser geformt wird.

Die Gegenseitigkeit von Moos und Wasser. Ist das nicht die Art und Weise, mit der wir lieben, mit der die Liebe unsere Selbstentfaltung antreibt? Wir werden durch unsere Affinität zur Liebe geformt – durch ihr Vorhandensein ausgedehnt, durch ihren Mangel geschrumpft.

Die meisten Pflanzen und Tiere besitzen raffinierte Möglichkeiten, ihren Wasserhaushalt stabil zu halten, etwa Pumpen und Gefäße, Schweißdrüsen und Nieren. Diese Organismen betreiben die Wasserregulierung mit erheblichem Energieaufwand. Moose bewerkstelligen die Wasserbewegung einfach, indem sie der Anziehung vertrauen, die Oberflächen auf das Wasser ausüben. Ihre Formen nutzen die Adhäsions- und Kohäsionskraft des Wassers, um es nach Belieben über ihre Oberflächen gleiten zu lassen und dabei nicht die geringste Eigenenergie aufzuwenden. Dieses elegante Design ist ein Musterbeispiel an Minimalismus, denn es stellt sich in den Dienst der fundamentalen Naturkräfte, anstatt sie überwinden zu wollen.

Mein Großvater hätte die elegante Gestalt eines Mooses sehr geschätzt, so er denn je eines gesehen hätte. Er war Schreiner. Seine Werkstatt war übersät mit Geräten, Drehmaschinen und Handbohrern, altertümlichen Hobeln und Stechbeiteln, jedes einzelne Werkzeug mit seinem speziellen Zweck. Nichts wurde weggeworfen, es gab Babybreigläschen mit sorgfältig sortierten Schrauben, ein Brett aus Walnussholz, einen geretteten Geländerpfosten aus Eichenholz, aus dem eine Schüssel für Großmutters Küche werden sollte. Seine Designs waren klar und schlicht, dem Potenzial des Holzes und der jeweiligen Bestimmung entsprechend.

So außerordentlich diese Taktiken der Wasserspeicherung auch sein mögen, sind sie doch nur ein temporärer Aufschub der Verdunstung. Die Sonne wird die Schlacht immer gewinnen, das Moos immer irgendwann zu trocknen beginnen. Wenn das Wasser wieder in die Atmosphäre gezogen wird, verändert sich die Gestalt der Moose erheblich. Manche falten ihre Blätter oder rollen sie ein. Das reduziert die exponierte Oberfläche und hilft der Pflanze dabei, das verbleibende Wasser länger zu behalten. Fast alle Moose verändern beim Austrocknen Form und Farbe, wodurch ihre Bestimmung doppelt so schwer wird wie sonst. Manche Blätter schrumpeln zusammen, andere winden sich und umschlingen den Stiel, als schützender Mantel gegen den trockenen Wind. Die Federn der *Dendroalsia* verlieren die Farbe und rollen sich ein wie der schwarze Schwanz eines mumifizierten Affen. Morsch, trocken und verzerrt sind die Moose jetzt – aus weichen Wedeln in brüchig-schwärzliche Büschel verwandelt.

Mein Großvater wirkt viel zu groß für sein Krankenhausbett, umringt von einem Dschungel an Apparaten, die ihn am Leben halten sollen. Seine Schwäche hat fast etwas Außerirdisches neben all diesen glatten Oberflächen, rechten Winkeln und zuversichtlich brummenden Elektrogeräten. Ein Infusionsschlauch steckt in seinem Arm, um die Dehydrierung zu verhindern. Er soll die 87% seines

Körpers erhalten, die aus Wasser bestehen, während die restlichen 13 % ihren Marsch Richtung Kapitulation antreten.

Während die Dürre die feuchten Blätter schrumpfen lässt, laufen auch in der Zell-Biochemie die Vorbereitungen für die Austrocknung. Als würde man ein Schiff fürs Trockendock präparieren, werden die essenziellen Funktionen sorgfältig stillgelegt und verstaut. Die Zellmembran durchläuft einen Wandel, der ihr zu schrumpfen und zu kollabieren erlaubt, ohne dass irreparabler Schaden entsteht. Am wichtigsten ist, dass die Enzyme zur Zellreparatur hergestellt und für die spätere Verwendung eingelagert werden. Sicher in der geschrumpften Membran aufbewahrt, können diese Rettungsboot-Enzyme beim nächsten Regen die Lebenskraft der Zelle wiederherstellen. Dann kommt die interne Zell-Maschinerie zum Laufen und behebt binnen Kurzem den Austrocknungsschaden. Schon nach zwanzig Minuten Wässern ist das dehydrierte Moos wieder im Vollbesitz seiner Lebenskraft.

Wir stehen gemeinsam auf dem Friedhof und haben alle Utensilien des Widerstands hinter uns gelassen. Ich halte die Hand meiner Großmutter, deren Miene bröckelt und jeden Moment zerfallen kann. Der Blick meiner Mutter wandert zwischen uns umher, als würde sie uns einzeln aufsammeln. Mein rotwangiges Kind tritt von einem Bein auf das andere und weiß nicht, wo sie stehen soll. Sie ist mit gefalteten Händen in einem Kreis von Töchtern, wo eines Tages sie diejenige sein wird, die loslassen muss. Als ihr die Rosen aus der Hand gleiten, umfassen wir die unseren nur fester.

Das Wasser gegen den Sog der Sonne festzuhalten und es wieder willkommen zu heißen, ist eine gemeinschaftliche Handlung. Kein Moos kann sie alleine vollbringen. Dazu ist ein Miteinander von Trieben und Zweigen nötig, die zusammenhalten, um für das Wasser Platz zu schaffen.

Die Herbstwolken mildern irgendwann das harte Licht des Sommerhimmels, und ein feuchter Wind fährt in die verwelkten Eichenblätter am Boden. Die Luft ist voller Energie, als würden die Moose versuchen, im Wind den Geruch von Regen auszumachen. Wie Gefangene der Dürre richten sie all ihre Sinne auf das Nahen ihrer Befreier.

Wenn die ersten Tropfen fallen und aus einem Regenschauer Sturzbäche werden, findet eine ausgelassene Wiedervereinigung statt. Das Wasser betritt die alten Wege, die speziell für sein Kommen wiederhergestellt wurden. Es fließt durch die kleinen Blattkanäle, bahnt sich den Weg in die Kapillarräume und dringt tief in jede Zelle ein. Innerhalb von Sekunden schwellen die hungrigen Zellen an, und verschrumpelte Stiele recken sich gen Himmel, die Blätter weit von sich gespreizt, um den Regen zu begrüßen. Ich laufe zum Hain hinaus, als der Regen kommt, denn ich möchte dabei sein, wenn die Entfaltung beginnt. Auch ich kann einen Pakt mit dem Wandel schließen, bei dem ich verspreche, loszulassen und keinen Widerstand mehr zu leisten, und im Gegenzug dafür das Versprechen des Werdens bekomme.

Belebt und vom Regen aus dem Ruhezustand befreit, beginnt sich die *Dendroalsia* zu dehnen und Zweig für Zweig zu entfalten, um die Symmetrie ihrer überlappenden Wedel wiederherzustellen. Jeder Stiel rollt sich auf und exponiert dabei seine zarte Innenseite, an deren Mittellinie sich winzige Kapseln befinden, randvoll mit Sporen. Bereit für den Regen, entlassen sie ihre Töchter in den aufsteigenden Nebel. Die Eichen sind wieder saftig und grün, und die Luft riecht intensiv nach dem Atem der Moose.

DIE WUNDEN VERBINDEN: MOOSE ALS ÖKOLOGISCHE NACHFOLGER

In der Trägheit nach der Gipfeljause, die einem guten Aufstieg folgt, beobachte ich eine Ameise, die ein Sesamkorn meines Sandwichs über den blanken Fels hievt. Sie transportiert es zu einer Spalte voller *Polytrichum*, einem struppigen Moos, das sich in der dort angesammelten Erde festgesetzt hat. Im nächsten Sommer werden die Wanderer hier sicher keinen Sesamtrieb finden, dafür gibt es aber bereits jetzt eine kleine Fichte, die einem Samen inmitten der Moose entsprossen ist. Die Ameise, der Same und das Moos verfolgen alle ihren eigenen Weg, arbeiten aber unbewusst zusammen, indem freier Erdboden besiedelt und auf blankem Fels ein Wald gesät wird. Der Prozess der ökologischen Nachfolge oder Sukzession ist eine positive Feedbackschleife, ein Lebensmagnet, der Leben anzieht.

Vom Gipfel des Cat Mountain aus erstreckt sich zu meinen Füßen die Five Ponds Wilderness, das größte Wildnisgebiet östlich des Mississippi, wogende, grüne Bergkuppen, die bis zum Horizont reichen. Der sonnengewärmte Granit gehört zu den ältesten Gesteinen unserer Erde, und dennoch ist der Wald unter mir relativ jung. Noch vor einhundert Jahren hätten sich die Schnäpperwaldsänger über kahle Bergrücken, abgeholzte Täler und isolierte Winkel mit altem Baumbestand tragen lassen. Die Adirondacks haben sich den Spitznamen »Die zweite Chance der Wildnis« eingehandelt. Heute fischen Bären und Adler am mäandernden Lauf des wilden Oswegatchie River. Die Abholznarben sind durch Sukzession verheilt, was das Gebiet zu einer lückenlosen Fläche aus Nachwuchswald macht. Lückenlos bis auf eine einzige klaffende Wunde. Im Norden ist das Grün durch ein baumloses Kahlgebiet unterbrochen, das man noch in fünfzehn Kilometern Entfernung sieht.

Das Gestein ist hier sehr eisenhaltig. Es gibt Stellen, an denen der zuckende Kompass die Frage aufwirft, ob man vielleicht in die Zwischenwelt geraten ist. Mit einem Magnet lässt sich der Sand hochheben. Der Eisenerzabbau kam schon recht früh in die Adirondacks, und in den Benson Mines wurde der Berg abgetragen und zermahlen. Das Eisenerz wurde in alle Welt verschickt, und durch eine Röhre kam der Berg als Tailing-Schlamm nach außen, Bergbauabfall von zehn Metern Höhe. Dann brach der Absatzmarkt zusammen, Arbeitskräfte wanderten ab, also schloss die Mine und hinterließ mehrere hundert Hektar sandigen Abfalls, eine Sahara inmitten der feuchtgrünen Adirondacks.

Nach heutigem Recht müssen Minen renaturiert werden, aber für die Benson Mines bestand eine Gesetzeslücke, und die Zurückführung fand nicht statt. Es gab ein paar halbherzige Rekultivierungsversuche, die aber alle scheiterten. An manchen Stellen pflanzte man Präriegras aus dem Mittleren Westen an, aber ohne Düngung und Bewässerung überlebte es nicht lange – etwa so lange, bis der Betrieb eingestellt wurde. Jemand pflanzte Bäume; ein paar dieser Tannen haben ausgeharrt, ganz gelb und verkrüppelt. Ich weiß nicht, ob sie als Akt der Reue oder aus einer rätselhaften Verantwortlichkeit heraus gepflanzt wurden, aber sinnvoll war das genauso wenig wie Fassadenmalerei auf einem Abrissgebäude. Es reicht nicht, hier einfach Pflanzen einzusetzen; sie brauchen etwas, das sie nährt, und die Tailings sind ein schwacher Trost für die humusreiche Erde, die tief unter dem sterilen Sand begraben liegt. Die Mine gilt heute offiziell als »verwaist«. Nur selten ist die Amtssprache so direkt und plastisch – dieses Stück Land hat tatsächlich niemanden, der sich darum kümmert.

Wenn man über die Straßen der Adirondacks fährt, vorbei an glitzernden Seen und dunklen Forsten, liegt am Rand nur selten irgendwelcher Müll. Die Menschen lieben diese wilde Gegend, und die Sorge um ihr Wohlergehen ist offensichtlich. Aber dort, wo die Route 3 das Minengelände durchschneidet, sieht man Plastiktüten in den Erlen hängen und Bierdosen in den Gräben mit Rostwasser schwimmen. Missachtung ist ebenfalls eine positive Feedbackschleife – Abfall zieht Abfall an.

Ich halte am Friedhof, einem ungewöhnlich grünen Fleck im ehemaligen Minengelände. Die Toten waren den Betreibern ebenso gleichgültig wie die Lebenden. Hinter den gepflegten Grabsteinen endet der Asphalt, und die Tailings beginnen. Auf Granitmonumente folgen hier selbstgemachte Ehrenmale: ein rostiges Sägeblatt, halb in die Erde gesteckt, aus Baustahl geschweißte Initialen, eine alte Fernsehantenne in Form eines Kreuzes. Ganz viele Geschichten sind in den Tailings begraben. Der Weg zur Mine führt über die Friedhofs-Müllhalde, vorbei an alten Weihnachtskränzen samt Untersatz, weißen Plastikkörben mit rosa Plastikblumen, den Überresten der Trauer.

Ich gehe die Tailings-Halde hinauf, rutsche im Sand immer wieder abwärts, als sei ich am Strand. Dass sich meine Schuhe mit Sand füllen, macht mir nichts, weil diese Dünen nicht giftig sind, sondern nur genauso abweisend wie die meisten Wüsten. Der Sand kann kein Wasser speichern, weshalb jeder Regen sofort versickert und alles genauso trocken lässt wie vorher. Ohne Vegetation gibt es hier keinerlei Biomasse, die Wasser aufnehmen oder die Basis eines Ernährungskreislaufs bilden könnte. Und weil auch Bäume und damit Schatten fehlen, kann die Oberflächentemperatur extrem werden - ich habe hier schon 52° Celsius gemessen, was mehr als genug ist, um einen zarten Spross eingehen zu lassen. Die Halde ist übersät mit Patronenhülsen und zerlöcherten Dosen. Und immer wieder gibt es merkwürdige Konstruktionen: Stoffreste, die wie kleine Zelte zwischen Stielen von Eislutschern aufgespannt sind. Alte Teppichstücke liegen im Sand, als hätte ein übereifriger Vertreter sie ausgebreitet.

Vor mir in den Tailings kniet Aimee, ein Clipboard in der Hand und die roten Locken unter einen breitkrempigen Hut gesteckt. Sie blickt auf und sieht erst besorgt, dann fröhlich aus. Ich weiß, dass sie sich über meine heutige Hilfe freut und die Gesellschaft genießt. Letzte Woche fand sie eine hässliche Drohung, die jemand auf die glatte Oberfläche unserer Forschungsparzellen gemalt hatte. Abfall zieht Abfall an. Zumindest heute weiß sie, dass das Geräusch nahender Schritte nur von mir kommt.

Die Rolle der Moose bei der ökologischen Sukzession im Minengelände ist Aimees Abschlussprojekt, und sie hat überall Versuchsstationen aufgebaut. Gemeinsam gehen wir über die Tailings, um nach einigen dieser Stationen zu sehen. Dort, wo die Halde wieder eben wird, sind Reifenspuren. Lastwagen mit Namen wie Sippin' Sue und Honey Wagon auf dem Tankhänger haben im Schutz der Dunkelheit illegale Lieferungen abgeladen. Der Gestank von Klärgrubeninhalten hängt in der Luft. Dinge, die die Leute per Spülung »entsorgt« zu haben glaubten, sehen als eingetrockneter Klärschlamm das Tageslicht wieder. Das Wasser und die Nährstoffe hätten hier durchaus Positives bewirken können, so denn Erde vorhanden gewesen wäre, um sie aufzunehmen. Aber alles versickert schnell, und übrig bleibt nur eine graue Kruste voller Zigarettenstummel und rosafarbener Tampons. Abfall zieht Abfall an.

Auf der anderen Seite des Haufens gibt es eine Stelle, wo das Land sich selbst heilt, ohne Abwasser oder exotische Gräser. Hier stehen Ansammlungen von Habichtskraut und Klee sowie weithin verstreute Nachtkerzen, die in den Tailings Wurzeln geschlagen haben; andernorts wären sie Unkraut, aber hier sind sie gern gesehen. Speziell von den Schmetterlingen, die um sie herumschwirren, als seien sie die einzigen Blumen hier. Was sie tatsächlich sind.

Zum Großteil ist diese Halde mit *Polytrichum* bewachsen, dem Moos, das ich auch am Cat Mountain gesehen habe. Ich bewundere seine Beharrlichkeit, diesen Ort zu erdulden, wo andere nicht einmal einen einzigen Tag überstehen würden. In der letztjährigen Forschungssaison hat Aimee festgestellt, dass die Wildblumen so gut wie nie in den Tailings selbst wurzelten, sondern fast ausschließlich in *Polytrichum*-Polstern vorkamen. In diesem Sommer wollen wir herausfinden, woran das liegt. Entstehen die Moose unter der kleinen Schatteninsel, die von der jeweiligen Blume erzeugt wird, oder bieten sie einen sicheren Ort für die angewehten Samen? Wie ist hier die Interaktion, die einer Sukzession auf die Sprünge hilft? Sie ruft mich zu einer Gruppe jener kleinen Zelte, die mir beim Kommen aufgefallen sind. Sie selbst hat diese Mini-Baldachine aufgestellt, um zu sehen, ob das Mooswachstum durch Schatten angeregt oder gebremst wird. Der Schatten liefert vielleicht Hinweise darauf, wie das Zusammenspiel von Moos und Wildblumen funktioniert. Wir knien nieder und sehen unter den Baldachin: Das Moos ist hier weich und grün, während das auf der restlichen Halde weitgehend schwarz und ganz morsch ist. Über dieses trockene Moos zu gehen, hört sich an, als würde man Salzcracker zertreten.

Ich pflücke mir einen beschatteten *Polytrichum*-Trieb und betrachte ihn mit meiner Lupe. Die Blätter sind lang und spitz, was die Pflanze insgesamt wie eine Art Mini-Kiefer aussehen lässt. Entlang der Blattmitte befinden sich jeweils wellige Erhebungen hellgrüner Zellen, die *Lamellae.* Wenn die Pflanze feucht ist, sind die Lamellae wie Solarzellen der Sonne ausgesetzt. Genau wie andere Moose auch kann sie nur Photosynthese betreiben, wenn das Blatt über Feuchtigkeit und gleichzeitig Sonnenlicht verfügt. Ansonsten, also meistens, ist das Wachstum ausgesetzt und das Moos in Warteposition. Kein Wunder hat es vierzig Jahre gedauert, bis diese Tailings von einem Moosteppich bedeckt waren.

Die bemooste Halde wechselt die Farbe, während wir uns durch den Tag arbeiten. Im Morgenlicht ist es blaugrün. Der Tau des Vorabends wurde an den steifen Blattspitzen gesammelt und von dort zur Blattbasis geleitet. In feuchtem Zustand öffnen sich die Blätter und nutzen die kühle Morgensonne. Aber wenn das *Polytrichum* zu trocknen beginnt, faltet sich das Blatt einwärts, um die Lamellae vor Austrocknung zu schützen, und das Wachstum wird so lange gestoppt, bis die Bedingungen wieder stimmen. Um die Mittagszeit sind die Blätter dann einwärtsgebogen wie ein zusammengeklappter Regenschirm - alles Grün ist verschwunden. Nur die toten Blätter an der Pflanzenbasis bleiben sichtbar und lassen die ganze Halde schwarz und verkrustet aussehen. Durch das Einklappen der Blätter wird die Oberfläche der Tailings exponiert. Wenn man näher hingeht, kann man sie sehen. Beim Niederknien sind die Tailings so heiß, dass man sie fast nicht anfassen kann. Die Oberfläche zwischen den verschrumpelten Moosstielen ist mit schwärzlichem Grün gesprenkelt. Das ist die mikrobielle Kruste, eine Lebensgemeinschaft, die noch kleiner als die Moose ist und diese geradezu riesig wirken lässt. Sie besteht aus den verschlungenen Fäden terrestrischer Algen, Bakterien und Pilzhyphen, die allesamt den moosgespendeten Schatten nutzen. Die Algen binden Stickstoff und reichern die Tailings nach und nach mit Nährstoffen an.

Wir versuchen, bis zum frühen Nachmittag fertig zu sein, wenn die Hitze unerträglich wird. Dann können wir in den Schatten gehen und uns überlegen, ob wir in Star Lake ein Glas Eistee trinken, aber das *Polytrichum* sitzt bei dieser Affenhitze auf den Tailings fest. Seine erstaunliche Stresstoleranz ermöglicht ihm, an diesem höllischen Ort zu überleben. Es kann einen kompletten Wassermangel aushalten, die Gräser und Wildblumen hingegen nicht. Die nötigen Mineralien bekommt das *Polytrichum* aus dem Regenwasser, während die höheren Pflanzen es aus dem Boden extrahieren müssen, und zwar mit Wurzeln, die bei dieser Dürre absterben.

In dem *Polytrichum*-Teppich gibt es kleine Rinnen und windumtoste Freiflächen. Überall dort, wo das Moos fehlt, sind die Tailings der Erosion ausgesetzt. Wenn man eine Handvoll Tailingsand nimmt, rieselt er einem wie Wasser durch die Finger und wird beim Herabfallen vom Wind weggetragen. Aber unter den Moosen haben die Tailings eine feste Konsistenz, denn der Sand wird von Moosrhizoiden zusammengehalten. Ich kann mein Schweizermesser in den Untergrund stechen und ein schönes, mehrere Zentimeter tiefes Stück Sand ausheben, das oben eine Mooskappe hat. Der Sand direkt unter dem Moos ist dunkel getönt. Diese winzige Ansammlung organischer Masse könnte das Versickern des Wassers abbremsen und somit zur Nährstoffanreicherung im Untergrund beitragen. Die haarförmigen Rhizoide des *Polytrichums* machen die Tailings fester und stabilisieren die Oberfläche. Unserer Ansicht nach ist diese Stabilität ein wichtiger Faktor für die Ansiedlung anderer Pflanzen, deshalb hat Aimee ein schlaues Experiment entwickelt, um das zu testen.

Es ist nicht leicht, das Schicksal angewehter Samen zu verfolgen, die selbst wie Sandkörner aussehen. Also ging Aimee ins Spielzeuggeschäft und kaufte Plastikperlen in den knalligsten Farben. Manchmal erfordert unsere Art der Naturwissenschaft eher Kreativität als High-Tech-Geräte. Sorgfältig platzierte sie die Perlen auf diversen Oberflächen des Minengeländes – auf den blanken Tailings, unter schattenspendender Vegetation sowie auf dem Moosteppich. Jeden Tag kam sie her und zählte sie. Nach zwei Tagen waren sämtliche auf die Tailings gelegte Perlen verschwunden, weggeweht oder von Sand bedeckt. Unter den Wildblumen hielten sie sich länger, aber den Rekord stellte das *Polytrichum* auf. Die Perlen ruhten fest zwischen den Trieben, geschützt vor dem Wind. Gut möglich, dass Moose die Sukzession allein durch Bereitstellung eines sicheren Orts zur Germination, also Keimung, befördern. Ein paar Tage später bestätigte ein Naturexperiment ihre Ergebnisse. Die Zitterpappeln am Rand des Minengeländes stießen ihre Wolke an baumwollartigen Samen ab, die sich über die blanken Tailings hinwegbewegten, von den Moosen aber festgehalten wurden wie Katzenhaare auf einem Samtsofa.

Aber Plastikperlen sind keine Samen, und nur weil ein Same festgehalten wird, heißt das noch lange nicht, dass er keimt und zur Pflanze heranwächst. Das Moosstück kann dem Samen auch nicht nur förderlich, sondern eher hinderlich sein, denn die beiden wetteifern um Wasser, Platz und die raren Nährstoffe. Es kann ihn auch fern vom Boden und somit trocken halten, dadurch sein Keimen gänzlich verhindern oder den kleinen Wurzeln das Erreichen des Untergrunds erschweren. Der nächste Schritt war also, selbst echte Samen zu säen. Ausgerüstet mit Geduld und Pinzette, verfolgte Aimee den Werdegang hunderter Samen, wobei sie jede Germination markierte und deren Wachstum über Wochen dokumentierte. Bei jedem Versuch, und bei jeder Moosspezies, zeigte sich, dass Samen am besten wuchsen und überlebten, wenn eine Gemeinschaft mit Moosen bestand. Das *Polytrichum* schien den Erfolg der Setzlinge zu begünstigen. Leben zieht Leben an.

Oder doch nicht? Mit der angemessenen wissenschaftlichen Skepsis fragten wir uns, ob die Samen vielleicht einfach nur ein schützendes Trägermaterial brauchen. Vielleicht muss es gar kein lebendes Moos sein. Das *Polytrichum* könnte ja eine rein physische Protektion darstellen. Wie konnten wir herausfinden, ob die Samen allein auf den Schutz reagierten und nicht auf das Moos als solches? Können Samen zwischen einem Moos und einem gleich strukturierten Ersatz unterscheiden? Wir überlegten krampfhaft, wie wir einen experimentellen Träger bilden konnten, der ein Moos simulierte, aber nicht lebendig war.

Die Sprache lieferte uns den Schlüssel. Moose werden gern als »Teppich« beschrieben. Diese Metapher trifft es ziemlich gut, also gingen wir ins Teppichgeschäft. Wir fuhren mit der Hand über Berber- und Flauschteppiche, um die moosähnlichste Textur zu finden. Eine hervorragende Imitation von Mooskolonien mit ihren dichten, aufwärtsgerichteten Trieben sind Läufer. Kichernd gingen wir durch die Reihen und gaben den diversen Designs die Namen ihrer entsprechenden Moos-Lookalikes: »Urban Sophisticate« wurde zu *Ceratodon*, »Country Tweed« war ganz klar der synthetische Vetter von *Brachythecium*. Wir entschieden uns schließlich für den Läufer, der dem *Polytrichum* am ähnlichsten war: »Deep Elegance«. Er war aus Wolle, konnte also gleichermaßen Wasser aufnehmen wie Schutz bieten. Außerdem kauften wir noch ein paar Reste Außenteppich, Kunstrasen aus wasserabweisendem, knallgrünem Plastik. Diese Teile unterzogen wir Prüfungen, wie sie den Garantieleistern nicht im Traum eingefallen wären. Wir weichten sie ein, um sämtliche Chemikalien auszuwaschen, und versahen sie mit unendlich vielen Löchern, um sie wasserdurchlässig zu machen.

Mit kleinen Pflöcken befestigten wir sie auf den Tailings. Aimee säte die unterschiedlichsten Samen aus: auf diesen Teppichen, der blanken Haldenoberfläche sowie dem lebendigen *Polytrichum*-Teppich. Vor die Wahl gestellt zwischen dem Läufer, der sowohl Schutz als auch Wasser bot, dem Kunstrasen mit Schutz, aber ohne Wasser, dem echten Moos und den blanken Tailings – wie würden sich die Samen verhalten?

Ein paar Wochen später entlud sich die Sommerhitze in einem heftigen Unwetter, das von der Felswand der alten Mine widerhallte. Die Wüstenlandschaft der Tailings kühlte vorübergehend ab, als Regenwasser im Sand versickerte, als sei er ein Sieb. Ungeschützte Samen wurden durch die frei daliegenden Rinnen gespült. Das *Polytrichum* entfaltete seine Blätter und ließ ein resilientes Grün sehen. Der Kunstrasen lag leblos auf den Tailings; der Läufer war quietschnass und voller Schlammspritzer. Aus dem lebendigen Moosteppich erhoben sich ein paar Setzlinge: der nächste Schritt beim Verbinden der Wunden, die der Landschaft zugefügt wurden – vom Leben angezogenes Leben.

Menschliche Gemeinschaften sind da kaum anders. Genau wie bei der ökologischen Sukzession führt auch hier eine Phase zur nächsten. Die Ortschaft bei den Benson Mines war einmal eine Ansiedlung von Holzfällern inmitten endloser Wälder. Zunächst vielleicht nur ein einzelnes Haus, wie ein pionierhafter Klumpen Moos. Weitere Familien folgten, dann Kinder und eine Schule, also eine anwachsende Bevölkerung, die Einkaufsmöglichkeiten, die Eisenbahn und schließlich die Mine nach sich zog. Offenbar denken Menschen genauso wenig an ihre schrittweise entstehende Zukunft wie ein Samenkorn, das auf einem Moos landet. Die Minenbetreiber vermachten ihnen ein Erbe, ein Leben am Rand eines Ödlands, bei dem die Toten in den Minen-Tailings zu begraben waren.

An heißen Nachmittagen suchten Aimee und ich Zuflucht unter einer Gruppe Zitterpappeln, die an diesem trostlosen, bislang nur zur Müllentsorgung genutzten Ort dennoch irgendwie ansässig wurden. Jetzt wissen wir, dass diese Bäume von Samen stammen, die auf einem Stück Moos gelandet sind und dort zu einem schattigen Wüsteneiland heranwachsen konnten. Die Bäume zogen Vögel nach sich und die Vögel dann all die Beeren – Himbeeren, Erdbeeren, Blaubeeren –, die jetzt ringsumher blühen. Inmitten der Pappelgruppe ist es kühl und schattig, und durch das herabfallende Laub hat sich auf den Tailings eine dünne Humusschicht gebildet. Abgeschirmt von den rauen Bedingungen des Minengeländes konnten hier ein paar Ahornsetzlinge, Migranten aus den umliegenden Wäldern, Fuß fassen. Wir schoben das Laub beiseite und entdeckten die Überreste des *Polytrichums*, der Pflanze, die als Erste die Genesung der Landschaft begonnen und damit die Nachfolge aller anderen ermöglicht hatte. Nach getaner Arbeit wird es im zunehmenden Schatten bald ersetzt werden. Die Insel aus Bäumen ist das Vermächtnis von Moosen, die sich pionierhaft auf den Tailings niedergelassen haben.

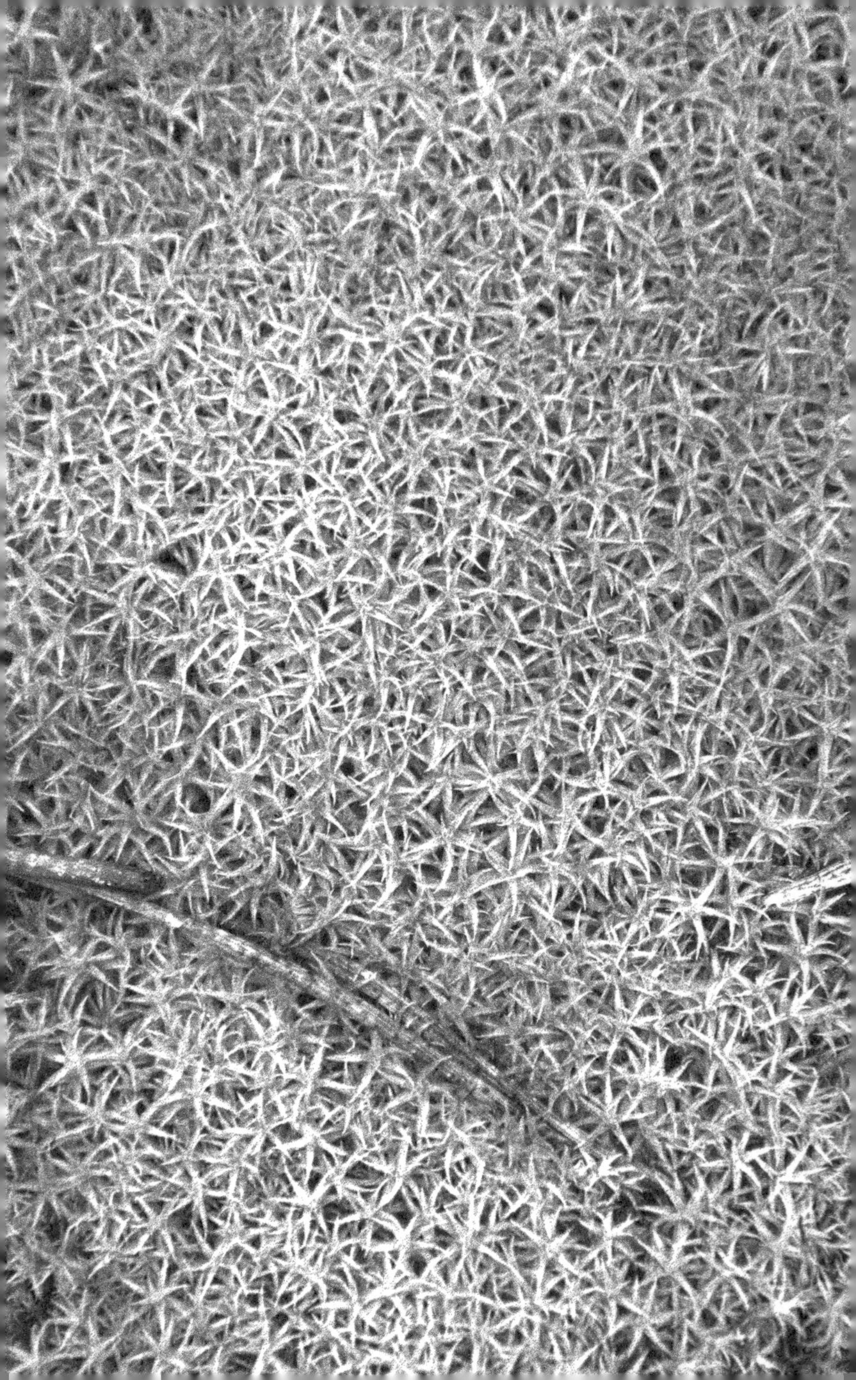

IM WALD DES BÄRTIERCHENS

Geheimnisvolle und weitgehend unbekannte
Organismen wohnen unweit der Stelle, an der du sitzt.
Größte Pracht wartet hier in winzigen Portionen.

E. O. WILSON

Der Regenwald zieht Botaniker an wie die Stadt Mekka die Gläubigen. Seit Jahren träume ich von einer Reise zur Wiege der Pflanzenwelt, zum grünen Heiligen Gral. Als meine Pilgerfahrt dann schließlich anstand, schwirrte mir der Kopf vor wilden Erwartungen fremdartigster Lebewesen und einer Vegetation, die jede Vorstellungskraft sprengt. Der Amazonas rief, und ich folgte, per Flugzeug zum wartenden Jeep und dann zum Einbaum, der mich den schlammigen Fluss entlangführte, und schließlich zu Fuß hinein in die tropfenden Wälder.

Das Innere des Regenwaldes ist in seiner Komplexität geradezu überwältigend. Es gibt nicht das kleinste Stück blanker Oberfläche. Von den Ästen hängen dichte Moosvorhänge, in denen ganze Orchideengebinde baumeln. Die Baumstämme sind mit Algen überzogen, mit riesigen Farnen übersät und von Schlingpflanzen umwickelt. Ameisenkonvois ziehen sich über den Boden und die Bäume hinauf, und metallisch glänzende Käfer funkeln an sonnigen Flecken des Waldbodens. Der Wald als solcher ist dicht strukturiert; Stengel mit allen erdenklichen Auswüchsen, Blätter, die mit Dornen oder Falten, Schuppen oder Fransen verziert sind. Lange Sonnenlichtsäulen durchschneiden den dunklen Baldachin und erfassen immer wieder einen bunt schillernden Schmetterling, der kurz aufleuchtet und dann in der Vegetation verschwindet.

So atemberaubend der Dschungel auch war, hatte ich doch das Gefühl, die Szenerie schon einmal gesehen zu haben. Das Licht kam mir merkwürdig vertraut vor; alles voller Blätter, feucht und gesättigt mit Grün. Die Schatten und Bewegungen am Rand des Sichtfelds erzeugten eine wohlbekannte Ahnung neuer Möglichkeiten und damit den Wunsch, das Unterholz zu teilen und einfach draufloszuwandern. Das Ganze erinnerte mich an einen Moosspaziergang.

Mit einem guten Stereomikroskop ist so etwas durchaus möglich. Man kann nach Belieben durch ein Stück lebendiges Moos spazieren, als würde man im Dschungel herumstreifen. Eine kleine Nadel in der Hand, vergleichbar einer Machete, die den Weg bahnt, oder einem Wanderstab, der die Palmwedel teilt, habe ich mich dort stundenlang umgesehen, mir den Weg zwischen Stielen hindurch gesucht, mich unter einen Zweig gebückt und Blätter umgedreht, um ihre Rückseite zu untersuchen. Das Stereomikroskop ist ein Weg in den Wald eines Moosklumpens, und zwar dreidimensional. Ich kann mich für die genauere Betrachtung näher zoomen oder einen Schritt zurücktreten und ein breiteres Panorama erhalten.

Es ist verblüffend, wie groß die Parallelen von Moosmikrokosmos und Regenwald sind. Dabei sind die Ähnlichkeiten mehr als nur optisch. Auch wenn die Moosmatte von der Höhe her etwa dreitausendmal kleiner als der Regenwald ist, haben beide doch die gleiche Struktur und Funktion. Genau wie die Tiere des Regenwaldes sind auch die des Mooswaldes durch komplexe Nahrungsnetze verknüpft: Pflanzenfresser, Fleischfresser und Jäger. Die ökosystematischen Gesetze von Energiefluss und Ernährungskreislauf, Konkurrenz und Gegenseitigkeit gelten hier ebenso wie dort. Der gewaltige Größenunterschied wird durch ein und dasselbe Muster ausgeglichen.

An die Harmlosigkeit nördlicher Wälder gewöhnt, musste ich mir ständig in Erinnerung rufen, dass ich mich nur mit genauem Hinsehen durch die Dschungelvegetation bewegen darf. Jeder Griff nach einem Zweig kann bedeuten, von einer tropischen Riesenameise gestochen zu werden und 24 Stunden flachzuliegen. Einfach so über ein herumliegendes Holzstück zu steigen, könnte einem die Begegnung mit einer Lanzenschlange verschaffen, die einen für immer flachlegt. Unser Tourbegleiter vom Stamm der Quechua lehrte uns die drei Dinge, die man zur eigenen Sicherheit mit in den Wald nehmen muss: die Augen, die Ohren und eine Machete. Der Großteil der Pflanzen war erstaunlich gut bewaffnet. Blätter mit Zähnen, dornige Stengel und stachelige Rinden waren an der Tagesordnung, und meine Hände hatten genügend Kratzer und Stiche, um mich jeden Gang durch den Wald nur mit größter Vorsicht machen zu lassen. Zwergenhaft und verletzlich, wie ich mir vorkam, erkannte ich eine gewisse Ähnlichkeit mit den winzigen Lebewesen in einer Moosmatte. Ich konnte mir gut vorstellen, wie sich eine Larve mit weichem Körper fühlt, wenn sie sich durch die dichten Triebe eines Mooses wälzt und windet, dessen Blätter ganz spitz und mit Zähnchen besetzt sind.

Meine ecuadorianischen Kollegen brachten mich zu einer Baumkronen-Aussichtsplattform im Naturschutzgebiet. Nacheinander kletterten wir die gewundene Treppe hinauf, rund um einen gigantischen Kapokbaum gebaut, der das Blätterdach überragte und sich nach oben in den Himmel bohrte. Die Welt der Baumkronen ist in der Regel nur den Vögeln und Fledermäusen zugänglich, nun aber ausnahmsweise auch ein paar glücklichen Naturwissenschaftlern. Mit jeder Windung um den Baum durchstiegen wir die komplexen Schichten, aus denen der Regenwald besteht.

Das Regenwald-Blätterdach beherbergt eine üppige Epiphyten-Flora, also Pflanzen, die im vollen Licht der tropischen Sonne auf den Stämmen und Ästen wachsen, dabei ihr Wasser vom Regen und ihre Nährstoffe von der Luft bekommen. Farne und Orchideen bilden Teppiche auf den Ästen, während sich Lianen um die Stämme winden und sie in ein Netz aus Schlingpflanzen verstricken. Vor mir, nur wenig mehr als eine Armlänge entfernt, ist ein ganzer Garten an Bromeliaceen, mit wachsigen, roten Blättern, die sie wie Blumen aussehen lassen. Die Blätter überlappen sich und bilden dadurch Taschen, in denen sich der Regen sammelt, der jeden Nachmittag kommt, meist so um 14 Uhr. Es gibt Moskito-Arten und sogar Frösche, die ihren gesamten Lebenszyklus in diesen Bromeliaceen-Tanks hoch über dem Waldboden absolvieren. Auch wenn der Erdboden weit entfernt ist, bilden Moose die Grundlage für fast alle dieser Epiphyten, indem sie ein dickes Kissen auf den Ästen bilden.

Moose sind nicht nur selbst Epiphyten auf Pflanzen, sondern auch Träger von anderen. Das Innere eines Moosklumpens kann dicht mit Algen bewachsen sein und dadurch wie ein vermooster Mini-Regenwald aussehen. Wie goldene Scheiben liegen einzellige Algen unter den Moosblättern. Die Fäden winziger Lebermoose winden sich um die Stengel wie Schlingpflanzen um einen Baumstamm, und konkurrierende Moose können einen Stiel einhüllen wie eine Würgefeige. In den Rhizoiden des Mooses hängen bunte Sporen und Pollenkörner, die das Muster pastelliger Orchideen nachahmen. Der Mooswald besitzt sogar sein Äquivalent der Bromeliaceen-Tanks. Die mit Wasser gefüllte Tasche eines Moosblatts bietet Lebensraum für spezielle Rädertierchen, wirbellose Wesen, die keine andere Heimat kennen als dieses kleine Becken.

Ein hervorstechendes Merkmal des tropischen Regenwalds ist die extrem vertikale Schichtenbildung vom Blätterdach bis zum Erdboden. Flora und Fauna sind an die jeweilige Stärke des Sonnenlichts angepasst, das oben intensiv ist und abnimmt, je weiter es durch die Waldschichten hindurch zum Schatten des Bodens vordringt. Fruchtfressende Fledermäuse schwirren in den Baumkronen herum, während sich Vogelspinnen in der Düsternis unter den stützenden Wurzeln verstecken. Der Mooswald ist ganz ähnlich geschichtet. Manche Insekten halten sich im offenen, eher trockenen Oberbereich des Klumpens auf, andere wie etwa der Springschwanz wohnen tief unten im feuchten Rhizoid.

Beim Gang durch den Regenwald ist man immer von Geriesel umgeben, nicht des Regens, sondern der Dinge, die aus den Baumkronen fallen. Abgestoßene Blätter, Käfer und welke Blüten schweben beständig nach unten, reichern die Erde an und geben Nährstoffe der Erzeuger im Walddach an die Dekompostierer am Boden weiter. Der Schreck fuhr uns in die Glieder, wenn eine halbverzehrte Frucht herunterpurzelte, der Überrest einer Papageienmahlzeit. Früchte oder Nüsse, die aus einer Baumkrone fallen, können unten dem unbedeckten Kopf einen ganz schönen Schlag versetzen. Der Guide zeigte uns seine eiförmige Beule. Würde man über den Grund einer Mooskolonie gehen, gäbe es denselben Teilchenregen aus den Blättern. In den Trieben fängt sich angewehtes Erdreich, und die Blattreste, toten Käfer und Sporen, die sich am Boden des Mooses sammeln, erzeugen hier nach und nach eine Nährschicht. Verrottende Biomasse bietet eine Heimat für Pilzfäden, auf die sich die Springschwänze gierig stürzen. Diese Ansammlung verrottender Reste ist ein Ankerplatz für Wurzelpflanzen, vergleichbar den Regenwald-Orchideen oder Farnen, die sich auf einem bemoosten Stein ansiedeln.

Ein Berlese-Trichter ist das typische Gerät, um die annähernd unsichtbare Fauna von Mikrogemeinschaften wie etwa in einem Moos zu untersuchen. Erde, verrottendes Holz oder ein Moosklumpen werden in einen großen, unten mit einem Sieb versehenen Aluminiumtrichter gegeben. Über den Trichter stellt man für mehrere Tage eine starke Lichtquelle. Durch die Wärme trocknen das Moos oder anderweitige Material aus. Lichtscheu und die verbleibende Feuchtigkeit suchend, bewegen sich die wirbellosen Tierchen zur unteren Trichteröffnung, von wo aus sie in den Tod stürzen und sich in einem Glas mit Formaldehyd sammeln.

Diese Kollektion aus einem Berlese-Trichter sieht typischerweise so aus: Ein Gramm Waldboden-Moos, also die Größe eines Muffins, beherbergt 150 000 Protozoea, 132 000 Bärtierchen, 3000 Springschwänze, 800 Rädertierchen, 500 Fadenwürmchen, 400 Milben und 200 Fliegenlarven. Diese Zahlen lassen uns die Menge an Leben erkennen, die es in einer Handvoll Moos gibt.

Aber um die Zahlen allein geht es nicht. Listen wie diese erinnern mich immer an die belanglosen Informationen, mit denen ein Fremdenführer um sich wirft, etwa die Anzahl der Stufen zum Washington Monument oder die Zahl der Granitblöcke, die für den Turm nötig waren, wo mich doch viel mehr interessiert, wie die Aussicht von oben ist und welche Witze sich die Steinmetze erzählt haben. Klar geben Berlese-Trichter einen guten Überblick über das Inventar eines Biotops, nur würde ich viel lieber durch einen Moosklumpen spazieren und die Abertausend Lebewesen in ihrem natürlichen Umfeld sehen, als ihre Leichen in einem Glasgefäß zu zählen.

Wirbellose werden aus dem gleichen Grund von Mooswäldern angezogen, aus dem der Regenwald eine derartige Vielzahl an Wildtieren beherbergt. Beide bieten ein günstiges Mikroklima, Schutz, Nahrung, Nährstoffe und eine komplexe Binnenstruktur, die für eine Vielzahl an unterschiedlichen Lebensräumen sorgt. Und genau wie der Regenwald ist auch der Mooswald ein Evolutions-Hotspot. Moose waren die ersten Pflanzen, die an Land gingen, und bahnten damit den Weg für alle nachfolgenden Lebewesen. Für viele Entomologen sind die Anfänge der Insekten-Evolution in Moosmatten zu suchen. Die schützende Feuchtigkeit der Moose erzeugte ein Übergangsmilieu zwischen primitiven Wasserlebewesen und komplexeren Landorganismen. Noch heute sind höher entwickelte Insekten bei der Hege von Eiern und Larven auf Moosmatten angewiesen. Langbeinmücken tummeln sich gern an moosbewachsenen Felswänden und warten darauf, ihre Eier in den feuchten Blättern ablegen zu können. Dabei sind die Mütter ziemlich wählerisch. Sie vermeiden Moose mit spitzen Blättern und dichtstehenden Trieben, die einer Larve die Fortbewegung erschweren würden.

Im Dschungel wurden wir morgens von den Papageien geweckt, die bunt wie aus dem Kindermalkasten in den Baumkronen kreischten. Arakangas, mit langen Schwanzfedern und intensivem Rot, sind in all dem Grün ein atemberaubender Anblick. Der Mooswald besitzt seine eigenen Farbflecken zwischen den Trieben. Hier gehört das Rot zu den Hornmilben. Rund und glänzend, wie sie sind, erinnern sie mich an achtfüßige Bowlingkugeln, die über das Blattwerk kullern. Wenn meine Sondierungen sie stören, ziehen sie einfach in eine andere Richtung, nur dass ich sie bei ihrer Suche nach Sporen, Algen und Protozoea weiterhin verfolge. Manche Milben jagen andere Wirbellose, und manche fressen die Blätter.

Im Amazonasgebiet wird es schnell Nacht, wenn die Sonne am Äquator versinkt – das Zwischenspiel der Dämmerung fällt hier aus. Mit Einbruch der Dunkelheit kehrten wir zu der Bambus-Plattform zurück, die uns als Lager diente. Sie stand auf Pfählen, und auf die Plattform gelangte man über einen schräggelegten Baumstamm, in den Stufen gekerbt waren. Vor dem abendlichen Ausblasen der Kerzen zogen wir diese Holztreppe hoch, um ungebetene Besucher abzuhalten. Das Einschlafen war nicht leicht, trotz unseres anstrengenden Tagesprogramms in tropischer Hitze. Es gab die unterschiedlichsten Geräusche: quakende Frösche, trällernde Kröten, brummende Insekten und einmal sogar einen jaulenden Panther.

Auch im Mooswald gibt es Jäger. Pseudoskorpione verstecken sich unter toten Blättern und schießen auf gekräuselten Beinchen hervor, um ihrer Beute einen Stich zu versetzen. Laufkäfer, mit harter Schale und glänzend, patrouillieren mit ihren enormen Zangen durchs Moos und schnappen sich kleine Wirbellose, wo immer sie ihren Weg kreuzen. Hungrige Larven liegen wie Schlangen auf den Zweigen.

Die große Gefahr des Gejagtwerdens hat im Regenwald zu vielen Adaptionen wie Tarnung und Nachahmung (Mimikry) geführt. Es gibt Motten, die wie welke Blätter aussehen, Schlangen, die Äste imitieren, und Raupen, die wie Vogelkot anmuten. Auch im Mooswald trifft man auf Lebewesen, die sich als Bryophyten ausgeben. In Neuguinea gibt es Rüsselkäfer mit kleinen Moosgärten auf dem Rücken, die in besonderen Einkerbungen ihrer Schale wachsen. Die Larven mancher Langbeinmücken sind moosgrün und haben schwarze Streifen, um sich in den Blättern verstecken zu können. Sie bewegen sich langsamst durch die Moosmatte und tragen mit dieser Lethargie zu ihrem Nichtvorhandensein bei. Diesen Ansatz zur Jägervermeidung verfolgt im Dschungel auch das Faultier, das mit Algen bedeckt ist und sich so langsam bewegt, dass es in den Baumkronen fast unsichtbar wird.

Das dichte Blattwerk hilft sowohl Jägern wie Beutetieren dabei, nicht gesehen zu werden. Aber dieser Überfluss an Tarnung kann auch zum Nachteil werden, wenn man sich als attraktiver Sexualpartner präsentieren will. Das Leben im Dschungel basiert auf dem Imperativ der Fortpflanzung, dem Finden des richtigen Geschlechtspartners, in einem Lebensraum, der bereits übervoll mit Leben ist. Vögel lösen dieses Problem durch prächtiges Gefieder und laute Schreie, die durch den Dschungel hallen und ihre Bereitschaft signalisieren. Auch jede Pflanze muss offenbar um Aufmerksamkeit konkurrieren, damit potenzielle Bestäuber angelockt werden und die Pollen von einer Blüte zur anderen bringen. Das Schicksal vieler Pflanzenarten liegt in der Hand komplexer Interaktionen mit Bestäubern, also Schmetterlingen, Bienen, Fledermäusen und Kolibris. Kolibris bevölkern die Baumkronen und schillern dort im Sonnenlicht. Sie bewegen sich wie Libellen, huschen so schnell von Blüte zu Blüte, dass man sie gar nicht richtig sieht. Meine beste Gelegenheit zur Betrachtung kam, als ein juwelenartiger Kolibri neben der Baseballmütze eines anderen Expeditionsteilnehmers schwebte. Er hörte das Brummen und spürte den Flügelschlag, nur baten wir ihn via Zeichensprache, sich nicht zu bewegen, während der Vogel diese merkwürdige Red-Sox-Blüte erforschte, die da in seinem Revier aufgetaucht war.

Moose stehen unter demselben Druck der Fremdbefruchtung, nur haben sie weder Blüten noch andere prächtige Arrangements, die Insekten als Befruchtungskomplizen anlocken könnten. Moose sind für den Spermien-Transport auf die Bewegung von Wasser angewiesen, wobei das ein äußerst ineffizienter Vorgang ist, denn so schaffen sie in der Regel nur wenige Zentimeter. Allerdings besitzt die Wirbellosengemeinschaft im Moos das Potenzial, Spermien ein bisschen weiter zu befördern. Beim Herumkrabbeln können Milben, Springschwänze und andere Gliederfüßer an einem männlichen Trieb vorbeikommen und dort mit einem Schleim beschmiert werden, der Moosspermien enthält. Die Spermien werden am Körper mitgetragen und irgendwo im Moos in ein Wassertröpfchen gewaschen, wo sie dann zu den wartenden Weibchen schwimmen können. Die Wirbellosen sind also unwissende, aber doch wichtige Partner beim Fortbestand des Mooswaldes, genau wie der Kolibri, der seine Stirn versehentlich in den Blütenstaub tunkt.

Die leuchtenden Farben tropischer Blüten wiederholen sich in ihren Früchten. In den Baumkronen ist die häufigste Farbe Rot, denn sie wird von Vögeln und Affen am ehesten gesehen, den wichtigsten Verteilern der Kerne. Bei Moosen erfolgt die Verteilung meist durch den Wind, wenngleich eine Spezies, das *Splachnum*, knallbunte Sporophyten und einen intensiven Duft entwickelt hat, um Dungfliegen anzulocken, die dann die Sporen forttragen. Vögel, Säugetiere und vor allem Ameisen ernähren sich von den proteinhaltigen Sporophyten. Ich habe selbst schon einen Spatzen beobachtet, der von einem Frauenhaarmoos die Sporophyten »aberntete«, dabei mit dem Schnabel die Kapseln abzwickte und eine Wolke an Sporen hinter sich her zog. Ameisen sind zweifellos gute Verteiler, denn sie transportieren die offenen Kapseln auf dem Rücken und verstreuen dabei die Sporen auf dem ganzen Heimweg.

Rodungen und Populationsdruck haben die Tierbestände im Regenwald stark schrumpfen lassen. So waren unsere Tourbegleiter umso aufgeregter, als sie im Schlamm die Abdrücke einer Tapirmutter und ihres Jungen entdeckten. Am nächsten Tag standen wir vor dem Morgengrauen auf, um ihrer Fährte am Fluss entlang zu folgen und sie vielleicht sehen zu können. In der dunstigen Stille des Tagesanbruchs schoben wir uns durch die Uferpalmen und spitzten die Ohren. Leider waren die Tapire verschwunden, aber schweigend durch den Wald zu gehen, lohnt sich trotzdem immer. Wir hörten eine Gruppe Brüllaffen aufwachen und sahen zu, wie sie sich hoch über uns von Ast zu Ast bewegten, perfekt an das Leben in den Baumkronen angepasst.

Auf der Spur eines Bärtierchens schiebe ich mich durch den mikroskopisch kleinen Wald, spähe zwischen Blätter und achte auf die kleinste Bewegung. Müsste ich mich für ein Tier entscheiden, dessen Leben am engsten mit dem der Moose verknüpft ist, dann wäre das genau dieses Wesen hier. Genau wie der Pandabär, der vollkommen auf den Bambuswald angewiesen ist, braucht auch das Bärtierchen das Moos, in dem es lebt. Wie es da schnüffelnd durchs Blattwerk zieht, auf seinen acht stämmigen Beinchen, erinnert es außerdem an einen kleinen Eisbären. Ganz flach, mit rundem Kopf und durchsichtig-weißem Körper klammert sich das Bärtierchen mit seinen schwarzen Klauen an die Moosstengel. Anstelle eines Kiefers voller Zähne hat es eine Saugvorrichtung als Mund. Es ernährt sich, indem es Mooszellen mit einem spritzenähnlichen Stilett aufsticht und dann leersaugt. Andere Bärtierchen-Varianten ernähren sich von Algen und Bakterien, den Epiphyten des Mooses. Einige sind sogar als Jäger unterwegs, bohren ihr Stilett in die Zellen anderer Wirbelloser und saugen sie aus.

Bärtierchen sind auf die Feuchtigkeit angewiesen, die sich in den Zwischenräumen eines Moosklumpens sammelt. Innerhalb der Pflanzen bewegen sie sich über die unsicheren Brücken aus Wasser und überwinden so die Kapillarräume des Mooses. Ein Ort, an dem man sie am ehesten findet, ist ein Moos mit stark konkaven Blättern. Das Pfützchen in einem löffelförmigen Blatt ist der perfekte Ruheplatz für ein Bärtierchen, das so drall und gallertig wie ein Gummibärchen ist. Die Feuchtigkeit in einer Moosmatte ist für das Bärtierchen genauso wichtig wie für die Pflanzen selbst. Aber da Moose nicht vaskulär sind, hängt ihr Wassergehalt von dem der Umgebung ab. Die Blätter schrumpfen und verformen sich, sobald das Wasser verdunstet, und werden trocken und brüchig. Auch die Bärtierchen schrumpfen beim Austrocknen bis auf ein Achtel ihrer Größe und verwandeln sich dabei in fassförmige Miniaturversionen ihrer selbst, die man »Tonne« nennt. Der Stoffwechsel sinkt quasi auf null, und in diesem Zustand kann die Tonne jahrelang überleben. Die Tonnen werden vom Wind fortgetragen wie Staubflocken, landen auf neuen Moosklumpen und verteilen sich dadurch weiter, als ihre kurzen Beinchen sie jemals tragen könnten.

Weder Moos noch Bärtierchen nehmen bei dieser Austrocknung Schaden. In ihrem Zustand der ausgesetzten Belebtheit können ihnen Extremtemperaturen und Umweltbelastungen nichts anhaben. Sobald wieder Wasser verfügbar ist, ob als Morgentau oder willkommener Regenschauer, nehmen Bärtierchen und Moos es auf und schwellen wieder zu ihrer normalen Größe an. Nach zwanzig Minuten sind beide in perfekter Synchronie wieder bereit für ihre gewohnten Aktivitäten.

Rotiferen, auch Rädertierchen genannt, besitzen ebenfalls diese wunderbare Fähigkeit, mit der Austrocknung umzugehen. In feuchtem Zustand bewohnen sie die mit Wasser gefüllten Zwischenräume eines Mooses – wie Guppys in einer Vielzahl kleiner Aquarien. Es ist leicht, sie beim Fressen anzutreffen und zu sehen, wie ihre kreisenden Flimmerhärchen mit der Strömung, die das drehende »Rad« ihres Mundes erzeugt, Nahrung in den Mund ziehen.

Im Mikrokosmos der Moose hat die Evolution eine parallel verlaufende Anpassung an die unausweichlichen Wasserschwankungen erzeugt. So wie die Entwicklung der Vögel an die von ihnen bewohnten Bäume geknüpft ist, entstand die Lebensform von Bärtierchen und Rotiferen durch Adaptionen der Moose.

Alle drei – Moose, Bärtierchen und Rotiferen – waren im 19. Jahrhundert Gegenstand einer heißen Debatte über Reanimation und die Frage, was »Leben« eigentlich bedeutet. Ihr Verhalten verwischt die Ränder der Begriffe Leben und Tod. Im Trockenzustand gibt es nicht das geringste Lebenszeichen: keine Bewegung, keinen Gasaustausch, keinen Stoffwechsel. Alle drei begeben sich in einen Zustand der Anabiose oder Leblosigkeit. Und trotzdem kehrt mit frischem Wasser schlagartig das Leben zurück. Ihr offensichtlicher Tod und die darauffolgende Reanimation erweckten den Eindruck, als würde das Leben anhalten und dann einen Neustart machen. Mit Bärtierchen wurde ausgiebig experimentiert, um die Grenzen ihrer Belastbarkeit zu testen. Im Trockenzustand setzte man sie Bedingungen aus, die jeden uns bekannten Organismus töten würden: Man kochte sie oder steckte sie bei 0,008 Grad über dem absoluten Nullpunkt in ein Vakuum. Aber sie tolerierten diesen Missbrauch und lebten mit einem Tropfen Wasser wieder auf. Der Zusatz von Wasser entriegelt die Chemie des Lebens mit einem Mechanismus, der immer noch weitgehend unbekannt ist, von Moosen und Bärtierchen aber tagtäglich genutzt wird.

Nach 350 Jahren intensiver Diskussionen und Experimente ist man sich heute weitgehend einig, dass das Leben in anabiotischen Organismen nicht aufhört, sondern auf kaum noch messbarem Niveau weitergeht. Nur mit extrem komplizierten Technologien kann das winzige Stoffwechselausmaß gemessen werden, das dem Leben unbegrenzte Dauer ermöglicht. Der Prozess, der diesen Lebewesen erlaubt, im Grenzbereich zwischen Leben und Tod zu schweben, stellt nach wie vor ein großes Rätsel dar, das im Moos unter unseren Füßen aber ständig am Wirken ist.

Es brauchte einen Flug über den Äquator, eine gefährliche Andenüberquerung und drei Tage im Kanu, um mich ins Herz des Dschungels zu bringen. Daheim muss ich nicht so weit reisen, um einen schattigen Wald mit exotischen, nie zuvor gesehenen Lebewesen zu erreichen. Nach fünf Minuten den Gartenweg entlang kann ich ein Stück Moos in der Hand halten, und nach weiteren fünf Minuten zurück ans Mikroskop bin ich inmitten des prächtigsten Mooswaldes. Ehrfurcht ist das richtige Wort für das Gefühl, das sich bei all diesem biologischen Überfluss einstellt, dieser Fülle an Leben, so intensiv und komplex, dass man es gar nicht glauben kann. Hinter jedem Blatt verbirgt sich ein neues Mysterium. Hier sind Lebensformen, die es nirgendwo sonst auf der Erde gibt, sowie komplexe, über Jahrmillionen entstandene Beziehungen. Da tritt man also besser nicht drauf.

KICKAPOO

Endlich kann ich mein Kanu reparieren. Nachdem das Klebeband abgegangen ist. Ach, das Klebeband, treuer Gehilfe aller Prokrastinierer. Ich ziehe es Streifen um Streifen von der Stelle, auf die ich es nach einer Kollision mit einem Fels im Oswegatchie geklebt habe, und dann noch von der, wo das Heck hart ans Ufer des New River gerumst ist. Das Betrachten von Rissen und Absplitterungen ist wie eine Inventur nach ausgedehnten Kanu-Touren. Hier ist ein Souvenir von den Stromschnellen im Flambeau River, dort eines vom Kiesbett des Racquette. Auf der Leiste ist ein roter Farbklecks, der sich zehn Zentimeter über das himmelblaue Fiberglas zieht. Darüber muss ich kurz nachgrübeln, aber dann erinnere ich mich – das war auf dem Kickapoo, in dem Sommer, in dem ich komplett versunken war.

Der Kickapoo River liegt im südwestlichen Wisconsin, in einer Gegend mit der Bezeichnung »Driftless Area«. Die Gletscher, die den gesamten Mittleren Westen überzogen, verschonten diese Ecke von Wisconsin und hinterließen eine Landschaft mit steilen Felswänden und Sandstein-Canyons. Ich entdeckte sie mit einer Kommilitonin, die in der Gegend nach seltenen Flechten suchte. Wir paddelten den Fluss hinunter, hielten an Klippen und Vorsprüngen an und schauten, was dort alles wuchs. Über die gesamte Länge des Gewässers beeindruckte mich die besondere Musterung der Felswände. Im oberen Bereich war alles voller Flechten, wohingegen der untere Teil von der Wasseroberfläche weg aus horizontal verlaufenden Moosbändern bestand, die unterschiedlich gefärbt waren. Ich suchte damals ein Thema für meine Abschlussarbeit, und hier lag es vor mir. Was war die Ursache für diese vertikal abgestufte Schichtenbildung auf dem Fels?

Natürlich hatte ich da ein paar Ideen. Ich war oft genug im Gebirge gewesen, um die Veränderungen in der Vegetation zu bemerken, die mit der jeweiligen Höhe einhergehen. Höhenbedingte Zonierung resultiert meist aus einem Temperaturgefälle, denn je höher man kommt, desto kälter wird es ja. Gut möglich, dass hier ebenfalls ein umweltbedingtes Gefälle bestand, dem sich das Moosmuster anpasste. In der darauffolgenden Woche kehrte ich allein an den Kickapoo zurück, um mir die gebänderten Felsen genauer anzusehen. An der Brücke setzte ich mein Kanu ins Wasser und paddelte flussaufwärts. Die Strömung war stärker als vermutet, deshalb musste ich mich ordentlich anstrengen. Ich bewegte mich entlang der Felswände, ohne allerdings eine Stelle zu entdecken, an der ich das Kanu hätte festmachen können. Sobald ich mit dem Paddeln aufhörte, zog mich die Strömung weg. Ich konnte mich gerade mal an einer Felsspalte festhalten und mit der anderen Hand ein Stück Moos abreißen, bevor die Strömung mich wieder flussabwärts trug. Für eine systematischere Untersuchung musste ich mir etwas anderes überlegen.

Ich zog das Kanu am gegenüberliegenden Ufer an Land und beschloss, durchs Wasser bis an die Felsen zu waten. Der Grund war sandig und der Fluss nur etwa knietief. Das kalte Wasser, das meine Beine umspülte, fühlte sich an diesem heißen Tag wunderbar an. Dies schien die perfekte Forschungsstelle zu sein. Plötzlich fiel der Boden ab. Die Strömung hatte die Wand unterhöhlt, und ich stand bis zum Hals im Wasser und klammerte mich an den Fels. Aber was für ein spektakulärer Blick auf die Moose – ganz nah und auf Augenhöhe!

Fissidens

Direkt über dem Wasser lag ein dunkles, rund dreißig Zentimeter breites Band *Fissidens osmundoides*. *Fissidens* ist ein ganz kleines Moos. Jeder Spross ist nur 8 mm hoch, dafür aber fest und drahtig. *Fissidens* hat eine ganz eigene Form. Die Pflanze ist flach wie eine Feder. Jedes Blatt hat einen glatten, dünnen Halm, auf dem eine zweite Blattklappe sitzt, vergleichbar der flachen Brusttasche eines T-Shirts. In dieser Hülle kann sich Wasser sammeln. Im Verbund bilden die Sprosse ein sehr grobstrukturiertes Moos. *Fissidens* hat gut ausgebildete Rhizoide, also wurzelartige Fäden, die sich fest an den körnigen Sandstein klammern. Hier am Wasser bildete es eine Art Monokultur. Zumindest sah ich kein anderes Lebewesen, nur ein oder zwei Schnecken, die sich krampfhaft festklammerten.

Dreißig Zentimeter über dem Wasser endete der *Fissidens*-Gürtel und machte einer Auswahl anderer Moose Platz. Seidige Büschel aus *Gym-*

nostomum aeruginosum, hügelförmig aufgeworfenes *Bryum* und glitzernde Matten aus *Mnium* bildeten ein Muster aus diversen Grünabstufungen und den Flecken gelbbraunen Sandsteins.

Noch weiter oben, von meiner Position im Wasser gerade noch erreichbar, begann eine dichte Matte aus *Conocephalum conicum*, einem thallosen Lebermoos. Lebermoose sind primitive Verwandte der Moose, deren Bezeichnung aus der Botanik des Mittelalters stammt. Die mittelalterliche Signaturenlehre ging davon aus, dass jede Pflanze einen menschlichen Nutzen besaß und diesen durch ihre Form bezeichnete: die Ähnlichkeit einer Pflanze mit einem Organ bedeutete, dass sie das richtige Heilmittel war. Lebermoosblätter sind in der Regel dreilappig, genau wie die menschliche Leber. Es ist nicht nachgewiesen, ob Lebermoos wirklich hilft, aber zumindest der Name ist über sieben Jahrhunderte erhalten geblieben. Passender wäre jedoch die Bezeichnung »Schlangenmoos«, denn es sieht fast so aus wie die schuppige Haut der Grünen Nachtotter. Diese Pflanze hat keine richtigen Blätter, nur einen gewundenen, abgeflachten Thallus, der in drei abgerundeten Lappen endet, die wiederum an den Kopf einer Viper erinnern. Ihre Oberfläche ist in kleine, diamantförmige Vielecke unterteilt, was die Reptilienähnlichkeit betont. Dicht an den jeweiligen Untergrund gepresst, schlängelt sie sich über Fels oder Erdreich und hält sich dort mit einer Reihe zotteliger Rhizoide fest. Auf dieser Höhe ist die Felswand mit dem leuchtend grünen und exotisch aussehenden *Conocephalum* bedeckt, das einen starken Gegensatz zu den dunkleren Moosen weiter unten bildet.

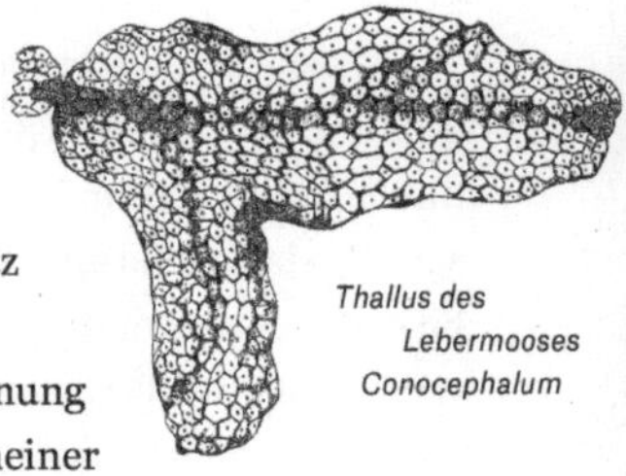

Thallus des Lebermooses Conocephalum

Diese Pflanzen und ihre geschichtete Anordnung faszinierten mich ungemein. Und dass ich zu meiner Forschungsstelle hinpaddeln konnte, bestärkte mich in meiner Entscheidung für dieses Abschlussthema. Problematisch war einzig und allein die Logistik. Wie sollte ich die detaillierten Messungen machen, wenn ich bis zur Brust im Wasser stand? Über die nächsten paar Wochen probierte ich die unterschiedlichsten Methoden aus. Ich versuchte, das Kanu zu ankern und mich von dort aus zur Felswand zu beugen. Die Anzahl heruntergefallener Kugelschreiber und Maßbänder war ziemlich entmutigend, genau wie die ständige Gefahr des Kenterns. Ich versah all meine Sachen mit Styroporstückchen, nur wurden sie dann von der Strömung erfasst und tänzelten fröhlich flussabwärts, bevor ich sie wieder herausfischen konnte. Also befestigte ich alles mit Schnüren an der Ruderbank des Kanus, was aber ein einziges Chaos aus verhedderten Kameragurten, Notizbüchern und Belichtungsmessern ergab. Schließlich ging ich von Bord und stellte mich einfach in den Fluss. Damit hatte ich eine Art schwimmendes Laboratorium, bei dem das Kanu vor der Felswand ankerte und ich so im Flussbett stand, dass ich beides erreichen konnte, Gestein und Kanu. Der Einsatz von Datentabellen war unmöglich – ständig fielen sie ins Wasser. Deshalb sammelte ich meine Messungen mit einem Diktiergerät. Ich machte es mit Klebeband am Kanu-Sitz fest und wickelte mir das Mikrofonkabel um den Hals. So hatte ich beide Hände frei, um mein Probenraster zu positionieren und die verschiedenen Moosstücke abzulösen, und konnte immer noch mit einem Bein das Kanu-Tau einfangen, wenn es sich selbstständig machte. Ich kam mir vor wie die One-Man-Band des Kickapoo. Das war sicher zum Brüllen, wie ich da im Fluss stand, mit mir selbst redete und dabei die Rasterkoordinaten und Ausmaße meiner Moose trällerte: *Conocephalum* 35, *Fissidens* 24, *Gymnostomum* 6. Ich markierte alle Untersuchungsorte mit der roten Farbe, die jetzt noch mein Kanu ziert.

Abends transkribierte ich dann meine Bänder und verwandelte die aufgenommene Litanei in echte Messdaten. Ich wünschte, ich hätte ein paar dieser Bänder aufbewahrt, also rein der Unterhaltung wegen. Inmitten dieser Stunden an heruntergeleierten Zahlen gab es nämlich auch energische Flüche, wenn etwa das Kanu wegdriftete und ich vom Mikrofonkabel fast erwürgt wurde. Festgehalten wurde auch mein Gekreische und Herumgeklatsche, wenn etwas an meinen Beinen knabberte. Und es gab eine ganze Kassette mit dem Gespräch, das ich mit vorbeifahrenden Kanuten führte und in dessen Verlauf ich sogar ein kaltes Bier, eine Dose Leinenkugel's, ausgehändigt bekam.

Die vertikale Schichtung zeigte ganz klar das *Fissidens* unten, das *Conocephalum* oben und eine Reihe anderer dazwischen. Nur wurde meine Hypothese für den Grund dieser Anordnung nicht bestätigt. Die Felsoberfläche verzeichnete keine nennenswerten Unterschiede bezüglich Lichteinfall, Temperatur, Feuchtigkeit oder Gesteinsart. Für das Muster schien es andere Ursachen zu geben. Indem ich tagtäglich im Fluss stand, wurde ich selbst vertikal geschichtet - verschrumpelte Zehen unten, von der Sonne verbrannte Nase oben, und dazwischen voll mit Schlamm.

In der Natur wird ein klares Muster oft durch die Interaktion von Spezies erzeugt, etwa wenn Reviere verteidigt werden oder eine Baumart der anderen das Licht wegnimmt. Das vor mir liegende Muster konnte also durchaus Resultat einer »Linie im Sand« sein, die zwischen den Konkurrenten *Conocephalum* und *Fissidens* gezogen wurde. Ich gab diesen Spezies Gelegenheit, mir ihre Geschichte zu erzählen, indem ich sie Seite an Seite im Gewächshaus einpflanzte. Allein für sich ging es dem *Fissidens* gut. Dem *Conocephalum* ebenfalls. Eng beieinander gab es aber klare Anzeichen eines Machtkampfs, den immer das *Fissidens* verlor. Bei jedem Versuch streckte das *Conocephalum* seinen schlangenartigen Thallus über das kleinere *Fissidens* und bedeckte es völlig. Ihre Trennung auf der Felswand wurde verständlich. *Fissidens* musste Abstand zu dem Lebermoos halten, um überleben zu können. Aber warum wuchs das *Conocephalum*, für das Konkurrenz offenbar eine Rolle spielte, nicht einfach bis ganz hinunter zum Wasser und verdrängte die anderen Spezies?

Im Spätsommer fiel mir ein Grasbüschel auf, das hoch über meinem Kopf an einem Ast hing - eine Hochwassermarke. Ganz offenbar ließ sich der Fluss nicht immer so einfach durchwaten. Vielleicht lag die vertikale Schichtenbildung an der unterschiedlichen Überschwemmungstoleranz der Moose. Ich nahm von jeder Art eine Probe mit und legte sie für diverse Zeiträume in Wasser: 12, 24, 48 Stunden. Das *Fissidens* war nach drei Tagen noch kerngesund, das *Gymnostomum* ebenfalls. Aber bereits nach 24 Stunden wurde das *Conocephalum* schwarz und schleimig. Hier hatte ich also einen Teil des Puzzles. *Conocephalum* muss sich auf die höheren Regionen der Felswand beschränken, weil es nicht überschwemmungsresistent ist.

Ich fragte mich, in welcher Häufigkeit solche Überflutungen, wie ich sie simuliert hatte, in freier Wildbahn vorkamen. Oft genug, um eine Barriere für die Expansionsbestrebungen des *Conocephalum* zu bilden? Wie durch Zufall stellte sich das Pionierkorps der US-Army die gleiche Frage, wenngleich aus anderen Gründen. Dort plante man einen Damm zur Hochwasserregulierung und hatte an der Brücke unterhalb meiner Felswände eine Station zur Wasserstandsmessung eingerichtet. Fünf Jahre an täglichen Messdaten lagen mittlerweile vor. Diese durfte ich nutzen, um die Häufigkeit zu errechnen, in der jeder Punkt meiner Felswand unter Wasser war. Zudem konnte ich den automatischen Telefondienst konsultieren, um mich über den aktuellen Wasserstand bei der Brücke zu informieren. Ich war nie ein großer Fan des Korps, das dazu neigt, Flüsse zu zerstören, aber trotzdem hatten diese Messdaten größten Wert für mich.

Den Winter über analysierte ich die Daten, um sie mit der Moosverteilung auf der Felswand in Einklang zu bringen. Kaum überraschend, passten sie hervorragend zur höhenbedingten Zonenbildung der Bryophyten. Die meiste Zeit plätscherte der Wasserstand an der Felsbasis, wo das *Fissidens* vorherrschte. Es war tolerant gegenüber Hochwasser, und seine stromlinienförmigen Stiele erlaubten ihm außerdem, auch die stärkere Strömung auszuhalten. Je höher die Felswand stieg, desto geringer wurde die Hochwasserhäufigkeit. Die Zone, in der das lose sitzende *Conocephalum* vorherrschte, wurde nur selten erreicht. Hoch über dem Wasser konnte es beruhigt seinen Thallus über den Stein ausstrecken und eine durchgängige Decke aus Grün bilden. Eine Spezies beherrschte die Stelle, an der die Überschwemmungshäufigkeit groß war, eine andere hingegen die Stelle, an der kaum Störungen eintraten. Aber was war mit dem Bereich dazwischen? Hier gab es ganz verschiedene Arten und außerdem noch viele Stellen mit blankem Fels, die wie eine Werbetafel zu sagen schienen: »Baugrund vorhanden.« In der Zone mit mittlerer Überflutungshäufigkeit gab es keine Alleinherrschaft einer Art, sondern im Gegenteil eine hohe Diversität. Zehn unterschiedliche Spezies waren hier zwischen den beiden Supermächten eingeklemmt.

Als ich damals im Kickapoo herumwatete, untersuchte der Forscher-Kollege Robert Paine gerade eine andere abgestufte Störungshäufigkeit, nämlich die Wellenaktivität, die es in den Gezeitenzonen der Felsküste im Bundesstaat Washington gibt. Sein Forschungsobjekt waren die Gemeinschaften von Algen, Mies- und Entenmuscheln. Auf den ersten Blick haben sie nicht viel mit unseren Moosen gemein, aber dennoch sind alle stiellos, mit Gestein verbunden und im stetigen Kampf um genügend Platz. Paine hatte ein hochinteressantes Muster vor sich: Nur wenige Arten lebten dort, wo die Wellenbewegung konstant war, und noch weniger auf Gestein, das praktisch ungestört blieb. Aber dazwischen, wo eine mittlere Störungshäufigkeit herrschte, war die Artenvielfalt extrem hoch.

Die Felsküste und die Wände des Kickapoo haben zur Entstehung der sogenannten Intermediate Disturbance Hypothesis (Hypothese mittlerer Störungsintensität) beigetragen, nach der die Artenvielfalt am höchsten ist, wenn der Störungsgrad zwischen den Extremen liegt. Wie von Ökologen nachgewiesen wurde, können beim vollständigen Fehlen von Störungen überlegene Konkurrenten andere Arten bedrängen und durch ihre kompetitive Dominanz letztendlich auslöschen. Wenn es häufig zu Störungen kommt, überleben diesen Tumult nur die widerstandsfähigsten Arten. Aber im Zwischenbereich, bei mittlerer Störungsrate, scheint eine Balance vorhanden zu sein, die eine größere Artenvielfalt zulässt. Die Störungen treten häufig genug auf, um eine kompetitive Dominanz zu verhindern, während andersherum die stabilen Phasen so lang sind, dass sich sukzessive Arten ansiedeln können. Am größten ist die Diversität, wenn es viele verschiedene und unterschiedlich alte Freiflächen gibt.

Die Intermediate Disturbance Hypothesis wurde in diversen Ökosystemen verifiziert: Prärielandschaften, Flüssen, Korallenriffs und Wäldern. Das Muster, das sie aufzeigt, ist für die Forstverwaltung im Umgang mit Waldbränden zentral. Die Feuervermeidung durch erhöhte Wachsamkeit führte zu einer Störungshäufigkeit, die zu gering war und die Wälder zu monokulturellen Pulverfässern machte. War sie hingegen zu hoch, blieben nur ein paar kümmerliche Spezies übrig. Aber irgendwo dazwischen gibt es eine Brandhäufigkeit, die »genau richtig« ist und die Diversität fördert. Ein durch mittlere Brandhäufigkeit entstehendes Freiflächen-Mosaik erzeugt neue Lebensräume für Tiere und Pflanzen und lässt den Wald gesund bleiben, während die Feuervermeidung das nicht tut.

Als der Kickapoo dann im Frühjahr seine Eisdecke abstieß, rief ich die Messstation an und erfuhr von der Tonbandstimme, dass Hochwasser herrschte. Ich sprang ins Auto und fuhr hin, um zu sehen, wie meine Moose den Winter überlebt hatten. Der Fluss war durch mitgeschwemmte Erde ganz braun. Holzstücke und alte Zaunpfähle trieben in der Strömung und knallten gegen die Felswand. Meine roten Markierungen waren nirgendwo zu sehen. Am nächsten Morgen war das Hochwasser genauso schnell verschwunden, wie es sich gebildet hatte, und man konnte seine Auswirkungen betrachten. Das *Fissidens* war unbeschadet aufgetaucht. Die mittleren Moose waren voller Schlamm und sowohl durch Treibholz als auch durch die Strömung zerfetzt. Ein paar neue Freiflächen waren entstanden. Das *Conocephalum* war nicht lange genug unter Wasser gewesen, als dass es hätte absterben müssen, aber große Stücke waren losgerissen und hingen an der Felswand wie abgezogene Tapetenbahnen. Seine flache, lose Form hatte es besonders anfällig für den Zug des Wassers gemacht, der dem *Fissidens* offenbar nichts ausmachte. Die leeren Stellen, die durch die Beseitigung des *Conocephalums* entstanden waren, schufen zeitweilige Lebensräume für eine neue Moosgeneration, die hier so lange siedeln würde, bis das *Conocephalum* seine alte Kraft wiedergewonnen hatte und zurückkehrte. Dabei handelt es sich um Spezies, die weder mit dem *Conocephalum* konkurrieren, noch die häufigen Überschwemmungen ertragen können. Sie sind auf der Flucht vor zwei Mächten und leben im Kreuzfeuer zwischen der Konkurrenz und der Gewalt des Flusses.

Mir gefällt das befriedigende Zusammenspiel in diesem Muster. Moose, Muscheln, Wälder und Prärielandschaften unterliegen offenbar demselben Prinzip. Die Vernichtung, die ein Störfall offenbar mit sich bringt, ist in Wahrheit ein Akt der Erneuerung, so denn die Balance stimmt. Die Kickapoo-Moose trugen ihren Teil zu dieser Erzählung bei. Mit dem Sandpapier in der Hand betrachte ich den roten Farbklecks auf meinem alten, blauen Kanu und beschließe, ihn doch lieber drauf zu lassen.

MÖGLICHKEITEN – ENTSCHEIDUNGEN

Meine Nachbarin Paulie und ich verständigen uns weitgehend mit Rufen. Wenn ich das Auto auslade, streckt sie den Kopf aus der Scheune und schreit über die Straße: »Wie war die Reise? Hier gab's Mega-Regen und meine Kürbisse schießen zum Himmel – bedien' dich, wenn du magst.« Ihr Kopf verschwindet wieder in der Scheune, bevor ich etwas antworten kann. Sie hält nicht viel von meinem Vagabundenleben, wirft aber in meiner Abwesenheit ein Auge auf mein Haus. Wenn ich draußen Holz aufstapele oder Bohnen pflanze und ihre orangefarbene Mütze sehe, rufe ich ihr die Neuigkeit eines kaputten Zauns zu, den ich oben beim Teich entdeckt habe. Unsere Rufe sind von der stenografischen Zuneigung geprägt, die wir füreinander hegen. Über all die Jahre bestand zwischen meiner und ihrer Straßenseite ein Telegraph, der Nachrichten von heranwachsenden Kindern, alternden Eltern, einem versagenden Dungstreuer oder dem auf der Viehweide nistenden Keilschwanz-Regenpfeifer übermittelte. Als 9/11 passierte, rannte ich vom Fernseher hinüber zur Scheune, wo wir uns umarmten und kurz weinten, bis dann der Futterlaster eintraf und uns zur unmittelbaren Notwendigkeit der Kälberversorgung zurückholte.

Mein Haus und ihre alte Scheune liegen im Dörfchen Fabius, New York, und gehörten früher zur gleichen, seit 1823 betriebenen Farm. Sie teilen sich den Schatten der gleichen Ahornbäume und erhalten ihr Wasser aus dem gleichen Brunnen. Gemeinsam haben wir die Gebäude vor dem Verfall bewahrt, deshalb ist es wohl nur passend, dass wir auch befreundet sind. Bei schönem Wetter stehen wir manchmal mit verschränkten Armen auf der Straße und unterhalten uns, scheuchen die Stallkatzen von der Fahrbahn und behindern den Verkehr, der hier allerdings nur aus einem gelegentlichen Heuwagen oder dem Milchtransporter besteht. Unsere verdreckten

Arbeitshandschuhe werden ausgezogen, während wir die Sonne genießen und miteinander reden, und dann wieder übergestreift, sobald wir uns umdrehen und gehen. Wenn wir ausnahmsweise einmal telefonieren, vergisst sie, dass sie nicht von der Scheune aus herüberbrüllt, und ich muss den Hörer ganz weit vom Ohr halten.

Als aufmerksame Nachbarinnen wissen wir viel voneinander. Meine sommerlichen Feldforschungen zu den Reproduktionsmöglichkeiten von Moosen lassen sie nur den Kopf schütteln und in Gelächter ausbrechen. In dieser Zeit melken sie und ihr Mann Ed 86 Rinder, betreuen ihre Maisfelder, scheren die Schafe und bauen einen Färsenstall. Heute morgen haben wir uns an meinem Briefkasten getroffen und kurz geredet, während sie auf den KB-Mann wartete. »Kilobyte?«, fragte ich mit hochgezogener Augenbraue. Das erheiterte sie, ein weiteres Anzeichen für die weltfremde Ignoranz ihrer Nachbarin, der Frau Professorin. Der weiße Lieferwagen rumpelte über die Schlaglöcher zur Scheune, auf der Seite das Foto eines Bullen. »Künstliche Befruchtung!«, schrie sie über die Schulter, während wir in unsere unterschiedlichen Welten beidseits der Straße zurückgingen. »Deine Moose haben vielleicht Reproduktionsmöglichkeiten, meine Kühe aber nicht.«

Moose weisen tatsächlich die ganze Bandbreite an Reproduktionsweisen auf, vom ungehemmten Sextaumel bis hin zur puritanischen Abstinenz. Sie umfassen sexuell aktive Spezies, die auf einen Schlag Millionen von Nachkommen produzieren, und gleichermaßen zölibatäre Arten, bei denen noch nie sexuelle Aktivitäten beobachtet wurden. Auch Transsexualität ist hier nicht unbekannt; manche Arten ändern nach Belieben ihr Geschlecht.

Pflanzenökologen messen den Enthusiasmus, den eine Pflanze für die sexuelle Fortpflanzung mitbringt, über einen Index namens »Reproduktionsaufwand«. Dieser bezeichnet einfach nur den Anteil am gesamten Körpergewicht der Pflanze, der sich der sexuellen Vermehrung widmet. Unser Ahornbaum steckt etwa viel mehr Energie in die Herstellung von Holz als in seine kleinen Blüten und Propellersamen, die der Wind dann zur Erde kreiseln lässt. Im Gegensatz dazu ist der Reproduktionsaufwand beim gemeinen Wiesenlöwenzahn sehr hoch, denn der Großteil der Pflanzenmasse besteht aus der gelben Blüte, die sich dann in die vielen flauschigen Samen verwandelt.

Die Energie, die zur Reproduktion verfügbar ist, kann unterschiedlich eingesetzt werden. Eine bestimmte Kalorienmenge ermöglicht vielleicht die Aufzucht weniger, aber größerer Nachkommen, die den Eltern intensive Pflege abverlangen. Oder man geht verschwenderischer damit um und nimmt die gleiche Energie für eine größere Anzahl an kleinem, schlecht versorgtem Nachwuchs. Paulie findet es unmöglich, dass jemand Kinder bekommt und sich dann nicht um sie kümmert. Eine der Stallkatzen, eine langhaarige Schönheit namens Blue, hält Kätzchen offenbar für Wegwerfartikel. Sie bringt einen Wurf nach dem anderen zur Welt, will ihren Nachwuchs aber nicht säugen und überlässt ihn sich selbst. Moose wie das *Ceratodon* haben den gleichen Ansatz. Auf einem ausgesetzten Erdstreifen, der am Kuhpfad zur Scheune liegt, sind die Blätter des *Ceratodon purpureus* kaum noch erkennbar – es ist über und über mit den Sporophyten bedeckt, die es im Lauf des Jahres produziert. Aber jede Spore ist so klein und schlecht versorgt, dass sie genau wie die Kätzchen von Blue eine äußerst geringe Überlebenschance hat. Unter den Stallkatzen befindet sich zum Glück ein Vorbild an Mütterlichkeit, genannt Oscar. Sie ist die Grande Dame des Heubodens, die nicht nur ihren eigenen Wurf säugt, sondern auch Blues Waisen wie eigene Kinder betreut. Wenn auf dem Hof gemolken wird, erhält Oscar dafür einen Platz an der Milchschüssel.

Nach Paulies Geschmack wäre eher ein Moos wie das *Anodomon*, das auf der schattigen Steinmauer hinter der Scheune wächst. Diese Spezies verschiebt die Sporenproduktion auf einen späteren Lebensabschnitt und verwendet ihre Ressourcen für Wachstum und Überleben, anstatt sich unbeschränkt zu vermehren.

Die Strategien des hohen und niedrigen Reproduktionsaufwands sind meist von einer speziellen Umgebung abhängig. In einem instabilen, störungsanfälligen Lebensraum bevorzugt die Evolution Spezies, die viele kleine und weithin verteilbare Nachkommen erzeugt. Die Unsicherheit eines Lebensraums, wie etwa die des *Ceratodons* neben dem Kuhpfad, bringt mit sich, dass die Erwachsenen leicht durch Störungen zugrunde gehen können, weshalb sie sich besser schnell reproduzieren und die Nachkommenschaft in grünere Gefilde entsenden. So ungewiss der Bestimmungsort dieser windverwehten Sporen auch ist, unterscheidet er sich vermutlich dennoch vom elterlichen Wegesrand. Die sexuelle Fortpflanzung birgt auch den Vorteil, dass die Elterngene neu kombiniert werden. Jede Spore ist wie ein Lotterielos. Manche enthalten gute Kombinationen, andere schlechte, aber trotzdem lohnt sich der Einsatz aufgrund der Abermillionen Nachkommen, die wahllos über die Landschaft verteilt werden. Eine wird sicher ein Stück Erde finden, an dem ihre neue Gen-Zusammensetzung erfolgreich ist. Sexuelle Reproduktion erzeugt Vielfalt, was in einer unvorhersehbaren Welt einen entscheidenden Vorteil darstellt. Allerdings bringt sie auch Kosten mit sich. Bei der Herstellung von Eizelle und Sperma wird jeweils nur die Hälfte der erfolgreichen Elterngene an den Nachwuchs weitergegeben, um sich in der Lotterie der sexuellen Reproduktion dann auch noch durchmischen zu lassen.

Mit ihren dreckigen Stiefeln und der kotverschmierten Jacke entspricht Paulie nicht dem weißbemäntelten Image der Gentechnik, und doch wirkt sie an vorderster Front bei deren Anwendung mit. Sie ist Absolventin der Cornell University und hat eine preisgekrönte Holsteiner-Herde mit makellosem Stammbaum gezüchtet. Anstatt diesen hart erkämpften genetischen Vorteil dadurch aufs Spiel zu setzen, dass ihre besten Kühe vom erstbesten Bullen bestiegen werden, nutzt sie die Möglichkeit der künstlichen Befruchtung und lässt die identischen Embryos dann verschiedenen Leihmüttern einsetzen. So entwickelt sie eine Herde, in der zwar wenig Vielfalt herrscht, dafür aber die erfolgreichen Genotypen weitergetragen werden, die eine normale sexuelle Reproduktion nur durchmischen und dadurch schwächen würde. Ist dieses Klonen in der Milchproduktion eine recht junge Entwicklung, setzen es die Moose seit dem Devon-Zeitalter ein.

Reproduktionsstrategien, die Variationen begrenzen und vorteilhafte Elterngene bewahren, sind bei Moosen an der Tagesordnung. Die Steinmauer hinter der Scheune hat sich nicht verändert, seit sie von den ersten Farmbesitzern vor knapp zweihundert Jahren errichtet wurde. In einem derart beständigen, vorhersehbaren Lebensraum ist eine beständige, vorhersehbare Daseinsform am erfolgreichsten. Die *Anomodon*-Matte, die dort lebt, konnte über fast zweihundert Jahre beweisen, dass ihre genetische Ausstattung gut zu diesem speziellen Ort passt. Die Energie für eine häufige sexuelle Reproduktion wäre hier vergeudet, also durch Erzeugung dem Wind überlassener Sporen mit potenziell ungeeignetem Genotyp, die letztendlich sinnlos »verpuffen«. In einer stabilen und vorteilhaften Umgebung ist es besser, diese Energie in Wachstum und klonale Erweiterung des vorhandenen, langlebigen Mooses zu investieren und genau wie bei den reinrassigen Kühen den erprobten und richtigen Genotyp zu bewahren.

Die natürliche Selektion wirkt beständig auf die Summe an Individuen ein, die eine Population ausmachen, und nur die »fittesten« überleben. Zu verscharrende Stallkatzen, die nie gelernt haben, die Straße zu überqueren, oder auch totgeborene Kälber sind deutlicher Beweis dieser natürlichen Selektion. Solche Verluste kommentiert Paulie lapidar mit dem Standardsatz: »Lebende Tier sind irgendwann tote Tiere.« Trotz dieser großen Töne erzählt ihre Menagerie eine andere Geschichte. Nicht jedes Tier gehört zur Crème de la Crème. Sie hat eine alte Kuh, die seit Jahren blind ist. Helen ist ein gutes, altes Mädchen und geht über das bewährte Nase-an-Schwanz-Leitsystem nach wie vor mit den anderen auf die Weide. Außerdem ist da Cornellie, das verwaiste Lämmchen, das Paulie in Windeln heimgebracht hat und beim Holzofen schlafen ließ, bis es groß genug war und allein überleben konnte. In freier Wildbahn gibt es allerdings selten eine Paulie, die den Ungeeigneten die Sense der natürlichen Auslese erspart. Welche Möglichkeiten führen zum Überleben und welche sind Schritte in Richtung Aussterben?

Zufall und verfügbare Möglichkeiten haben Paulie und mich zusammengeführt und aus irgendeinem Grund auf diesem alten Farmhügel vereint. Vielleicht liegt es an der Art und Weise, wie sich das Haus windgeschützt an den Hügel schmiegt, oder daran, wie sich die Morgensonne über die Wiese ergießt. Sie floh vor den Erwartungen ihrer Bostoner Familie und entschied sich anstelle einer Karriere als Tierphysiologin für den intensiven Geschmack des Farmerdaseins. Ich selbst landete hier wie eine heimkehrende Taube, nachdem ich eine unglückliche Scheidung hinter mich gebracht hatte und ein neues, selbstbestimmtes Leben anfangen wollte. Unser beider Träume haben hier ein Zuhause gefunden. Paulie kreiert ihre Unabhängigkeit tagtäglich neu und genießt die Gesellschaft ihrer Tiere. Und bei mir kann das Mikroskop auf dem gleichen Tisch wie mein Brombeerkuchen stehen.

Beim Hemlock-Sumpf an der oberen Weide ist ein Zaun, der das Vieh vom Wald trennt. Paulie mäht in der Nachbarwiese Heu, ihr Traktor rattert friedlich vor sich hin. Ich winkte ihr zu, während ich mich unter den Stacheldraht bücke, und betrete den Wald. Ein paar Schritte in die Bäume hinein, und Stille breitet sich über das grün gefilterte Licht. Die Hemlocktannen, aus denen mein Haus und Paulies Scheune bestehen, sind vor ein paar Generationen hier gefällt worden. Die alten Holzreste und verrottenden Baumstümpfe sind mit *Tetraphis pellucida* bedeckt, einem Lieblingsmoos von mir. Ich kenne keines, das mehr Wohlbefinden ausstrahlt. Seine jungen Blätter leuchten wie Tautropfen und bersten fast vor Wasser. Der Namenszusatz »pellucida« ist Ausdruck seiner wässrigen Transparenz. Seine kräftigen, kleinen Triebe sind glatt und einfach und stehen fast schon hoffnungsvoll aufgerichtet da. Jeder Stiel ist nur einen Zentimeter hoch und hat rund ein Dutzend löffelförmige Blätter, die wie eine offene Wendeltreppe um ihn herumführen.

Im Gegensatz zu den meisten Moosen, die einen bestimmten Lebensstil angenommen haben und diesem treu bleiben, besitzt das *Tetraphis* eine bemerkenswerte Flexibilität bei der Wahl seiner Reproduktionsmöglichkeit, sei sie geschlechtlich oder anders. Seine Besonderheit liegt darin, dass es über die Mittel zu einer sexuellen und gleichzeitig einer asexuellen Fortpflanzung verfügt und den reproduktiven Optionen neutral gegenübersteht.

Fast alle Moose können sich aus abgebrochenen Blättern oder anderen Fragmenten klonen. Diese Bruchstücke werden potenziell zu neuen Erwachsenen, die genetisch gleich wie ihre Eltern sind und von der gewohnten Umgebung profitieren können. Alle Klone bleiben nah bei den Eltern und sind letztendlich unfähig, neues Territorium zu erkunden. So effektiv das Klonen durch Zerstückelung auch sein mag, ist es doch eine eher plumpe und zufällige Methode, Gene in die Zukunft zu entsenden. Wobei das *Tetraphis* als Aristokrat der asexuellen Reproduktion gelten muss, besitzt es doch eine wunderschöne Form, die fürs Klonen wie gemacht ist. Als ich mich niederknie, um die *Tetraphis*-Kolonien auf den Baumstümpfen genauer zu betrachten, erkenne ich an der Oberfläche kleine, grüne Becheröffnungen. Diese Gemmenbehälter, die sich an der Spitze der aufgerichteten Triebe bilden, sehen aus wie Miniaturvogelnester mit einem Gelege smaragdgrüner Mini-Eier. Das Nest oder Gemmenbehältnis ist eine runde Schüssel aus sich überlappenden Blättern, in der die eiförmigen Gemmen liegen, runde

Ansammlungen von zehn bis zwölf Zellen, die das Licht einfangen und glänzen. Jede Gemme ist feucht, betreibt Photosynthese und wird als Klon ihrer elterlichen Pflanze eine neue, eigenständige werden. Sie liegt im Nest und wartet – auf ein Ereignis, das sie von ihrer Elternpflanze dorthin trägt, wo es Platz zum Wachsen und damit zur Gründung einer eigenen Familie gibt.

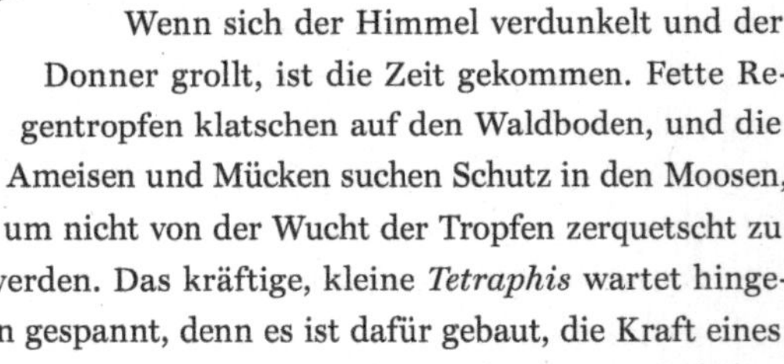

Gemmen-Schalen des *Tetraphis pellucida*

Wenn sich der Himmel verdunkelt und der Donner grollt, ist die Zeit gekommen. Fette Regentropfen klatschen auf den Waldboden, und die Ameisen und Mücken suchen Schutz in den Moosen, um nicht von der Wucht der Tropfen zerquetscht zu werden. Das kräftige, kleine *Tetraphis* wartet hingegen gespannt, denn es ist dafür gebaut, die Kraft eines Regentropfens auszunutzen. Erhalten die Gemmenbehälter einen direkten Treffer, setzt der Regentropfen die Gemmen frei und schleudert sie aus dem Nest, das leer zurückbleibt. Bis zu fünfzehn Zentimeter weit können die Gemmen gespritzt werden, was nicht schlecht ist für eine Pflanze, die selbst nur einen Zentimeter misst. An einem günstigen Ort können Gemmen im Lauf eines einzigen Sommers zu einer komplett neuen Pflanze heranwachsen. Anders als Sporen, die von der Gnade launischer Winde abhängig sind und quasi überall hingetragen werden können – zu einem Fels, einem Hausdach oder der Mitte eines Sees –, landen Gemmen viel eher in der unmittelbaren Nachbarschaft ihrer Eltern. Als geklonte Diasporen besitzen Gemmen eine Genkombination, die sich auf diesem Baumstumpf hier bereits bewährt hat.

Im Gegensatz dazu stellen Sporen, die durch sexuelle Vermischung elterlicher Gene entstehen, millionenfache Genkombinationen dar, also eine Unmenge von Möglichkeiten, die losgeschickt werden, um in unbekannten Gegenden ihr Glück zu suchen. Es gibt auf dem Baumstumpf noch andere Flecken mit *Tetraphis*, zimtfarben wie alte Mammutbäume. Ihr rostiges Aussehen stammt von der Schicht aus Sporophyten, die aus den grünen Trieben darunter wachsen. Jeder Sporophyt endet in einer Kapsel, die wie ein offenes Glas aussieht. Der Glasmund ist mit vier rostigen Zähnen besetzt, von denen das *Tetraphis* seine Bezeichnung hat (»vier Zähne«). Wenn die Kapsel reif ist, werden Millionen von Sporen dem Wind übergeben. Als Produkt von Sex tragen sie ihre durchmischten Gene weit weg von den Eltern. Auch wenn diese Sporen den Vorteil der Varietät und Entfernung haben, sind ihre Erfolgschancen verschwindend gering. Man kann sie sorgfältig an einem geeigneten Ort aussäen, etwa einem ähnlichen Baumstumpf, und trotzdem wächst pro 800 000 Sporen nur eine einzige Pflanze. Ein Zusammenhang von Größe und Erfolg ist offensichtlich. Die Gemmen sind x-mal größer als die Sporen und damit auch x-mal effektiver bei der Bildung neuer Pflanzen. Mit ihrer Größe und ihrem aktiven Stoffwechsel haben die Gemmen im Vergleich mit Sporen die deutlich besseren Erfolgschancen. Bei eigenen Versuchen habe ich festgestellt, dass eine von zehn Gemmen überlebt und eine neue Pflanze bildet.

Sexuelle Triebe des Tetraphis pellucida mit Sporophyten

Ich merke, dass das Geräusch des Heurechens aufgehört hat, und da kommt auch schon Paulie den sonnengesprenkelten Weg entlang, um zu sehen, was ich treibe, und kurz der prallen Sonne zu entfliehen. Ich reiche ihr meine Wasserflasche. Sie nimmt einen großen Schluck, wischt sich mit dem Handrücken den Mund ab und will sich auf den Stumpf einer Hemlocktanne setzen. Ich zeige ihr die zwei *Tetraphis*-Varianten: die asexuellen Kolonien mit den zuverlässigen »Daheimbleiber«-Gemmen und die sexuell aktiven Kolonien, die ihren abenteuerlustigen Sporen-Nachwuchs mit dem Wind ziehen lassen. Sie nickt nur lachend. Das kommt ihr alles sehr bekannt vor. Ihre Tochter hat genau wie sie selbst beschlossen, hierzubleiben und nach dem College in die elterliche Landwirtschaft einzusteigen. Ihr ältester Sohn hingegen ist aus dem Nest geflüchtet, um am anderen Ende des Bundesstaats Lehrer zu werden. Er hat keinerlei Interesse an Tagen, die vor Sonnenaufgang mit dem Melken beginnen und erst lange nach Heimkehr der Kühe enden.

Beim Betrachten der Holzstücke und Baumstümpfe mit *Tetraphis* fällt mir ein interessantes Muster auf. Die beiden Formen, also mit Gemmen oder Sporen, kommen an separaten Stellen vor und vermischen sich so gut wie nie. Da beide Reproduktionsstrategien, die klonale und die geschlechtliche, normalerweise auf ganz unterschiedlichen Umgebungen oder gar verschiedenen

Spezies beruhen, sehe ich keinen Grund für dieses Muster. Warum sollte ein und dieselbe Spezies auf ein und demselben Baumstumpf an der einen Stelle die klonale Lebensform und an einer anderen die sexuelle wählen? Warum lässt die natürliche Auslese zu, dass zwei gegensätzliche Verhaltensweisen auf der gleichen Pflanze zusammenleben? Diese Fragestellung führte zu einer langen und intimen Beziehung mit dem *Tetraphis*, einer Beziehung voller Faszination und Respekt, in der dieses Moos mich eine Menge über wissenschaftliche Herangehensweisen gelehrt hat.

Mein erster Gedanke war, dass der Grund für den Reproduktionsunterschied in der physischen Umgebung liegen musste. Vielleicht war das jeweilige Ausmaß an Feuchtigkeit oder Nährstoffen im verrottenden Holz schuld an den alternativen Reproduktionsweisen. Also maß ich eifrig Umweltfaktoren, um herauszufinden, ob einer davon sexuelles oder auch klonales Verhalten beförderte. Ich schleppte ein pH-Messgerät, einen Belichtungsmesser sowie ein Psychrometer an und nahm Proben verrottenden Holzes mit nach Hause, um es im Laboratorium auf Feuchtigkeit und Nährstoffe hin zu analysieren. Monate an erwartungsvollen Daten später stellte ich fest, dass keinerlei Zusammenhang bestand. Die jeweilige Reproduktionsform des *Tetraphis* war so nicht zu erklären. Aber wenn ich eines von den Wäldern gelernt habe, dann das: Ohne Grund gibt es keine Muster. Um diesen zu entdecken, musste ich versuchen, nicht wie ein Mensch, sondern wie ein Moos zu sehen.

In traditionellen indigenen Gemeinschaften findet »Bildung« ganz anders statt als im staatlichen Schulsystem. Die Kinder lernen durch Hören, Sehen und Erfahren. Sie sollen von allen Mitgliedern der Gemeinschaft lernen, menschlichen wie auch anderen. Eine direkte Frage zu stellen, gilt dabei oft als unhöflich. Wissen kann nicht genommen, sondern nur gegeben werden. Lehrer gewähren es nur, wenn der Schüler bereit dafür ist. Ein Großteil des Lernens erfolgt durch geduldiges Beobachten, bei dem Muster wahrgenommen werden und durch Erfahrung ihre Bedeutung erhalten. Alles auf Basis dessen, dass es viele Versionen von Wahrheit gibt und jede Realität für ihren jeweiligen Verfechter wahr ist. Es ist wichtig, die Perspektive jeder Wissensquelle zu kennen. Die wissenschaftliche Methode, die man mir in der Schule beigebracht hat, ist so, als würde man eine direkte

Frage stellen, also unhöflich Wissen einfordern, anstatt darauf zu warten, dass es einem offenbart wird. Das *Tetraphis* zeigte mir, wie ich anders lernen, die Moose selbst erzählen lassen konnte, anstatt ihre Geschichte aus ihnen herauszuquetschen.

Moose können unsere Sprache nicht, sie erfahren die Welt nicht so wie wir. Um also von ihnen lernen zu können, entschied ich mich für eine andere Gangart, für ein Experiment, das nicht Monate, sondern Jahre dauerte. Für mich ist ein gutes Experiment wie ein gutes Gespräch. Jeder Zuhörer erzeugt eine Öffnung für die Geschichte, die der jeweils andere erzählen will. Um also zu erfahren, wie das *Tetraphis* seine Reproduktionsmöglichkeit wählt, versuchte ich, mir seine Geschichte anzuhören. Ich hatte die Kolonien bislang aus menschlicher Perspektive gesehen, nämlich als Klumpen in verschiedenen Reproduktionsstadien. Daraus konnte ich aber wenig lernen. Anstatt den Klumpen als Einheit zu betrachten, musste ich erkennen, dass er nur ein beliebiger Teil war, der meinem Denken zwar entgegenkam, für das Moos aber keine besondere Bedeutung hatte. Moose erleben die Welt als einzelne Stiele, und wenn ich ihr Leben verstehen wollte, musste ich meine Beobachtungen auf genau diesen Maßstab ausrichten.

Also machte ich mich an die mühselige Arbeit, die einzelnen Triebe in Hunderten von *Tetraphis*-Kolonien zu inventarisieren. Ich zwang mich dazu, jede betrachtete Probe als Familie von Individuen zu behandeln. Jeder Stiel wurde gezählt, jeder Trieb auf Geschlecht, Entwicklungszustand und Reproduktionsmodus untersucht, also ob via Gemmen oder Sporen. Ich würde gern wissen, wie viele es insgesamt waren – vermutlich Millionen. Eine *Tetraphis*-Kolonie kann dreihundert Triebe pro Quadratzentimeter haben. Außerdem wurde jede Kolonie markiert. Wie sich zeigte, waren diese Plastikstäbchen, die man für die Olive im Martini benutzt, am besten dafür geeignet. Sie verrotten nicht, und durch ihre knallige Farbe sind sie im nächsten Frühjahr leicht auffindbar. Abgesehen davon stelle ich mir gern die Gespräche vor, die irgendwelche Wanderer vor einem moosbedeckten Baumstumpf voller Cocktailsticks führen.

Im darauffolgenden Frühling ging ich wieder hin, suchte jede markierte Kolonie auf und zählte erneut alles durch. In einem Notizbuch nach dem anderen hielt ich die Veränderungen in ihrem Leben fest. Ein Jahr später machte ich das Gleiche nochmal. Langsam, mit den Knien im Waldboden und der Nase über dem Stumpf, fing ich an, wie ein Moos zu denken.

Paulie würde das vermutlich als Erste verstehen. Als Milchfarmer auf ein paar tausend Quadratmetern Hügelland zu überleben, ist eine stramme Herausforderung. Sie hat es geschafft, weil sie ihre Herde gut kennt, und zwar als Individuen, nicht als Klumpen. Es gibt auf der ganzen Farm keine Ohrmarke; sie kennt jede Kuh mit Namen. Allein wie Madge geht, wenn sie den Hügel herunterkommt, zeigt Paulie, dass ihre Kuh bald kalben wird. Die Zeit, die sie mit der Erkundung aller Gepflogenheiten und Bedürfnisse zugebracht hat, verschafft ihr einen geschäftlichen Vorteil gegenüber den Farmern mit industrieller Milchproduktion.

Meine Notizbücher verzeichnen das Schicksal jedes Fleckens und stellen so eine permanente, im Wandel befindliche Volkszählung für die kleine Moosgemeinschaft dar. Durch geduldiges Beobachten – und ohne direkte Fragen – fing das *Tetraphis* im Lauf der Jahre an, mir seine Geschichte zu erzählen. Kolonien auf blankem Holz bilden sich durch spärliche, weit verstreute Triebe: eine Gemeinschaft mit viel Bewegungsfreiheit des Einzelnen. In diesen lockeren Verbünden mit fünfzig Individuen pro Quadratzentimeter hat praktisch jeder Trieb einen Gemmenbehälter an der Spitze. Die herabfallenden Gemmen bilden vereinzelt weitere Jungtriebe, und als ich im nächsten Jahr wiederkomme, stehen die Stiele gedrängter. In einer Kolonie nach der anderen bemerke ich ein interessantes Muster. Mit dem Gedränge verschwinden die Gemmen. Es gibt einen abrupten Wechsel von der Gemmenproduktion zur Erzeugung weiblicher Triebe. Ein Zuwachs an Dichte scheint den Beginn einer sexuellen Reproduktion auszulösen. Bei einer vielbevölkerten Kolonie aus weiblichen und verteilten männlichen Trieben dauert es nicht lange, und Sporophyten tauchen auf. Die Kolonie hat sich vom intensiven Grün gemmiferer Triebe zur Rostfarbe der Sporenproduktion verwandelt. Wieder ein Jahr später gibt es in der Kolonie noch mehr Gedränge – an die dreihundert Stiele pro Quadratzentimeter. Diese hohe Dichte scheint einen radikalen Wandel im Sexualverhalten zu bewirken. Alle Triebe sind männlich, kein einziger weiblicher oder gar gemmiferer ist in Sicht. Wir konnten also sehen, dass *Tetraphis* ein sequenzieller Hermaphrodit ist, der mit zunehmender Bevölkerungsdichte sein Geschlecht von weiblich zu männlich verändert. Eine Geschlechtsumwandlung durch Populationszuwachs wurde schon bei bestimmten Fischarten beobachtet, aber noch nie bei Moosen.

Beim Versuch, die Geschichte des *Tetraphis* zusammenzusetzen, wollte ich auch wirklich verstehen, was passierte, also ob die Entscheidung für entweder Sexualität oder Gemmenherstellung tatsächlich von der Dichte der Kolonie abhing. Wenn das stimmte, konnte ich die Dichte auch verringern und dadurch das Verhalten der Moose ändern. Vielleicht konnte ich eine indirekte Frage stellen und hoffen, dass sie antworten. Um die Frage in der Sprache der Moose zu stellen, griff ich auf ein Erlebnis in Paulies Wald zurück.

Vor ein paar Jahren brauchte sie Geld für den neuen Färsenstall und beschloss, ein paar ihrer Bäume zu verkaufen. Sie hielt Ausschau nach einem Holzfäller, der nachhaltig ans Werk ging und Rücksicht auf den restlichen Wald nahm. Die Arbeit ging im Winter vonstatten, geschlagen wurde an auseinanderliegenden Stellen, insgesamt eine saubere Sache. Im darauffolgenden Frühjahr hatte der ausgedünnte Wald einen blühenden Teppich aus schneeweißen Dreiblätterlilien und gelben Zahnlilien unter seinem Blätterdach. Durch die geringere Dichte war mehr Licht hereingefallen und der alte Bestand verjüngt worden.

Wie ein Miniatur-Holzfäller ging ich mit der Pinzette in die alten, dichtstehenden *Tetraphis*-Stellen. Ich pflückte einzelne Triebe ab, einen Stiel nach dem anderen, bis die Bestandsdichte um die Hälfte verringert war. Dann ließ ich sie in Frieden und kehrte erst im Jahr darauf zurück, um zu sehen, ob meine Frage beantwortet wurde. Diejenigen *Tetraphis*-Flecken, die nicht ausgedünnt wurden, waren nach wie vor männlich und wurden bereits braun. Aber die Stellen, an denen ich ausgedünnt und das Moosdach geöffnet hatte, besaßen jetzt ein leuchtendes Grün. In den Löchern wuchsen junge Triebe, die an der Spitze Gemmenbehälter trugen. Bei geringer Dichte gibt es Gemmen, bei hoher Sporen.

Die Umwandlung ins Männliche hat offenbar auch negative Folgen. Immer wieder konnte ich beobachten, dass die dichten männlichen Stellen abstarben und trocken und braun wurden. Diese müden, durch die Reproduktion erschöpften männlichen Kolonien wurden dann problemlos von anderen Moosen auf dem Holzstück erobert. Manchmal fand ich die verräterischen Cocktailsticks an Stellen, die vorher alten, männlichen *Tetraphis*-Kolonien gehört hatten – ausgelöscht von heranrückenden Teppichmoosen. Warum entschied sich das *Tetraphis* für eine sexuelle Lebensform, die es fast schon zwangsläufig scheitern und an dieser Stelle aussterben ließ?

Ich kehrte immer wieder zu meinen Baumstümpfen zurück, nur um festzustellen, dass ein weiterer, sorgfältig markierter *Tetraphis*-Fleck verschwunden war. An seinem bisherigen Platz prangte glattes, blankes Holz. Auf allen vieren herumkrabbelnd, entdeckte ich die cocktailstick-durchbohrte *Tetraphis*-Kolonie am Fuß des Baumstumpfs, wo eine kleine Lawine aus verrottetem Holz sie hingeschleudert hatte. Diese Holzreste und Baumstümpfe bildeten eine Landschaft in Bewegung. Der Verrottungsprozess und tierische Aktivitäten ließen das Holz beständig, Stückchen für Stückchen, zerfallen. Die Stümpfe sahen aus wie kleine Berge, oben mit Moosen bewaldet und am Fuß mit einer Schutthalde, nicht aus Felsblöcken, sondern aus verrottenden Holzstückchen. Altes Holz löste sich mitsamt seiner *Tetraphis*-Bedeckung ab und hinterließ dadurch die freien Stellen, auf die ich gestoßen war. Und was wurde aus diesen blanken Flächen, diesen Stellen mit frischem Holz? Bei genauerem Hinsehen entdeckte ich, dass sie mit Gemmen übersät waren, kleinen, grünen Eiern, die durch die Löcher der alten *Tetraphis*-Hülle nach unten gespült wurden. Mit eintretender Störung waren die Samen für die nächste *Tetraphis*-Welle bereits gesät.

Als ich zur Scheune hinübergehe, um einen Karton frische Eier zu kaufen, kommt Paulie gerade von einem Meeting zurück. Wir stehen in der Sonne und bewundern die Morgenpracht, die gerade am alten Silo hochklettert. Sie hat gehört, dass im Nachbar-County ein Spielkasino eröffnet werden soll, und wir lachen über die Sorglosen, die ihr sauer verdientes Geld aufs Spiel setzen. »Leck mich«, sagt sie. »Wir müssen zum Spielen nicht ins Kasino. Landwirtschaft ist wie Blackjack – jahrein, jahraus.« Der Milchpreis ist ja bekanntermaßen unbeständig, und die Futterkosten können sich von einem Jahr zum nächsten verdreifachen. Die Farm-Gewinne sind so berechenbar wie die Wolken vor der Sonne, aber die Studiengebühren gehen immer nur hoch. Hier kommen die Weihnachtsbäume ins Spiel, ebenso die Schafe und der Futtermais. Um gegen die Unsicherheit gewappnet zu sein, betreiben Ed und Paulie eine diversifizierte Farm. Haupteinnahmequelle sind die Kühe, aber wenn einmal der Milchpreis sinkt, kommen vielleicht die Lämmer oder die Weihnachtsbäume für das College-Geld auf. Sie überleben in einer Zeit der aussterbenden Familienbetriebe durch eine Resilienz, die auf Flexibilität beruht, in der Stabilität durch Vielfalt entsteht.

So ist das auch beim *Tetraphis*, einem Moos, das auf eine unsichere Landschaft setzt und ganze Jahre beständigen Wachstums durch einen Verrottungs-Erdrutsch verlieren kann. Es erlangt Stabilität in einem instabilen Lebensraum, indem es beliebig die Reproduktionsstrategien wechselt. Wenn die Kolonie spärlich besiedelt und viel Platz vorhanden ist, zahlt sich das Klon-Vermögen aus. Die Gemmen können das blanke Holz schneller besetzen als eine Spore und haben einen Wettbewerbsvorteil gegenüber anderen Moos-Arten. Aber wenn es zu eng wird, sind Sporen der einzige chancenreiche Nachwuchs. Deshalb beginnt die sexuelle Reproduktion, und es werden Sporen mit unterschiedlichem Gen-Bestand produziert, die der Wind weit von den Eltern und ihrem schwindenden Lebensraum wegträgt. Es ist ungewiss, ob eine Spore auf einem geeigneten Baumstamm landet und dort eine neue Kolonie gründen kann. Sicher ist hingegen, dass die Kolonie abstirbt, wenn sie an ein und derselben Stelle bleibt.

Die anderen Moose mit weniger einfallsreicher Reproduktion kriechen langsam näher und setzen an, das kleine *Tetraphis* einzunehmen. Nur hat es seinen Lebensraum klug gewählt und profitiert von der Verrottung, die irgendwann für Turbulenzen im Baumstumpf sorgen wird. In dem Moment, in dem die erschöpfte *Tetraphis*-Kolonie ihrer Konkurrenz zu erliegen droht, stürzt mit einem Verrottungs-Erdrutsch die Oberfläche ab und legt nicht nur frisches Holz frei, sondern eliminiert mit dem *Tetraphis* auch seine Konkurrenten. Ständen ihm für die Kolonisation dieser Brachfläche nur Sporen zur Verfügung, würden die anderen das Rennen um Reviere öfter gewinnen. Aber nur wenige Zentimeter entfernt befindet sich ein Stück *Tetraphis* im klonalen Zustand. Beim nächsten Regen werden Gemmen auf die freie Stelle gespritzt, und es entsteht eine neue Ansammlung leuchtend grüner Triebe. Durch Verrottung erneuert sich diese Stelle, und im Zuge dessen auch das *Tetraphis*. Es kann ein doppeltes Spiel spielen, indem für den schnellen Profit Gemmen, für den Langzeitvorteil Sporen erzeugt werden. In diesem veränderlichen Lebensraum begünstigt die natürliche Auslese eher eine Flexibilität als die Beschränkung auf eine einzige Reproduktionsmöglichkeit. Paradoxerweise ist es so, dass Arten, die sich auf eine bestimmte Lebensform spezialisiert haben, kommen und gehen, während das *Tetraphis* zweigleisig fährt und seine Entscheidungsfreiheit beibehält.

Vielleicht ist das auch bei unserer Farm so, die seit fast zweihundert Jahren besteht. Generationen von Frauen haben vor uns schon Stallkatzen von der Straße gejagt, Flieder gepflanzt und unter diesen Ahornbäumen Kinder großgezogen. Der alte Bulle wurde durch den KB-Mann ersetzt, die Zisterne durch einen Brunnen. Aber die Welt ist nach wie vor unvorhersehbar, und wir überleben weiterhin durch die Gnade des Zufalls und die Kraft unserer Entscheidungen.

EINE LANDSCHAFT DER CHANCEN

Es war wohl die Stille, die mich geweckt hat, eine unnatürliche Ruhe im silbrigen Beginn der Dämmerung, der Zeit, in der sonst die Lieder der Drosseln erklingen. Als ich aus den Wolken des Schlafs auftauchte, wurde ihr Fehlen furchtbare Wirklichkeit. Ein Morgen in den Adirondacks wird normalerweise vom Gesang der Wilson- und Wanderdrosseln begleitet, heute aber nicht. Ich drehte mich zur Seite und sah auf den Wecker. Viertel nach vier. Draußen wechselte das Licht plötzlich von silbrig nach stahlgrau, und in der Ferne grollte der Donner. Die Zitterpappeln hoben ihre Blätter, damit sie unbeholfen flattern und das Schweigen der Vögel mit ihrem Regenlied füllen konnten. Die sind wohl schon in Deckung gegangen, dachte ich. Hier in der Gegend sagt man: »Regen vor sieben, um elf schon vertrieben.« Meine geplante Kanu-Tour war also trotzdem noch drin. Ich kroch wieder unter die Decke, um zu warten. Genau da krachte die Druckwelle gegen die Hütte, als würde eine Axt auf einen Baumstamm treffen.

Ich sprang aus dem Bett und machte schnell die Tür zu, die der Sturm aufgerissen hatte. Durch die Fenster der Hütte sah ich auf einen See, der wie ein Ozean schäumte und wogte, und darüber einen Himmel, dessen Farbe sich in ein kränkliches Grün verwandelt hatte. Die Weißbirken am Ufer waren fast horizontal geneigt, kreisten mit peitschenden Bewegungen und wurden vom Zucken der Blitze erfasst, weiß auf weiß, während sich ein Vorhang aus Elektrizität über den See schob. Die große Kiefer über der Veranda schwankte heftig, und die Fenster schienen sich unheilvoll nach innen zu wölben. Ich scheuchte meine kleinen Töchter in den hinteren Teil der Hütte. Wir duckten uns in Erwartung splitternder Glasscheiben und herabstürzender Kiefernäste und waren angesichts dieses Sturms ganz klein und sprachlos.

Der Donner grollte unaufhörlich, als würde ein langer Güterzug vorbeirattern, dann kehrte endlich Stille ein. Die Sonne erhob sich über einem friedlichen, blauen See. Aber es gab immer noch keine Vögel. Und auch den restlichen Sommer nicht.

Am 15. Juli 1996 wurden die Adirondacks Opfer des heftigsten Sturms, der östlich des Mississippi jemals gemessen wurde. Es war kein Tornado, sondern ein Scherwind, also eine ganze Wand aus konvektiven Gewittern, die von den Großen Seen aus eine Druckwelle bildeten. Bäume wurden großflächig umgeknickt und entwurzelt. Camper konnten die Zelte nicht verlassen, Wanderer steckten im Hinterland fest, wo die Wege unter zehn Meter hohen Holzstapeln begraben waren. Hubschrauber wurden losgeschickt, um alle in Sicherheit zu bringen. Innerhalb einer einzigen Stunde verwandelten sich riesige Flächen schattigen Waldes in ein Chaos aus umgestürzten Bäumen und aufgeworfener Erde, das der gleißenden Sommersonne ausgesetzt war.

Derartige Extrem-Rodungen sind natürlich selten, aber trotzdem zeigen Wälder bei Katastrophen eine erstaunliche Resilienz. Ich habe gehört, dass es ein chinesisches Schriftzeichen gibt, das gleichzeitig Katastrophe und Chance bedeuten kann. Und der Windwurf, so katastrophal er auch war, stellte für sehr viele Arten eine Chance dar. Beispielsweise sind Zitterpappeln hervorragend dafür adaptiert, aus periodisch auftretenden Störungen Nutzen zu schlagen. Da sie schnell wachsen und nicht lange leben, produzieren sie leichte, dem Wind übergebene Samen, die auf Baumwollfallschirmen davonsegeln. Um schnell und weit reisen zu können, haben Zitterpappelsamen nur minimales Gepäck dabei. Sie überleben nur wenige Tage und sterben, wenn sie nicht keimen. Ein Zitterpappelsame, der auf einem ungestörten Waldboden landet, hat nicht die geringste Chance. Seine klitzekleine Wurzel, der Schlüssel zur Unabhängigkeit, kann die dicke Laubstreu nicht durchdringen, und das dichte Blätterdach nimmt ihm das nötige Licht. Aber nach einem Sturm ist der Waldboden ein wildes Durcheinander aus Stämmen und Erdreich, das von entwurzelten Bäumen hochgeschleudert wurde. Mit der direkten Sonneneinstrahlung und der blanken, mineralhaltigen Erde werden die Zitterpappelsamen das Trümmerfeld als Erste besiedeln.

Stürme wie diesen gibt es vielleicht einmal pro Jahrhundert, aber der Wind weht so gut wie jeden Tag, rüttelt an den Baumkronen und lockert ihren Halt im Erdreich. Hauptursache des Baumsterbens ist in den nördlichen Laubwäldern der Windwurf. Letztendlich gewinnt immer die Schwerkraft. In den vielen Stürmen, zu denen manchmal noch die winterliche Schneelast kommt, stürzen Bäume so regelmäßig um, als seien das Pendelschläge der ökologischen Uhr. Selbst an einem ruhigen Tag hört man manchmal einen Baum ächzen und dann zu Boden rauschen. Ein einzelner umgefallener Baum reißt ein Loch ins Blätterdach, durch das ihm ein Lichtschacht bis hinunter zur Erde folgt. Diese kleinen Öffnungen bringen nicht so viel Helligkeit, als dass die Zitterpappel etwas damit anfangen könnte, aber es gibt eine Reihe von Spezies, für die das Ableben anderer von Nutzen ist. Die Gelb-Birke gedeiht beispielsweise auf den kleinen Erdhaufen, die umgestürzte Bäume bilden, und richtet sich dort schnell ein, um entlang der Lichtsäule nach oben zu wachsen und im Blätterdach den Ahornbäumen guten Tag zu sagen. Da diese Erdhaufen dann erodieren, stehen die Birken auf stelzenartigen Wurzeln. Die Gelb-Birke gilt allgemein als »Klimax«-Spezies und gehört zum dominanten Dreigestirn im reifen Buchen-Birken-Ahornwald, wenngleich sie ihre Anwesenheit einer Störung verdankt. Ohne Windbruch würde sie verschwinden und das Dreigestirn verkleinern. Paradoxerweise sind Störungen für die Stabilität des Waldes also lebensnotwendig.

Die Resilienz, die ein Wald gegenüber Störungen aufweist, beruht auf seiner Bestandsvielfalt. Eine ganze Reihe von Arten ist an Störungslücken angepasst. Die Traubenkirsche gedeiht in mittelgroßen Löchern mit freigelegter Erde, der Hickory in kleinen mit steinigem Boden, und der Streifenahorn nach Krankheiten. Die Landschaft ist wie ein fast fertiges Puzzle diverser Grüntöne, dessen Löcher nur mit einem ganz bestimmten Stück geschlossen werden können. Diese Art der Waldorganisation heißt Lückendynamik und kommt in allen Wäldern unseres Planeten vor, vom Amazonas bis zu den Adirondacks.

Es liegt etwas Beruhigendes in diesen Organisationsmustern, die von Ordnung und Harmonie in den Naturvorgängen erzählen. Aber was ist, wenn der Wald aus »Bäumen« besteht, die nur einen Zentimeter hoch sind? Gibt es die Dynamik der Lückenbildung und -besiedlung auch im Mikrobereich? Gelten die Regeln von Landschafts-Puzzles auch für Moose? Die Arbeit mit Moosen ist auch deshalb faszinierend, weil man immer wieder mitbekommt, inwiefern und wann die ökologischen Regeln in Großzusammenhängen diese Dimension sprengen und auch im Verhalten kleinster Lebewesen gelten. Es ist eine Suche nach Ordnungen, die Sehnsucht, einen Blick auf die Fäden zu erhaschen, von denen die Welt zusammengehalten wird.

Die Bäume, die auf den Waldboden krachen, werden bald zu bemoosten Stämmen. Genau wie der Wald darüber ist auch jeder Moosballen ein Flickenteppich aus vielen Spezies. Und wenn man am Boden kniet und die Nase in den erdigen Geruch streckt, sieht man sofort, dass der Moosteppich nicht durchgängig grün ist. Es gibt Löcher, kleine Öffnungen, durch die das Holz durchscheint wie ein blankes Stück Erde nach dem Sturm. Die Dominanz der Klimaxvegetation ist hier vorübergehend unterbrochen, was jedem schnelldenkenden Gelegenheitssucher einen Mikrolebensraum bietet.

G. Evelyn Hutchinson, eine pionierhafte Ökologin, hat das Leben auf der Welt sehr schön als »ökologisches Theater mit der Evolution auf dem Spielplan« beschrieben. Dieser verrottende Stamm ist eine Bühne, und die Szenen spielen in den Lücken, in denen die Siedler ihr Drama aufführen.

Tetraphis pellucida wächst hier, denn sein Leben ist eng an die Kräfte der Zerstörung gebunden. Genau wie die Zitterpappel kann es sich nur mit genügend konkurrenzfreiem Platz erneuern. Wenn durch Zerstörung eine neue Lücke entsteht, sind seine Gemmen in der Lage, diese schnell zu besiedeln. Sobald es eng wird, wechselt das *Tetraphis* zur geschlechtlichen Reproduktion und erzeugt Sporen, die es zu einer neuen Lücke auf einem entfernteren Stamm bringen. Die Sporenproduktion erfolgt gerade noch rechtzeitig, bevor Teppichmoose die Stelle erobern und das *Tetraphis* überwuchern. Die Kolonisation dieser kurzzeitigen Lücken ist also essenziell. Ohne Zerstörungen könnte das *Tetraphis* nicht überleben.

Aber es ist nicht allein. Der andere Akteur im evolutionären Schauspiel ist das *Dicranum flagellare*. Es besitzt ähnliche Eigenschaften wie das *Tetraphis*. Zum Beispiel bewohnt es ebenfalls verrottende Baumstämme, ist klein und kurzlebig und lässt sich leicht von den großen Teppichmoosen verdrängen. Genau wie das *Tetraphis* braucht es freie Stellen, die durch Zerstörung entstanden sind. Und es verfügt ebenfalls über verschiedene Reproduktionsstrategien. Wir haben hier also zwei Spezies, die nicht miteinander verwandt sind, aber einen recht ähnlichen Lebensansatz verfolgen. Sie besetzen die gleichen Stämme, zur gleichen Zeit und im gleichen Wald. Die ökologische Theorie besagt, dass von zwei Spezies, die auf vergleichbare Weise um ähnliche Ressourcen kämpfen, eine irgendwann unterliegt. Es kann keine zwei Sieger geben, sondern nur einen Gewinner und einen Verlierer. Aber wie teilen sich dann die beiden Spezies den Platz auf diesem Baumstamm? Wie können sie zusammenleben, wo sie doch so ähnlich sind? Laut Öko-Theorie ist eine Koexistenz nur möglich, wenn sich die beiden Spezies in einem wichtigen Punkt unterscheiden. Umso beeindruckender fand ich, wie sich diese beiden Lückenkolonisten den Lebensraum teilten. Vielleicht nutzten sie jeweils Bereiche der freien Stelle, die sich in Bezug auf Licht, Temperatur oder chemische Zusammensetzung unterschieden. Da die Kolonisation von Lücken für beide essenziell ist, fragte ich mich, wie sie diese finden und dort ein neues Leben beginnen konnten.

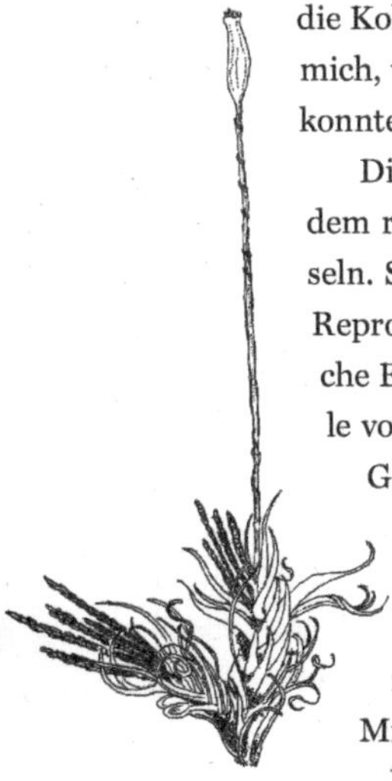

Die Blätter des *Dicranum flagellare* würde man nie mit dem runden, leuchtenden Blattwerk des *Tetraphis* verwechseln. Sie sind lang und spitz wie kleine Kiefernnadeln. Seine Reproduktionsstrategie umschließt sowohl die geschlechtliche Erzeugung von Sporen als auch die asexuelle oder klonale von Diasporen. *D. flagellare* bringt dabei nicht die süßen Gemmen hervor, die das *Tetraphis* auf dem Baumstamm verspritzt, sondern klont sich mit kleinen, borstigen Puscheln an den Triebspitzen. Theoretisch können diese Puschel abbrechen und einzelne »Brutzweige« freisetzen, lange, dünne Zylinder, die ganz grün und etwa einen Millimeter lang sind. Jeder dieser Brutzweige besitzt das Potenzial, eine neue Pflanze zu klonen. Aber ein Potenzial kommt in der Realität nicht immer zur Entfaltung. Um wirklich nützlich zu sein, müsste sich ein Brutzweig von der Elternpflanze lösen und irgendwie auf eine andere freie Stelle mit blankem Holz gelangen.

Dicranum flagellare mit Sporophyt und asexuellen Brutzweigen

Ich konnte einfach nicht verstehen, wie das funktionierte. Mir kam der Gedanke, sie könnten vielleicht doch wie *Tetraphis*-Gemmen verspritzt werden, deshalb entwickelte ich eine Versuchskonstellation, um sie mit Wasser zu begießen. Nichts. Vielleicht mit Wind? Ich errichtete klebrige Fallen rings um die Pflanzen, um von den Eltern weggewehte Brutzweige sehen zu können. Auch nichts. Ich stellte einen Ventilator auf, um die Sache voranzutreiben. Immer noch nichts. *D. flagellare* erzeugt klonale Diasporen, kann sie aber offenbar nicht verwenden. Nichtfunktionale Teile sind bei Organismen nichts Ungewöhnliches. Etliche besitzen verkümmerte Elemente, die wie der menschliche Blinddarm ihre Funktion verloren haben. Vielleicht waren Brutzweige ebenso sinnlos.

Mein Student Craig Young und ich verbrachten zwei ganze Sommer lang auf allen vieren. Abgestorbene Baumstämme und ihre Moosgemeinschaften wurden unsere Welt. Jede Lücke im moosigen Bewuchs des Baumstamms wurde genauestens beschrieben. Feuchtigkeitsgehalt, Lichteinfall, pH-Wert, Größe, exakte Position, der umgebende Baumbestand und die Moose am Rand der jeweiligen Freifläche – alles kritzelten wir *en détail* in unsere Notizbücher. Entgegen der landläufigen Meinung sind Blutopfer mit dem Aufkommen der Wissenschaft nicht verschwunden. Im Mai profitierten die Kriebelmücken, im Juni die Moskitos und im Juli die Goldaugenbremsen von den Stunden, die wir auf dem Baumstamm saßen und die Teile des Puzzles aufzeichneten. Craig wurde Meister darin, unsere Peiniger in der Luft zu erledigen, wenn sie schwerbeladen von uns wegflogen. Sein Notizbuch war übersät mit zerquetschten Insekten und unseren eigenen Blutspritzern.

Das schlussendlich erkennbare Muster war derart klar, dass mich seine Regelmäßigkeit ganz aus dem Häuschen brachte. Auch wenn *Tetraphis* und *D. flagellare* beide auf freien Stellen eines Baumstamms siedeln, gibt es eine deutlich markierte Trennlinie zwischen ihnen, eine derart vollkommene Aufteilung, als seien an den Rändern Schilder mit der Aufschrift »Hier nur *Tetraphis*« aufgestellt. *Tetraphis* kam häufiger auf großen Freiflächen vor, also solchen, die über vier Quadratzentimeter umfassten. Je größer diese Lücke, desto mehr *Tetraphis*. *D. flagellare* beschränkte sich auf kleinere Stellen, meist nur so groß wie ein Vierteldollar. Da freie Stellen auf dem Baumstamm alle möglichen Formen und Größen haben, konnten die beiden Spezies offenbar durch Spezialisierung zusammenleben. Mit *Tetraphis* in den größeren Lücken und *D. flagellare* in kleineren vermieden sie eine direkte Konkurrenz.

Diese Anordnung spiegelte die Lückendynamik des umgebenden Waldes wider. *Tetraphis* reagierte auf größere Stellen, als hätte es Unterricht bei der Zitterpappel genommen, und schickte dazu viele verteilbare Diasporen aus, die sich dann schnell klonten, um den jeweiligen Fleck zu füllen. *D. flagellare* schien mehr der Gelb-Birke zu entsprechen, denn es überlebte, indem es schnell die kleinen Lücken besetzte. Die Teppichmoose spielten die gleiche Rolle wie Klimaxbuche und -ahorn, langsame und ausdauernde Konkurrenten, die zum Angriff bereit sind.

Wobei die Geschichte von *Tetraphis* und *D. flagellare* noch komplexer als das Muster der Bäume ist. Wir stellten fest, dass die größeren *Tetraphis*-Stellen und die kleineren mit *D. flagellare* an ganz verschiedenen Orten vorkamen. Große Lücken befanden sich immer seitlich des Baumstamms, kleine mit verblüffender Regelmäßigkeit auf der Oberseite. Es war also anzunehmen, dass es für die beiden Umfänge einen bestimmten Grund gibt. Nur welchen?

Katastrophale Stürme schaffen Möglichkeiten für die Zitterpappel, aber es sind Pilze und die unvermeidliche Schwerkraft, die einen guten *Tetraphis*-Lebensraum ausmachen. Holzzersetzende Pilze namens Kiefern-Braunporling sind nämlich für die Lückenbildung verantwortlich. Sie gehen dabei so vor, dass sie den Klebstoff zwischen den Zellwänden auflösen und das Holz auf die Art in Stücken verrotten lassen – und nicht Faser für Faser wie Weißfäuleerreger. Auf der Seite des Baumstamms braucht das durch Verrottung gelockerte Holzstück dann nur die Schwerkraft oder den nachgezogenen Huf eines vorbeistreifenden Rotwilds, um sich abzulösen und zu Boden zu fallen. Es kann dabei einen Teppich aus Konkurrenten oder auch bisherige *Tetraphis*-Kolonien mitreißen, schafft aber durch sein Abrutschen eine große Freifläche.

Und was war mit den kleinen Stellen für das *D. flagellare*? Ihr Ursprung blieb weiterhin rätselhaft, genau wie der Mechanismus der Brutzweige, die sich nicht ablösen und auf den Weg zu einem neuen Lebensraum machen wollten. Uns fehlte ein entscheidendes Puzzleteilchen, deshalb suchten wir auf allen vieren danach.

Feuchte Baumstämme sind Vorzugs-Immobilien für Schnecken. Jeden Morgen schillern auf dem Moos ihre Schleimspuren, als seien ihre gewundenen Bahnen mit Geheimtinte auf den Baumstamm geschrieben worden. Dieses Schriftstück versuchten wir mit einem Experiment zu entziffern. Wir fragten uns, ob womöglich die Schnecken mit der Bewegung der Brutzweige zu tun hatten. Oder war es sogar denkbar, dass die Diasporen mit Schneckenschleim ans Holz geklebt werden? Also gingen Craig und ich im morgendlichen Nebel auf Schneckenjagd. Immer, wenn wir eine Schnecke entdeckten, hoben wir sie vorsichtig auf und setzten ihre Unterseite auf einen sauberen Mikroskop-Objektträger, so wie man mit dem tintenbeschmierten Daumen einen Fingerabdruck macht. Dann setzten wir die überraschten Schnecken wieder an ihren Ausgangsort, und nach einem Moment des Totstellens krochen sie langsam weiter. Mit der Sorgfalt von Kriminalbeamten, die von einem Verdächtigen die Fingerabdrücke nehmen, brachten wir unsere Schneckenabdrücke ins Laboratorium und suchten den Schleim nach Moosdiasporen ab. Und tatsächlich hingen in dem klebrigen Film grüne Teilchen. Vielleicht hatten wir da wirklich etwas entdeckt.

Schnecken besaßen also offenbar die Fähigkeit, Moosstückchen aufzunehmen, aber konnten sie diese auch weit genug wegbewegen und so zum Beispiel Brutzweige an neue Stellen bringen? Um ihr Potenzial zur Moosverteilung zu messen, bauten wir eine kleine Rennstrecke für sie, eine Art Hindernisparcours für Weichtiere. Als Bahn diente eine lange Glasplatte, also eine glatte Oberfläche, über die sie gut kriechen konnten. Wir setzten die frisch gefangenen Schnecken am einen Ende der Platte auf ein Bett aus *Dicranum flagellare*, das vor Brutzweigen nur so starrte. Dabei wollten wir ihren Weg verfolgen und messen, wie weit sie die Brutzweige mitschleppten. Craig stammt aus Kentucky, dem Land schneller Pferde und der *Churchill Downs*-Rennbahn. Der Rennsport geht einem ins Blut, dachte ich, denn wir schlossen Wetten ab, welcher der Favoriten beim bevorstehenden Schneckenrennen gewinnen würde, und summten beim Einrichten der Versuchsanordnung »Camptown Races«. Duh-dah, duh-dah. Das Problem war nur, dass die Schnecken ganz zufrieden damit waren, einfach auf dem Moos sitzen zu bleiben. Sie drehten sich ein bisschen, berührten sich mit den Fühlern und gingen wieder in die Ausgangsposition zurück. Dort lagen sie dann, als seien sie kleine, braune Walrosse am Strand, und scherten sich kein bisschen um unsere Erwartungen. Wir brauchten etwas, um sie in Bewegung zu setzen und dazu zu bringen, über diese lange Glasplatte zu kriechen. Womit lassen sich Schnecken motivieren? Als eingefleischte Leserin von Gartenkatalogen erinnerte ich mich daran, dass man Schnecken in der Nacht vom Salatbeet fernhalten kann, wenn man als Falle ein flaches Schälchen mit Bier aufstellt. Wir griffen also zum ältesten Anreiz in der Geschichte der Menschheit und boten am Ende der Rennpiste ein Erfrischungsgetränk an. Und es funktionierte. Die Fühler in Richtung des malzigen Aromas ausgestreckt, ließen unsere Versuchkaninchen nicht nur ihre Schneckenträgheit, sondern auch brav ihre Schleimspur zurück, indem sie über die Glasplatte auf ihren Preis zujagten.

Das Rennen war langsam genug, um zwischen Startschuss und Zieleinlauf in Ruhe zu Mittag zu essen. Wie sich herausstellte, schleppten die Schnecken tatsächlich Brutzweige des *Dicranum flagellare* mit, nur fielen diese bereits wenige Zentimeter nach dem Moosbett wieder ab. Keiner konnte sich bis zum Bier im Sattel halten. Enttäuscht brachten wir die Schnecken in den Wald zurück und fanden uns damit ab, dass sie wohl kaum eine Rolle bei der Moosbewegung spielten. Der Transport der Brutzweige blieb weiterhin rätselhaft.

Ein paar Tage später – es war so schwül, dass wir uns wünschten, wir hätten etwas von dem Schneckenköder eingepackt – saßen wir mittags auf unserem Baumstamm, verjagten Fliegen und aßen unsere Brote. An Craigs Erdnussbutter-Marmeladen-Sandwich, das auf dem Stamm thronte, lief seitlich etwas Erdbeergelee hinunter. Die Streifenhörnchen sind um eine Forschungsstelle herum immer ziemlich frech – und längst an Erdnussbutter gewöhnt. Sie betteln quasi darum, in eine Lebendfalle eingelassen zu werden und einen kleinen Erdnussbutter-Snack zu bekommen, auch wenn das mit einer ärgerlichen Messung durch irgendwelche Studenten verbunden ist. Mit aufgerichtetem Schwanz und gespitzten Ohren kam eines über den Baumstamm gehüpft, direkt auf das Sandwich zu. Als die Glühbirne der Falle aufleuchtete, grinsten wir uns nur an.

Am nächsten Tag bauten wir erneut unsere Rennstrecke auf, jetzt aber mit einer langen Bahn, einem Bett aus *Dicranum flagellare* und einem freiwilligen Streifenhörnchen, das mehrere Meter klebriges, weißes Papier vorgesetzt bekam. Als wir die Käfigtür öffneten, schoss es heraus wie eine Pistolenkugel, flitzte über den Parcours und hüpfte in den zweiten Käfig an der Ziellinie. Als wir es herausnahmen, um es genauer zu betrachten, drehte und wand es sich zwar, aber wir entdeckten an seinem Bauch und an den rosa Füßchen grüne Teilchen. Und quer über die klebrige Bahn, auf jedem einzelnen Meter, fanden sich Brutzweigspuren. Heureka! Da hatten wir unseren Brutzweig-Verteiler: nicht das Wasser, der Wind oder die Schnecken, sondern ein Streifenhörnchen. Durch sein Gewicht knickten die borstigen Zweige ab und hängten sich wie Kletten an das seidige Fell, um dann beim Laufen verstreut zu werden. Wir bedankten uns herzlich bei unserem Streifenhörnchen und brachten es mitsamt einer Erdnuss zurück in den Wald.

Wie Sie vielleicht wissen, bewegen sich die emsigen Streifenhörnchen so gut wie nie über den Erdboden. Stattdessen folgen sie den verschlungenen Pfaden, die über Felsbrocken, Baumstümpfe und Restholz führen, vergleichbar dem »Nicht-den-Boden-berühren«-Spiel, das wir als Kinder gemacht haben. Umgefallene Baumstämme sind für sie eine Autobahn durch den Wald. Wir saßen tagelang ruhig da und sahen den Streifenhörnchen bei ihren Wanderungen über moosbedeckte Baumstämme zu. Jeder wurde mehrmals täglich überquert, denn die Tierchen bewegten sich zwischen Futterplätzen und ihrem sicheren Bau hin und her. Sie sprinteten los und stoppten dann immer wieder, um sich nach Verfolgern umzusehen. Wir konnten erkennen, dass bei jedem Anhalten Moosteilchen aufwirbelten, so wie bei einem scharf bremsenden Auto der Kies wegspritzt. Offenbar waren es die Streifenhörnchen, die bei ihren Alltagsverrichtungen die kleinen Flecken im Moos freilegten, eine Art Schlaglöcher. Und bei jeder Überquerung brachten sie an den Zehen ein paar Diasporen mit. Das war das fehlende Puzzlestück. Aus diesem Grund fanden wir das *Dicranum flagellare* nur an der Oberseite von Baumstämmen – eben dort, wo die Streifenhörnchen hin- und herrennen und damit den Lebensraum für ein kleines Moos schaffen. Wie herrlich, in einer Welt zu leben, in der Ordnung aus dem vermeintlich zufälligen Aufeinandertreffen noch so kleiner Dinge entsteht.

Mit der Zeit werden umgestürzte Bäume zu bemoosten Stämmen, und die Folgen des Sturms zeigen sich hier als gewirkte Tapete aus Moosen – mit genau der gleichen Dynamik, die auch den Wald geformt hat. Zitterpappelsamen, die ein Bäume umreißender Sturm mit sich bringt, bilden einen neuen Wald. *Tetraphis*-Sporen besprenkeln mit ihrem Grün eine durch Absturz freigewordene Stelle an der Baumseite. Gelb-Birken machen es sich in dem Loch gemütlich, das ein entwurzelter Baum hinterlassen hat, während *Dicranum flagellare* die kleinen Freiflächen auf der Stammoberseite besetzt. Alle finden ihr Zuhause, die Puzzleteile rutschen an den vorgesehenen Platz, jedes Einzelne davon wichtig für die Gesamtheit. Der gleiche Kreislauf aus Zerstörung und Regeneration, die gleiche Geschichte der Resilienz spielt sich auch im Kleinen ab – eine Erzählung über das ineinandergewirkte Schicksal von Moosen, Pilzen und Streifenhörnchentritten.

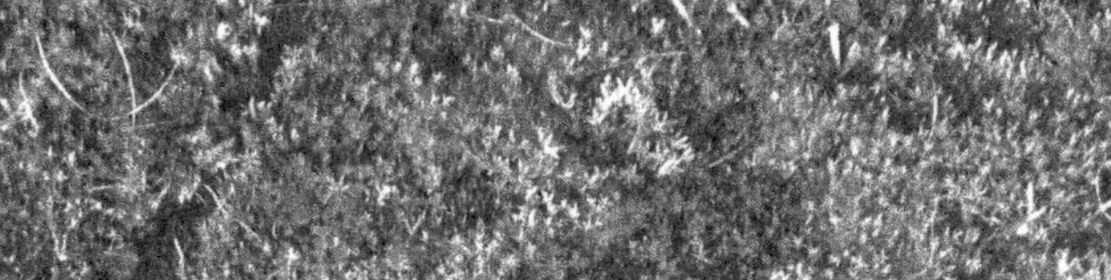

STADTMOOSE

Wenn Sie sich gern in Städten aufhalten, müssen Sie für den Anblick von Moosen keine weiten Reisen unternehmen. Natürlich kommen sie auf Berggipfeln oder in den Fällen Ihres liebsten Forellenflusses vor, aber sie leben auch tagtäglich mitten unter uns. Stadtmoose haben viel mit ihrem humanoiden Gegenstück gemeinsam, den Stadtmenschen: Sie sind vielfältig, anpassungsfähig und stresstolerant, ertragen die Umweltverschmutzung und leben auf engstem Raum. Außerdem sind sie weit gereist.

Die Stadt bietet Moosen eine ganze Reihe von Lebensräumen, die in der freien Wildbahn äußerst ungewöhnlich wären. Manche Arten kommen in menschengemachten Umgebungen sogar häufiger vor als in der Natur. Das *Grimmia* macht beispielsweise keinen Unterschied zwischen einem Granitvorsprung in den White Mountains und dem granitenen Obelisken im Boston Common Park. Kalksteinfelsen gibt es nur selten in der Natur, aber in Chicago ist an jeder Straßenecke einer, und auf diesen Säulen und Simsen siedeln sich die Moose nur allzu gern an. Denkmäler bieten alle möglichen Nischen, in denen sich Wasser ansammelt, und damit auch für Moose. Wenn Sie das nächste Mal im Park herumspazieren, schauen Sie etwas genauer in die wehenden Mantelfalten des Feldherrn oder Königs, der da auf seinem Podest steht, oder in die gekerbten Marmorlocken der Justitia vor dem Gerichtsgebäude. Moose dümpeln gern an den Rändern unserer öffentlichen Brunnen und säumen die Buchstaben auf unseren Grabsteinen.

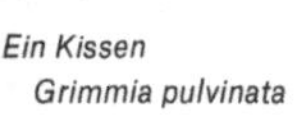

Ein Kissen *Grimmia pulvinata*

Die Ökologen Doug Larson und Jeremy Lundholm vermuten genau wie andere Kollegen, dass diese stresstoleranten, unkrautartigen Spezies, die unsere urbanen Räume mitbewohnen, uns seit der Entstehung unserer eigenen Spezies begleitet haben. In ihrer »Urban Cliff«-Hypothese nennen sie eine verblüffende Anzahl der Gemeinsamkeiten von Flora und Fauna in natürlichen Fels-Ökosystemen und an den senkrechten Wänden der Städte. Diverse Unkrautpflanzen oder auch Mäuse, Tauben, Spatzen und Kakerlaken bevorzugen steinige und steil abfallende Ökosysteme, weshalb es wenig überrascht, dass sie auch gern unsere Städte bewohnen. Dasselbe könnte man über die städtischen Moose sagen, von denen viele auf Felsvorsprüngen leben, ob wie ursprünglich von der Natur oder dann auch von Menschenhand gemacht. Wir neigen dazu, die Flora der Städte als armseligen Vagabundenhaufen abzutun, der sich parallel zur relativ jungen Entstehung der Städte entwickelt hat. Im Gegensatz dazu besagt die Urban-Cliff-Hypothese, dass die Verbindung zwischen Menschen und diesen Spezies sehr alt ist und wir schon vor unserem Neanderthalerdasein gemeinsam in Höhlen und Felsnischen Schutz gesucht haben. Bei Errichtung unserer Städte haben wir Gestaltungselemente des Fels-Lebensraums einfließen lassen, und unsere Begleiter sind uns einfach gefolgt.

Zugegebenermaßen bilden Stadtmoose längst nicht so weiche, federartige Matten wie die Waldmoose. Die rauen Bedingungen des Stadtlebens beschränken sie auf kleine Kissen und dichte Büschel, die so robust sind wie die Orte, an denen sie wohnen. Durch die Wasserknappheit der Bürgersteige und Fenstersimse trocknen Moose schnell aus. Um sich davor zu schützen, rücken sie eng zusammen, damit die begrenzte Feuchtigkeit von den Trieben gemeinsam genutzt und so lange wie möglich aufbewahrt werden kann. *Ceratodon purpureus* bildet derartig dichte Kolonien, dass sie beim Austrocknen wie Ziegelsteine, in feuchtem Zustand wie grüner Samt wirken. Meist findet man das *Ceratodon* an Stellen mit rauer Oberfläche, etwa dem Rand eines Parkplatzes oder auf Dächern. Ich habe es sogar schon auf dem verrosteten Blech eines alten Chevrolets und an abgestellten Bahnwaggons entdeckt. Jahr für Jahr produziert es eine dichte Schicht aus unmissverständlich purpurfarbenen Sporophyten, um seine Sporen an den nächsten freien Fleck zu entsenden.

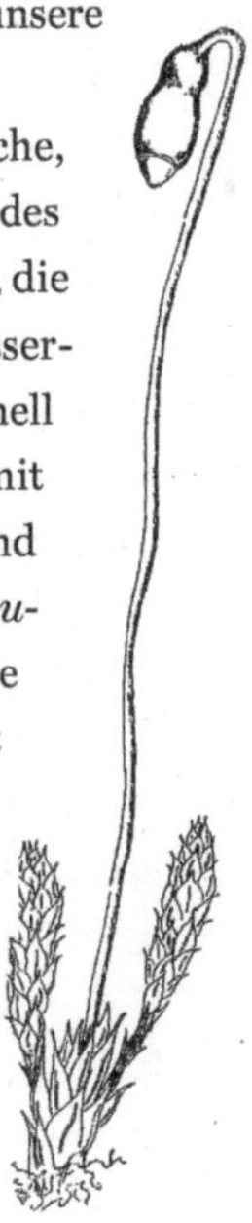

Trieb und Sporophyt des Bryum argenteum

Das verbreitetste Moos, ob städtisch oder in freier Natur vorkommend, ist *Bryum argenteum*, das silbrige Birnmoos. Ich habe noch keine Reise gemacht, ohne dabei irgendwann einem zu begegnen. Es war auf dem Asphalt von New York City und am nächsten Morgen auf den Dachziegeln vor meinem Fenster in Quito, Ecuador. *Bryum*-Sporen sind konstanter Bestandteil des Aeroplanktons, jener Wolke aus Sporen und Pollen, die um die Erde kreist.

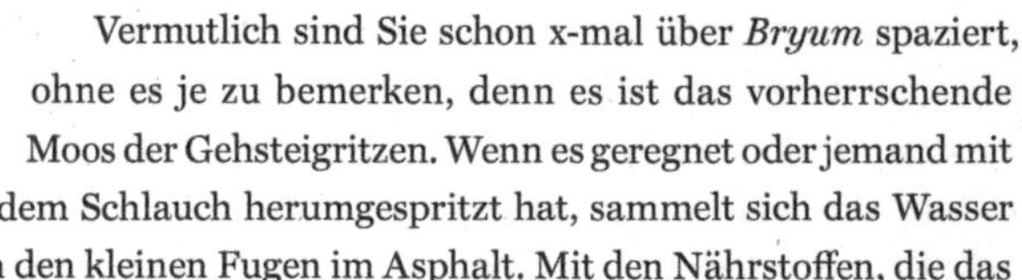

Blätter des Bryum argenteum

Vermutlich sind Sie schon x-mal über *Bryum* spaziert, ohne es je zu bemerken, denn es ist das vorherrschende Moos der Gehsteigritzen. Wenn es geregnet oder jemand mit dem Schlauch herumgespritzt hat, sammelt sich das Wasser in den kleinen Fugen im Asphalt. Mit den Nährstoffen, die das Treibgut der Fußgänger hinterlässt, hat das *Bryum argenteum* hier ideale Bedingungen. Seinen Namen hat es von der glänzend silbrigen Farbe im Trockenzustand. Jedes seiner runden Blätter, weniger als einen Millimeter lang, ist mit seidig-weißem Flaum eingefasst, den man erst mit der Lupe richtig sieht. Dieser leuchtende Flaum lenkt das Sonnenlicht um und schützt die Pflanze damit vor dem Austrocknen. Wenn die Bedingungen stimmen, kann dieses perlige Gewächs Unmengen von Sporen bilden und seinen Nachwuchs in das Aeroplankton entsenden, auf dass ein New Yorker *Bryum* womöglich gar in Hongkong landet. Hauptsächlich erfolgt die Verbreitung aber zu Fuß. *Bryum*-Triebe haben zerbrechliche Spitzen, nur sind sie natürlich extra so gebaut. Die abgebrochenen Spitzen werden von Passanten mitgeschleppt, auf einem anderen Gehsteig abgestreift und so überall in der Stadt verteilt.

Der natürliche Lebensraum des *Bryum argenteum* ist sehr speziell und findet im urbanen Setting viele Entsprechungen. Zweifellos ist dieses Moos seit dem Anwachsen der Städte viel reichhaltiger vorhanden als in unserer landwirtschaftlichen Vergangenheit. Der natürliche Lebensraum umfasst etwa Meeresvogelkolonien, wo es den angesammelten Guano besiedelt. Das städtische Gegenstück dazu wäre ein durch Tauben verdrecktes Fensterbrett, und tatsächlich bildet es seine silbrigen Kissen inmitten des Taubenkots. Ganz ähnlich ist das *Bryum argenteum* im Mittleren Westen mit Präriehunden und in der Arktis mit Lemmingen verbunden, denn es breitet sich wie eine Willkommensmatte am Eingang ihrer Baue aus. Diese Tiere urinieren vor ihre Tür, um das Revier zu markieren, und wo genügend Stickstoff ist, gedeiht das *Bryum argenteum* prächtig. Die Basis eines städtischen Feuerlöschhydranten stellt ein vergleichbares Paradies dar.

Ebenfalls ein guter Ort, um nach Moosen zu suchen, sind Rasenflächen – leider nur chemikalienfreie. An der Grashalmbasis gibt es immer wieder die Fäden eines *Brachytheciums, Eurhynchiums* oder diverser anderer Spezies, die sich zwischen den Gräsern durchziehen.

Eine der Freuden im Universitätsalltag sind die Bürgeranfragen zu biologischen Themen. Manchmal schicken die Leute sogar Pflanzen ein, um sie identifizieren oder sich ihren Nutzen erklären zu lassen. Leider wollen andere wissen, wie man etwas tötet. Einmal erzählte ein Kollege aus der Bodenökologie vom panischen Anruf einer Frau, die mit einem von ihm verfassten Ratgeber einen Kompost angelegt hatte. Als sie nach ein paar Wochen diesen Haufen aus Laub und Salatresten inspizierte, wimmelte er zu ihrem Entsetzen vor Mücken und Würmern. Jetzt wollte sie wissen, wie man die wieder loswird.

Ich selbst wurde einmal von einem städtischen Hausbesitzer angerufen, der seinen Rasen vom Moos befreien wollte. Er dachte, das Moos würde ihn vernichten, und sann auf Rache. Ich stellte ein paar Fragen und erfuhr, dass sich das Gartenstück an der Nordseite des Hauses befand und im Schatten von Ahornbäumen lag. Mein Anrufer hatte bemerkt, dass sein Gras immer weniger wurde und die Moose, die schon immer da waren, die freiwerdenden Flächen besetzten. Aber Moose töten keine Grashalme. Sie sind einfach nicht imstande, sie zu verdrängen, sondern bilden sich auf dem Rasen, wenn die vorherrschenden Bedingungen weniger das Gras-, sondern eher das Mooswachstum begünstigen. Zu viel Schatten oder Wasser, ein niedriger pH-Wert, zu harte Erde – all diese Dinge können Grashalme entmutigen und Moose animieren. Würde man das Moos beseitigen, wäre dem Gras noch lange nicht geholfen. Besser, man sorgt für mehr Sonneneinstrahlung oder, noch besser, rupft das verbleibende Gras aus und lässt die Natur einen erstklassigen Moosgarten anlegen.

Wie viel Moos es in den Städten gibt, hängt von den örtlichen Regenfällen ab. So haben etwa Seattle und Portland die üppigste Moosflora, die ich kenne. Und das nicht nur auf Bäumen und Häusern – durch die langen, regnerischen Wintermonate wachsen Moose quasi überall. An der Oregon State

University gab es ein Fraternity-Haus mit einem Baum, in dessen Zweigen Schuhe hingen. Immer wieder löste sich ein verrotteter Schnürsenkel auf und ein komplett mit Moos überwucherter Sneaker fiel herunter.

Die Leute in Oregon scheinen eine Art Hassliebe zu ihren Moosen zu haben. Einerseits befördern sie den Nationalstolz, denn die Bewohner nennen sich selbst »mossbacks« (Moosrücken) und bejubeln Sportmannschaften mit Wassertier-Maskottchen wie Bibern oder Enten. Andererseits ist die Moosvernichtung ein umsatzträchtiges Geschäft. Im Haushaltswarenladen sind die Regale voll mit Chemikalien wie *Moss-Out*, *Moss-B-Gone* und *X-Moss*. Eine Plakatwerbung in Portland lautete: »Small, Green, Fuzzy? Kill it!« (Klein, grün, faserig? Weg damit!) Diese Chemikalien landen dann in den Flüssen und damit der Nahrungskette bedrohter Lachse. Und die Moose kommen immer wieder zurück. Dachdeckerbetriebe haben den Hausbesitzern eingeredet, dass Moose die Ziegel schädigen und irgendwann zu Löchern führen. Für einen fixen Jahresbetrag könnten sie da vorbeugen. Sie warnten davor, Moosrhizoide in die kleinen Risse eindringen und die Ziegel dadurch schneller kaputtgehen zu lassen. Nur ist das wissenschaftlich nicht erwiesen. Und kann man sich wirklich vorstellen, dass mikroskopisch kleine Rhizoide eine ernsthafte Gefahr für ein solide gebautes Haus sind? Der Sprecher eines Ziegelherstellers hat mir gegenüber zugegeben, noch nie einen Schaden durch Moose gesehen zu haben. Warum lässt man sie nicht einfach?

In einem für Moose derart utopischen Klima sind lebende Dächer die ideale Alternative zur unermüdlichen Ausmerzung. Ein moosbewachsenes Dach kann die Ziegel nämlich vor Bruch oder Aufrollen durch intensive Sonneneinstrahlung schützen. Moose sorgen im Sommer für eine kühlende Schicht und verringern bei Regen die Fließgeschwindigkeit des Wassers. Außerdem sieht ein bemoostes Dach einfach schön aus. Goldene *Dicranoweisia*-Kissen und dicke *Racomitrium*-Matten sind doch viel ansprechender als eine tote Fläche aus Bitumenziegeln. Und trotzdem werden sie mit erheblichem Zeit- und Geldaufwand beseitigt. In ordentlichen Vorstadtgegenden geht man offenbar davon aus, dass ein bemoostes Dach neben verrottenden Dachziegeln auch einen moralischen Verfall bedeutet. Was für eine verdrehte Moral! Ein bemoostes Dach scheint Beweis dafür zu sein, dass der Hausbesitzer nachlässig ist und seinen Pflichten nicht nachkommt. Aber sollten nicht eher die als moralisch überlegen eingestuft werden, die den natürlichen Vorgängen ihren Lauf lassen, anstatt gegen sie anzukämpfen? Meines Erachtens brauchen wir eine neue Ästhetik, in der ein moosbewachsenes Dach signalisiert, dass ein Hausbesitzer verantwortungsvoll ist und seinen Pflichten gegenüber dem Ökosystem nachkommt. Je grüner, desto besser. Dann gäbe es die kritischen Blicke der Nachbarn, wenn jemand das schöne Moos von seinem Dach kratzt.

Bei den Stadtbewohnern ist es so, dass manche sie loswerden wollen und andere sie einladen. Die erstaunlichste Ansammlung von Stadtmoosen habe ich in einem Loft in Manhattan gesehen. Normalerweise erreiche ich meine Lieblingsmoose, indem ich eine Wanderung mache oder mit dem Kanu hinpaddele, aber diesmal nahm ich die U-Bahn und dann den Lift in den fünften Stock, wo hoch über den Straßen von New York Jackie Brookner wohnt. Jackie ist eine kleine und ruhige Person, besitzt aber eine Ausstrahlung, mit der sie sich von der Masse abhebt wie ein bunter Stein am Kiesstrand. Ich ging sie besuchen, weil wir uns in jenem Sommer beide mit Gesteinsbrocken beschäftigten.

Meiner besteht aus Adirondack-Anorthosit und wurde vor 12 000 Jahren von einem Gletscher ans Ufer des Whoosh Pond geschoben. Ihrer nahm seinen Anfang als Aluminiumarmatur mit dünner Fiberglasschicht. Dann vermischte sie Sand und Kies zu Zement, formte auf der Oberfläche Hügel und Täler und drückte Erdreich in die feuchte Masse. Mein Geröllblock ist mit Sonnenflecken übersät, die durch die Blätter von Ahornbäumen dringen, und erhält seine Feuchtigkeit von nächtlichen Regenfällen sowie dem aufsteigenden Nebel eines Flusses, in dem an schattigen Plätzen Forellen stehen. Ihrer wird von Wärmelampen bestrahlt, die von der Decke ihres hohen Lofts hängen, und per Zeitschaltuhr durch eine Sprühanlage gewässert. Er liegt in einem blauen Planschbecken aus Plastik, in dem sich unter den Seerosenblättern Goldfische verstecken. Mein Brocken trägt die Bezeichnung # 11N. Ihrer heißt Prima. Das ist die Abkürzung für Prima Lingua, die Ursprache.

Jackie ist Environment-Künstlerin. Ihr Loft ist voller sichtbar gemachter Ideen: aus Erde geformte Stühle, Nester aus Wurzeln und Drähten sowie eine Reihe von Füßen, Farmpächterfüßen, geformt aus genau dem Ton, auf dem einst ihre Baumwolle wuchs. Prima Lingua: die Ursprache ist das Geräusch von Wasser, das über Gestein fließt. Prima erzählt durch ihre Größe – sie misst 1,80 Meter! – auch von Umweltprozessen wie dem Wasser- und Nährstoffkreislauf oder vom Zusammenhang der belebten mit der unbelebten Welt. Jackies Kunstwerk ist nicht nur ein Gebilde aus »Stein« und Wasser, sondern ein lebendiger Brocken voller Moos. Die präparierte Oberfläche wurde zunächst von Moossporen beimpft, die hoch über den Straßen von Manhattan durchs Fenster hereinsegelten. Unter den ersten Siedlern waren *Bryum argenteum* und *Ceratodon purpureus*. Moose und Steine sind füreinander bestimmt, ganz gleich, wo sie herkommen. Bei Spaziergängen oder Reisen hat Jackie immer wieder Moos gesammelt und es eingeladen, bei ihr daheim mit Prima zusammenzuleben. Unter den richtigen Bedingungen begann sich eine blühende Gemeinschaft zu formen.

Bei Prima geht es auch um ökologische Restaurierung. Schön ist das Werk nicht nur vom Visuellen, sondern auch vom Funktionalen her. Die lebende Skulptur reinigt das Wasser, das über sie fließt. Moose besitzen die außergewöhnliche Fähigkeit, Giftstoffe aus dem Wasser zu filtern und an ihre Zellwände zu binden. Jackies Installation soll zeigen, welche Möglichkeiten der Abwasseraufbereitung es gibt und wie unsere städtischen Flüsse besser geschützt werden können.

Gemeinsam suchen wir Prima mit der Lupe ab, betrachten die Moosmuster und folgen Milben und Springschwänzen bei ihrer Bewegung durch die Blätter. Jackies Werkstoff sind Protonemata und Sporophyten, die sie beide gut kennt. Auf ihrem Tisch mit den Skizzen und Farben steht auch ein kleines Mikroskop. Ihre Arbeitsplatte ist mit Zeichnungen des Archegoniums vollgeklebt. Leider sind Wissenschaftler meist der Ansicht, dass die natürlichen Vorgänge nur mit *ihrer* Methode verstanden werden können. Bildende Künstler teilen diese Illusion einer alleinigen Wahrheit nicht. Indem Jackie Geburtshelferin einer Mooskolonie war, hat sie mehr über deren Besiedlung von Gestein erfahren als jeder Wissenschaftler, den ich kenne. Wir bleiben die halbe Nacht auf und reden, während Prima im Hintergrund zustimmend nickt.

Durch Autoverkehr und Abgase sind Stadtbewohner tagtäglich mit den gesundheitlichen Folgen der Luftverschmutzung konfrontiert. Mit jedem Atemzug wird Luft in die Lungen geschleust – über kleine, verzweigte

Bahnen und immer näher an den Blutkreislauf, der auf den mitgebrachten Sauerstoff wartet. In den Lungenbläschen ist die Atemluft dann nur eine einzige Zellwand vom Blut entfernt. Diese Zellen sind glänzend und feucht, damit sich der Sauerstoff auflösen und übertreten kann. Durch diesen dünnen Wasserfilm in der Lunge ist unser Körper mit der Atmosphäre verbunden. Auf Gedeih und Verderb. Das in Städten epidemisch auftretende Asthma ist dabei Symptom einer generellen Luftverschmutzung. Auch der Gesundheitszustand von Moosen gibt Hinweise auf die Luftqualität in Ihrer Wohngegend. Moose und Flechten reagieren auf Luftverschmutzung äußerst sensibel. Bäume, die einst von grünem Moos bewachsen waren, sind jetzt kahl. Überprüfen Sie das ruhig an den Bäumen in Ihrem Stadtteil. Es ist von Bedeutung, ob dort Moose wachsen oder nicht. Sie sind der Kanarienvogel im Grubenschacht.

Moose leiden viel mehr unter der Luftverschmutzung als höher entwickelte Pflanzen. Eine große Rolle spielen dabei die Schwefeldioxide, die von Großkraftwerken ausgespuckt werden. Sie sind ein Nebenprodukt der Verbrennung fossiler Energieträger, die hochschwefelhaltig sind. Die Blätter von Gräsern, Sträuchern oder Bäumen bestehen aus mehreren Lagen und werden von einer Wachsschicht abgeschlossen, der Epidermis oder Kutikula. Moose haben diesen Schutz nicht. Ihre Blätter sind nur eine Zelle dick, deshalb stehen sie – genau wie unser zartes Lungengewebe – in direktem Kontakt mit der Atmosphäre. Das ist in sauberer Luft von Vorteil, in Gegenden, die durch Schwefeldioxid verpestet sind, hingegen katastrophal. Das Blatt eines Mooses hat mit unseren Lungenbläschen tatsächlich viel gemein, denn es funktioniert nur, wenn es feucht ist. Der Wasserfilm macht es möglich, dass die wertvollen Gase der Photosynthese, Sauerstoff und Kohlendioxid, ausgetauscht werden. Wenn aber Schwefeldioxid auf den Wasserfilm trifft, verwandelt er sich in Schwefelsäure. Der Stickstoff von Autoabgasen wird zu Salpetersäure, was noch mehr Säure auf die Blätter bringt. Ohne schützende Kutikula stirbt das Blattgewebe ab und wirkt wie ausgebleicht. Die meisten Moose gehen bei schlechten Bedingungen ein, weshalb stark belastete Innenstädte praktisch moosfrei sind. Mit Beginn der Industrialisierung fingen die Moose an, aus den Städten zu verschwinden, und wo die Luftverschmutzung besonders hoch ist, nehmen sie noch weiter ab. Ganze dreißig

Arten haben die Städte, in denen sie früher gediehen sind, mit steigender Luftverschmutzung verlassen.

Da Moose so sensibel reagieren, kann man sie als biologische Belastungsmesser einsetzen. Diverse Arten haben eine unterschiedliche Toleranz gegenüber dem jeweiligen Verschmutzungsgrad, was präzise Rückschlüsse zulässt. Moose, die auf Bäumen wachsen, sind gute Indikatoren der Luftqualität. Wenn etwa das münzgroße, kuppelförmige *Ulota crispa* vorhanden ist, dann bedeutet das bei seiner hohen Sensibilität einen Schwefeldioxidwert unter 0,004 Teilen auf eine Million (0,0000004 %). Urbane Bryologen konnten beobachten, dass sich die Moosflora über konzentrische, von der Stadtmitte nach außen gehende Zonen verändert. Im Zentrum fehlen Moose oft komplett, wobei bereits die angrenzende Zone erste tolerante Arten aufweist und die Vielfalt dann zum Stadtrand hin immer größer wird. Zum Glück ist es also immer noch so, dass mit besserer Luftqualität auch die Moose zunehmen.

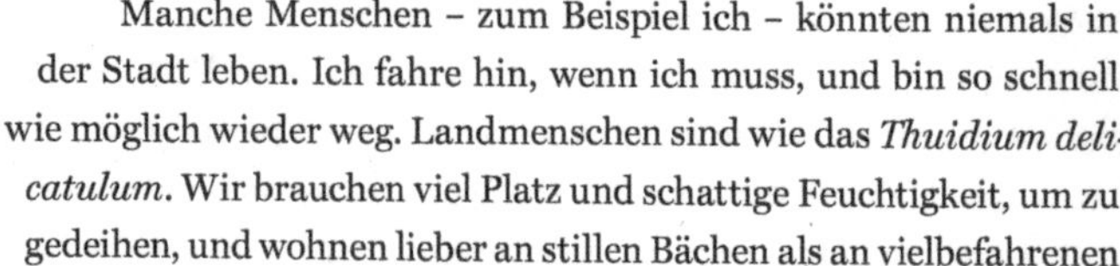

Trieb des *Ulota crispa*

Manche Menschen – zum Beispiel ich – könnten niemals in der Stadt leben. Ich fahre hin, wenn ich muss, und bin so schnell wie möglich wieder weg. Landmenschen sind wie das *Thuidium delicatulum*. Wir brauchen viel Platz und schattige Feuchtigkeit, um zu gedeihen, und wohnen lieber an stillen Bächen als an vielbefahrenen Straßen. Unser Lebensrhythmus ist langsam und wir tolerieren viel weniger Stress. All das geht in der Stadt nicht. In den Straßen von New York City ist eher der Lebensstil des *Ceratodon* gefragt, hektisch, stets im Wandel und mit Spaß an der Menge. Auch wenn die urbane Landschaft nicht den natürlichen Lebensraum von Moosen und Menschen darstellt, haben wir mit ihrer Anpassungsfähigkeit und Stresstoleranz dennoch eine Heimat in der urbanen Felslandschaft gefunden. Wenn Sie wieder einmal auf den Bus warten müssen, sehen Sie sich in dieser Zeit nach Spuren des Lebens um. Moose auf den Bäumen sind ein gutes Zeichen, ihr Fehlen Grund zur Sorge. Und zu Ihren Füßen gibt es überall *Bryum argenteum*. Und wenn Ihnen Lärm, Abgase und drängelnde Passanten auf die Nerven gehen, kann das Moos in den Ritzen Sie trösten.

DAS NETZ DER GEGENSEITIGKEIT: INDIGENE VERWENDUNG VON MOOS

Der erste Anflug von brennendem Beifuß glättet die Ringe auf meiner Gemütsoberfläche, und es ist, als würde ich in klares, sonnendurchflutetes Wasser blicken. Mit den Rauchschwaden kommen gemurmelte Gebete, jedes Wort davon wird in mir hörbar. Mein Onkel Big Bear reinigt uns in alter Tradition und verwendet den Beifuß, um seine Gedanken zum Schöpfer zu tragen. Der Rauch unserer heiligen Pflanzen ist sichtbar gemachtes Denken, das als Segnung eingeatmet wird.

Big Bear redet mit leiser Stimme; er ist müde von der Tagesfahrt in die Stadt, wo er wegen eines alten, aufgelassenen Schulgebäudes am Rand der Sierra verhandelt hat. Ich bewundere ihn, wie er sich in beiden Welten bewegt, der staatlichen Bürokratie und der indigenen Tradition. Seine Vision ist, für die Kinder aus der Gegend eine neue Art von Schule einzurichten. Hier sollen Grundlagenkenntnisse vermittelt werden. Wie man einen Fluss lesen muss, um einen Fisch zu fangen; wie Pflanzen gesammelt werden; wie man ein Leben führt, das all diese Gaben respektiert. Er schätzt das moderne Bildungswesen und ist stolz auf die vielen Einser seines Enkels. Aber bei seiner Arbeit mit Problemfamilien sieht er jeden Tag, was das Nicht-Erlernen eines respektvollen Umgangs kostet.

Nach indigenem Verständnis hat jedes Lebewesen eine bestimmte Rolle. Jedes verfügt über eine bestimmte Gabe, seinen jeweiligen Verstand, seine eigene Seele, seine eigene Geschichte. Unseren Erzählungen zufolge hat der Schöpfer uns all das in Form der »Ursprünglichen Anweisungen« vermittelt. Die Grundlage der Bildung ist, diese Gabe in uns zu entdecken und ihre gute Verwendung zu erlernen.

Jede Gabe bringt auch eine Aufgabe mit sich, also eine bestimmte Art, der Gemeinschaft zu dienen. Die Walddrossel erhielt die Gabe des Gesangs; ihre Aufgabe ist, das Abendgebet anzustimmen. Der Ahorn bekam seinen süßen Saft und gleichzeitig den Auftrag, seine Gabe zu teilen und den Menschen in der hungrigen Jahreszeit Nahrung zu spenden. Das ist das Netz der Gegenseitigkeit, von dem die Stammesältesten immer reden, das Netz, das uns alle miteinander verbindet. Zwischen dieser Schöpfungsgeschichte und meiner wissenschaftlichen Ausbildung besteht für mich keinerlei Konflikt. Es ist nämlich genau diese Wechselseitigkeit, auf die wir beim Studium ökologischer Gemeinschaften stoßen. Der Beifuß hat die Aufgabe, für die Kaninchen Wasser in seine Blätter hochzuziehen und die Wachtelbabys zu beschützen. Aber er dient auch den Menschen, denn er befreit uns von schlechten Gedanken und trägt die guten aufwärts. Moose haben den Auftrag, die Steine einzukleiden, das Wasser zu reinigen und die Vogelnester weicher zu machen. So viel ist klar. Aber ich frage mich, welche Gabe sie mit den Menschen teilen?

Wenn jede Pflanze ihre Rolle hat und mit dem Leben der Menschen verknüpft ist, wie erlangen wir dann Kenntnis dieser Rolle? Wie nutzen wir die Pflanze gemäß ihrer Gabe? Das traditionelle ökologische Wissen, dieser Gedankenzwilling der Wissenschaft, wurde seit Langem von einer Generation an die nächste überliefert, und zwar in mündlicher Form. Es gelangt von der Großmutter zur Enkelin, wenn die beiden über die Wiese gehen, vom Onkel zum Neffen, wenn sie am Ufer sitzen und angeln, und im nächsten Jahr auch zu den Kindern, die Big Bears Schule besuchen. Aber wo nahm es seinen Anfang? Woher wusste man, welche Pflanze bei Geburten nützlich ist und mit welcher man den Geruch eines Jägers überdeckt? Genau wie jede wissenschaftliche Erkenntnis entstammt auch das traditionelle Wissen einer sorgfältigen, systematischen Beobachtung der Natur, aus den Resultaten unzähliger durchlebter Experimente. Traditionelles Wissen wurzelt in der Intimität mit einer Umgebung, in der die Landschaft der Lehrer ist. Pflanzenwissen entsteht aus der Beobachtung, was die Tiere fressen, wie der Bär Lilien pflückt und wie das Eichhörnchen Ahornbäume anzapft. Aber auch die Pflanzen selbst vermitteln dieses Wissen. Dem aufmerksamen Beobachter offenbaren sie nämlich ihre Gaben.

Das keimfreie Vorstadtleben hat es geschafft, uns von den Pflanzen, die uns versorgen, zu entfremden. Ihre Rollen sind von mehreren Schichten Marketing und Technologie überlagert. Vom Rascheln der Maisblätter ist in einer Schachtel Corn Flakes nichts mehr zu hören. Die meisten Menschen sind nicht mehr imstande, die Rolle einer Heilpflanze aus der Landschaft herauszulesen, und studieren stattdessen die »Gebrauchshinweise« auf einem Echinacea-Fläschchen mit Sicherheitsverschluss. Wer würde die violettfarbenen Blüten denn in dieser Verkleidung erkennen? Wir wissen nicht einmal mehr die Namen der Pflanzen. Im Durchschnitt kennt man heute gerade mal sechs verschiedene Pflanzen, Kategorien wie »Weihnachtsbaum« mit eingerechnet. Der Verlust dieser Namen ist gleichbedeutend mit einem Verlust von Respekt. Sie neu zu erlernen, ist ein erster Schritt zur Wiederherstellung unserer Verbindung.

Ich hatte Glück. In meiner Kindheit lernte ich die Pflanzen kennen, indem ich über die Felder streifte und beim Pflücken wilder Erdbeeren rote Finger bekam. Auch wenn meine Körbe nicht besonders schön wurden, liebte ich es, Weidenzweige zu sammeln und im Bach einzuweichen. Meine Mutter lehrte mich die Namen der Pflanzen, und mein Vater erklärte mir, welche Bäume das beste Brennholz liefern. Als ich dann ans College ging, um Botanik zu studieren, veränderte sich der Blickwinkel. Ich lernte alles über Physiologie und Anatomie der Pflanzen, ihre Verbreitung und Zellbiologie. Wir untersuchten ihre Interaktionen mit Insekten, Pilzen und der restlichen Tierwelt. Aber ich kann mich nicht erinnern, dass je ein Wort über Menschen verloren wurde. Vor allem nicht über indigene Menschen, obwohl unser College im ehemaligen Siedlungsgebiet der Onondaga liegt, dem Zentrum der großen Irokesen-Konföderation. Menschen wurden aus der Geschichte sorgfältig ausgeklammert – ob aus Zufall oder Absicht, weiß ich nicht. Es kam mir fast so vor, als würde ein Bezug zum Menschen irgendwie den Rang der Wissenschaft mindern. Deshalb war ich anfangs auch nicht von Jeannies Idee begeistert, sie im Onondaga-Gebiet bei Pflanzenführungen zu begleiten. Ich meinte bedauernd, dass ich ja doch nur die jeweiligen Bezeichnungen und ökologischen Hintergründe referieren könnte. Letztendlich schätzte sie meinen wissenschaftlichen Ansatz bei dem Projekt, aber trotzdem war es natürlich so, dass ich viel mehr lernte, als ich selbst vermittelte.

Ich hatte immer die wunderbarsten Lehrer. Großen Dank schulde ich meiner Freundin und Lehrerin Jeannie Shenandoah, einer traditionellen Onondaga-Heilkundlerin und -Hebamme. Sie besitzt eine unglaubliche Solidität und bewegt sich, als kenne sie den Boden unter ihren Füßen genau. Durch unsere Führungen entstand eine großartige Partnerschaft. Ich referierte über die Biologie der entdeckten Pflanzen, sie erzählte etwas über ihre traditionelle Verwendung. Indem ich neben ihr herging und Blutbeerzweige als Geburtshilfe oder Pappelknospen für die Salbenherstellung pflückte, gewann ich ein ganz neues Verständnis des Waldes. Mit großer Faszination hatte ich die komplizierten Verbindungen zwischen Pflanzen und dem restlichen Ökosystem studiert. Aber an diesem Netz der Verbindungen war ich selbst bislang nicht beteiligt gewesen, außer natürlich als Beobachterin von außen. Von Jeannie lernte ich, den Husten meiner Tochter mit Sirup aus der Traubenkirsche zu behandeln, die auf meinem Hügel wächst, und ihr Fieber mit Beinwurz vom Teichrand zu senken. Ich sammelte Pflanzen fürs Abendessen und nahm so mein früheres, kindliches Verhältnis zum Wald wieder auf – eines der Anteilnahme, der Gegenseitigkeit und des Danks. Es ist so gut wie unmöglich, mit einem Bauch voll wildem Porree – duftend, heiß und in Butter gewendet – das Land ringsumher mit wissenschaftlicher Distanz zu betrachten.

Ich habe mich über Jahre mit dem Leben der Moose beschäftigt, nur war das natürlich immer nur auf Armlänge. Wir sind uns auf intellektueller Ebene begegnet. Sie berichten über ihr Leben, aber unser beider Leben sind nie miteinander verschmolzen. Um sie wirklich zu kennen, muss ich wissen, welche Rolle ihnen mit Anbeginn der Welt zugeteilt wurde. Was hat ihnen der Schöpfer zugeflüstert, ihre Gabe und deren Dienst für den Menschen betreffend? Ich fragte Jeannie, wie ihr Volk die Moose verwendet hätte, aber sie wusste es nicht. Sie dienten weder als Medizin noch als Nahrung. Ich weiß genau, dass Moose Teil dieses Netzes der Gegenseitigkeit sein müssen, aber wie können wir das Generationen nach der ursprünglichen Verknüpfung noch feststellen? Jeannie zeigte mir, dass die Pflanzen sich erinnern, auch wenn die Menschen sie längst vergessen haben.

Nach traditionellem Wissen erfährt man etwas über die spezielle Gabe einer Pflanze, indem man auf ihr Kommen und Gehen achtet. Gemäß der indigenen Weltsicht, die jede Pflanze als Wesen mit eigenem Willen erachtet, erscheinen Pflanzen an dem Ort und zu dem Zeitpunkt, an dem sie gebraucht werden. Sie finden ihren Weg dorthin, wo sie ihre Rolle ausüben können. Einmal berichtete Jeannie im Frühling, dass an ihrer Steinmauer eine neue Pflanze aufgetaucht sei. Zwischen den Butterblumen und Malven war ein fetter Klumpen Eisenkraut, den sie noch nie zuvor gesehen hatte. Ich bot die Erklärung an, das feuchte Frühjahr hätte die Bodenkonsistenz verändert und so den Platz geschaffen. Ich weiß noch ganz genau, wie sie skeptisch die Augenbraue hochzog, aber höflich schwieg. Im Sommer wurde bei ihrer Schwiegertochter ein Leberschaden festgestellt. Sie kam zu Jeannie, um Rat einzuholen. Eisenkraut hilft hervorragend bei Leberproblemen, und am Mäuerchen stand es bereits parat. Immer wieder kommen Pflanzen genau dann, wenn man sie braucht. Wird aus diesem Muster irgendwie erkennbar, wie Moose verwendet wurden? Sie tauchen überall auf, als Teil der normalen, alltäglichen Landschaft, und so klein, dass wir sie oft gar nicht bemerken. Vielleicht weist das in der Zeichensprache der Pflanzen auf ihre Rolle in menschlichen Haushalten hin: eine geringe und unauffällige Rolle. Es sind die kleinen Alltagsdinge, die wir bei ihrem Fehlen am meisten vermissen.

Ich befragte Big Bear und andere Stammesälteste zur Verwendung von Moosen, erfuhr aber nichts. Zu viele Generationen und zu viel staatlich beförderte Assimilation liegen zwischen den heutigen Stammesältesten und denen, die Moose verwendet haben. Durch den Nichtgebrauch ist so viel verlorengegangen. Wie jeder gute Wissenschaftler setzte ich mich also in die Bibliothek. Ich stöberte in archivierten Protokollen von Anthropologen, um womöglich frühere Verbindungen zu den Moosen zu entdecken, und las alte Ethnografien, um vielleicht erraten zu können, was die Alten auf meine Frage geantwortet hätten. Ich hoffte, diese Blätter und Seiten seien wie der Rauch des Salbeis, also sichtbar gemachte Gedanken.

Es macht mir viel Freude, Pflanzen zu sammeln und meinen Korb mit Wurzeln oder Blättern zu füllen. Immer wieder habe ich beim Losziehen eine bestimmte Pflanze im Kopf, etwa wenn der Holunder reif oder die Bergamotte voll mit Öl ist. Aber auch das Herumstreifen als solches gefällt mir, die unerwarteten Entdeckungen, während ich eigentlich etwas anderes suche. So geht es mir auch in der Bibliothek. Das ist fast wie Beerenpflücken – ein friedlich daliegendes Feld an Büchern, die konzentrierte Aufmerksamkeit des Suchens und dazu das Wissen, dass irgendwo im Dickicht etwas ist, das sich zu finden lohnt.

Ich durchsuchte die Wörterbücher indigener Sprachen nach speziellen Moosbezeichnungen. Es war ja davon auszugehen, dass ein Vorkommen im Alltagsvokabular auch einen alltäglichen Gebrauch bedeutete. In den obskuren Berichten diverser akademischer Vereinigungen fand ich nicht *ein* Wort, sondern viele. Lauter Alternativbezeichnungen für Moos, etwa Baummoos, Beerenmoos, Steinmoos, Wassermoos oder Erlenmoos. Das Englisch-Dictionary auf meinem Schreibtisch kennt nur einen Begriff und reduziert damit die 22 000 Arten auf eine einzige Form.

Auch wenn Moose in jedem Lebensraum vorkommen und von Menschen ihren Namen erhalten, entdecke ich in den Aufzeichnungen der Anthropologen nicht die geringste Spur von ihnen. Vielleicht waren sie wirklich so bedeutungslos, dass sie nicht groß erwähnt werden mussten. Oder die Forscher wussten nicht genug, um extra danach zu fragen. Zum Beispiel finde ich Berichte zum Hausbau, von Langhäusern bis zu Wigwams und mit genauen Angaben, wie die Bretter behauen und die Schindeln aus Baumrinde angebracht wurden. Fast nirgendwo ist erwähnt, dass die Ritzen zwischen den Baumstämmen mit Moos gefüllt wurden. Das ist so lange bedeutungslos, bis im Winter der Wind hereinpfeift. Ein eiskalter Wind im Genick schafft es nämlich, die Aufmerksamkeit zu wecken.

Die isolierende Wirkung von Moosballen half auch dabei, Finger und Zehen vor der Winterkälte zu schützen. Beim Durchforsten der Quellen entdeckte ich, dass nördliche Völker ihre Winterschuhe und Handschuhe mit weichem Moos auspolsterten, um eine weitere Isolationsschicht zu bilden. Auch als man in einem abschmelzenden Tiroler Gletscher den 5200 Jahre alten Körper von »Ötzi« entdeckte, waren seine Schuhe voller Moose, darunter auch *Neckera complanata*. Dieses Moos gab auch Hinweise auf »Ötzis« Herkunft, denn das *Neckera* kam nur in tiefergelegenen Tälern vor, also fast hundert Kilometer weiter südlich. Im borealen Wald, wo die Federmoose unter den Fichten ganze Decken bilden, konnte ihre warme Polsterschicht für Bettzeug und Kissen verwendet werden. Linnaeus (Carl von Linné), der »Vater der modernen Pflanzentaxonomie«, berichtet von seiner Reise zum indigenen Volk der Sámi in Lappland, er habe auf einer tragbaren Bettmatte aus *Polytrichum*-Moos geschlafen. Von einem Kissen aus *Hypnum*-Moos sagte man, es würde dem Schlafenden besondere Träume bescheren. Tatsächlich bezieht sich die Gattungsbezeichnung *Hypnum* auf diese tranceartige Wirkung.

Wie ich weiterhin feststelle, dienten Moose als Korbverzierung, als Kerzendocht und als Geschirrschwamm. Ich bin froh, diese kleinen Hinweise entdeckt zu haben, denn offenbar wurden sie doch nicht einfach übersehen, sondern spielten im Alltag der Menschen eine Rolle. Trotzdem bin ich irgendwie enttäuscht. Nichts deutet auf eine besondere Gabe durch den Schöpfer hin, eine einzigartige Rolle, die keine andere Pflanze leistet. Schließlich kann trockenes Gras ebenso die Stiefel isolieren, und eine Schicht Kiefernnadeln ergibt ebenfalls ein weiches Bett. Ich hatte gehofft, auf eine Verwendung zu stoßen, die eine Essenz des Moos-Seins widerspiegelt. Ich hatte darauf gehofft, dass die Menschen damals, vor langer, langer Zeit, die Moose genauso gut kannten wie ich.

Die Bibliothek brachte mich durchaus weiter, nur sagte mir mein Gefühl, dass die dort gefundene Geschichte nicht vollständig war. Jede Wissensform hat ihre Stärken und Schwächen. Als ich hinter meinen Bücherstapeln eine kleine Verschnaufpause machte, fiel mir ein, wie ich einmal mit Jeannie loszog und Pflanzen suchte, nachdem der Schnee geschmolzen war und im verfilzten Winterlaub die ersten grünen Triebe auftauchten. Eine der ersten Pflanzen, die wir bereits blühend entdeckten, war der Huflattich am kiesigen Ufer des Onondaga Creek. Ein Botaniker würde diese Vorliebe für Kiesbänke im März anhand seiner physiologischen Bedürfnisse oder seiner Intoleranz gegenüber Konkurrenten erklären. Und wahrscheinlich stimmt das auch. Nach dem Verständnis der Onondaga wächst der Huflattich aber genau hier, weil er hier auch Verwendung findet; die Medizin wächst direkt neben dem Ursprung ihrer Krankheit. Wenn nach dem langen Winter die letzten Eisschollen davontreiben, ist das fließende Wasser unwiderstehlich für die Kinder. Sie waten und spritzen herum, lassen in der Strömung ihre Stöckchen treiben und werden dabei patschnass – nur um die Unterkühlung erst daheim zu bemerken und nachts mit starkem Husten aufzuwachen. Huflattichtee hilft genau gegen diese Art von Husten, den kleine Kinder durch nasse Füße bekommen. Ein weiterer Grundsatz des indigenen Pflanzenwissens ist, dass wir die Verwendung einer Pflanze durch den Ort ihres Vorkommens erlernen. So ist wohlbekannt, dass eine Heilpflanze oft in unmittelbarer Nachbarschaft der Krankheitsursache wächst. Nichts von dem, was Jeannie erzählt, widerspricht dabei einer wissenschaftlichen Erklärung. Es erweitert nur die Frage nach dem *Wie*, also den Umständen, unter denen Huflattich an Flussufern wächst, um die nach dem *Was*, also dem Grund dafür – was einen Bereich betrifft, in den die Pflanzenphysiologie einfach nicht folgen kann.

Der Zweck einer Pflanze zeigt sich an ihrem Standort. Daran erinnere ich mich, als ich durch den Wald stapfe und beim Erklimmen einer steilen Böschung versehentlich nach einem Gift-Efeu greife. Sofort suche ich seinen Begleiter. Mit erstaunlicher Zuverlässigkeit wächst das Springkraut auf der gleichen feuchten Erde wie der Gift-Efeu. Mit sattem Knacken und einem Saftschwall zerbreche ich den Stengel und reibe mir mit dem Gegenmittel die Hände ein. Es neutralisiert den Gift-Efeu und verhindert so einen Ausschlag.

Wenn also Pflanzen ihre Verwendung durch ihren Standort verraten, was ist dann die Botschaft der Moose? Ich überlege, wo sie überall leben, in Sümpfen, an Flussufern und im Spritzwasser der Wasserfälle, in denen die Lachse springen. Und als ob das nicht genug wäre, offenbaren sie ihre Gaben bei jedem Regen. Moose besitzen eine natürliche Affinität zum Wasser. Man muss nur zusehen, wie sich ein trockenes, brüchiges Moos nach einem Gewitter mit Wasser vollsaugt. Es lehrt uns seine Rolle in einer Sprache, die klarer und anmutiger ist als alles, was ich in der Bibliothek gefunden habe.

Vielleicht sind die spärlichen Informationen, die in der Anthropologie des 19. Jahrhunderts über Moose zutage kamen, letztendlich darauf zurückzuführen, dass die meisten Erforscher indigener Gemeinschaften aus der Oberschicht stammten. Sie untersuchten das, was sie sahen. Und was sie sahen, war durch die Welt ihrer Herkunft geprägt. Ihre Notizbücher quollen über vor Beschreibungen männlicher Aktivitäten: Jagen, Fischen und Werkzeugherstellung. So einmal ein Moos an einer Waffe beteiligt war, etwa als Füllmaterial hinter der Harpunenspitze, wurde es eingehend beschrieben. Aber dann – ich bin schon drauf und dran, meine Suche aufzugeben – entdecke ich ihn. Einen einzigen Satz. Seine Kürze ist fast schon Beleg für die Röte, die dem Autor ins Gesicht stieg: »Moose fanden breite Verwendung als Windeln und Monatsbinden.«

Man muss sich die komplexen Beziehungen vorstellen, die dieser Bemerkung zugrunde liegen und auf diesen einen Satz reduziert sind. Der wichtigste Verwendungszweck von Moosen, also die Rolle, die ihre bedeutendste Gabe widerspiegelt, waren Alltagsgegenstände für Frauen. Irgendwie überrascht es mich nicht, dass die Herren Ethnografen nicht in die Niederungen der Babypflege herabstiegen, speziell nicht zum unglamourösen, aber unausweichlichen Thema der Windeln. Aber was konnte für das Überleben einer Familie wichtiger sein als das Wohlbefinden der Babys? In unserer heutigen Zeit der Einwegwindeln und aseptischen Reinigungstücher ist die Kinderpflege ohne diese Hilfsmittel völlig undenkbar. Aber wenn ich mir vorstelle, dass ich den ganzen Tag einen ungewickelten Säugling auf dem Rücken tragen muss, dann kommen auch unschöne Bilder auf. Wie nicht anders zu erwarten, haben die Großmütter unserer Großmütter eine geniale Lösung gefunden. Und dieser grundlegende Aspekt des Familienlebens war Anlass für die Moose, auf ihren Nutzen hinzuweisen – von ihrer Dienstbereitschaft ganz zu schweigen. Mitsamt einem gemütlichen Nest aus trockenem Moos packte man die Säuglinge in ihre Wiegenbretter. Wir wissen, dass *Sphagnum*-Moos zwanzig bis vierzig Mal so viel Wasser aufnehmen kann, wie es selbst wiegt. Mit dieser Saugfähigkeit tritt es sogar in Konkurrenz mit Pampers und qualifiziert sich als allererste Einwegwindel. Ein moosgefüllter Beutel war für die Mütter damals wohl genauso wichtig, wie es das allgegenwärtige Windeltäschchen heute ist. Die vielen Leerräume im getrockneten *Sphagnum* konnten den Urin auf die gleiche Art und Weise von der Babyhaut wegtransportieren, wie sie einem Sumpf Wasser entziehen. Mit seiner säurebindenden und leicht aseptischen Wirkung konnte es sogar Windelausschläge verhindern. Genau wie der Huflattich platzierte sich das schwammartige Moos in unmittelbarer Nähe, nämlich am Rand der flachen Tümpel, an die sich Mütter zum Waschen ihrer Babys knieten. Es wuchs genau dort, wo man es brauchte. Fast tut es mir leid, dass meine eigenen Babys nie ein weiches Moos an ihrer Haut gespürt haben – was für eine Anbindung an die Welt gesorgt hätte, wie Pampers sie einfach nicht leisten.

Das Leben einer Frau war zudem mit Moosen verknüpft, wenn sie ihre Menstruation hatte, in vielen traditionellen Kulturen »Mondzeit« genannt. Getrocknetes Moos diente als Monatsbinde. Auch hier sind die ethnografischen Angaben spärlich, denn Männer wussten einfach nicht, was in den Menstruationshütten für Frauen vor sich ging. Ich stelle sie mir als Versammlungsorte für Frauen vor, die – wie in Gemeinschaften mit klarem, nicht durch künstliches Licht gestörtem Nachthimmel eher die »Regel« – zeitgleich ihre Periode hatten. Nach konventionellem Anthropologenverständnis wurden menstruierende Frauen vom Alltagsleben separiert, weil sie unrein waren. Aber diesen Schluss ziehen eben Anthropologen und nicht die indigenen Frauen selbst, die eine ganz andere Geschichte erzählen. Yurok-Frauen beschreiben die Mondzeit als Phase der Meditation, in der zum Beispiel die jeweiligen Frauen als Einzige in bestimmten Bergseen baden durften. Iroquois-Frauen berichten, Verbote von Aktivitäten hätten wenn, dann allein auf der Annahme beruht, dass Frauen sich zu diesem Zeitpunkt auf der Höhe ihrer spirituellen Kraft befinden und ihre Intensität die ausgewogene Energie des Umfelds stören würde. Bei manchen Stämmen war die menstruationsbedingte Absonderung eine Zeit der spirituellen Reinigung, wie sie in Form ihrer Schwitzhütten auch die Männer vornahmen. In den Hütten gab es neben anderen Dingen auch Körbe mit Moos, das seinem Zweck entsprechend sorgfältig ausgewählt war. Man muss irgendwie davon ausgehen, dass Frauen geschulte Beobachter der unterschiedlichen Moos-Arten waren, ihre Beschaffenheit kannten und lange vor Linnaeus eine äußerst intime Taxonomie schufen. Die barmherzigen Missionsschwestern müssen ob dieser Praxis die Nase gerümpft haben, aber trotzdem glaube ich, dass mit dem Übergang zu ausgekochten weißen Stofflappen etwas verlorengegangen ist.

Ich stoße auf eine andere Ethnografie, diesmal von einer Frau namens Erna Gunther. Sie beschreibt detailliert die Arbeit der Frauen, insbesondere die Essenszubereitung. Moose wurden nicht als Nahrungsmittel verwendet. Ich habe sie probiert, aber schon der erste bittere, sandige Happen wird jeden Gedanken an ein schönes Moosgericht vertreiben. Obwohl sie also nicht verzehrt wurden, waren sie bei den Stämmen des regenreichen pazifischen Nordwestens, wo sie besonders üppig wachsen, ein wichtiger Bestandteil der Nahrungszubereitung. Im Gebiet des Columbia Rivers sind Lachse und Camaswurzeln die Hauptnahrungsmittel. Beide werden geschätzt, weil ihre Gaben die Menschen am Leben erhalten, und beide stehen in Verbindung mit Moosen.

Die Lachsjagd ist in der Regel eine Tätigkeit, an der die ganze Familie beteiligt ist. Das Fischen als solches bleibt den Männern vorbehalten, während die Frauen das Räuchern über Erlenholzfeuer übernehmen. Der Räucherlachs ernährt den Stamm das ganze Jahr über, deshalb muss der Prozess sorgfältig vonstattengehen, um nicht nur Qualität, sondern zuallererst auch Genießbarkeit des Produkts zu gewährleisten. Vor dem Räuchern muss die Schleimschicht auf dem frisch gefangenen Fisch abgewischt werden. Das beseitigt nicht nur mögliche Giftstoffe, sondern bewahrt den Fisch auch davor, beim Räuchern zusammenzuschrumpeln. Früher hat man zum Abwischen der Lachse Moos verwendet. In Ethnografien über Chinook sprechende Stämme wird beschrieben, wie die Frauen in Kisten und Körben große Mengen an Moos aufbewahrten, um es beim Auftauchen der Lachse zur Hand zu haben.

Moose spielten auch eine wichtige Rolle bei der Herstellung des anderen Grundnahrungsmittels, der Camaswurzeln. Camas (*Camassia quamash*) gehört zur Familie der Lilien und trägt im Frühjahr königsblaue Blüten. Die Feuchtwiesen, auf denen es wächst, wurden von Stämmen wie den Nez Percé, den Kalapuya und den Umatilla sorgfältig gepflegt. Durch Brandrodung, Unkrautbeseitigung und Pflügen entstanden weite Camas-Prärien. Lewis und Clarke berichteten von derart ausgedehnten Flächen, dass sie die Senken voller Camas aus der Ferne für blau glitzernde Seen hielten. Ihr Expeditionstrupp hatte eine schwierige Überquerung der Bitterroot Mountains überlebt und stand kurz vor dem Verhungern. Die Nez Percé gaben ihnen von den Camas-Wintervorräten ab und retteten so ihr Leben.

Die unterirdische Knolle ist so stärkehaltig wie bissfest und schmeckt fast wie eine rohe Kartoffel. Nur isst man sie normalerweise nicht roh, sondern verarbeitet sie zu einem dicken, süß wie Molasse schmeckenden Teig. Die Zubereitung erfolgte mithilfe eines Back- und Dampfgarofens, der aus einer Grube bestand. Diese wurde mit heißen Steinen ausgelegt, auf die man Camas-Knollen schichtete. Es folgte eine Matte feuchtes Moos, eine weitere

Schicht Camas, dann wieder Moos, und so weiter. Am Schluss wurde der Ofen mit Farnen abgedeckt, über denen man ein Feuer entfachte. Durch das feuchte Moos entstand Wasserdampf, mit dem die Camas-Knollen gegart wurden und sich dunkelbraun verfärbten. Nach Öffnen und Abkühlen des Ofens formte man sie zu Laiben oder Klötzen und lagerte sie ein. Camas wurde das ganze Jahr über gegessen und auch weithin »exportiert«, mit einer Schutzverpackung aus Moosen und Farnen.

Camas ist unter den Stämmen des Westens bis heute ein Nahrungsmittel, das geschätzt wird und insbesondere auch eine zeremonielle Verwendung findet. Bei den Onondaga im Bundesstaat New York gestaltet sich das Jahr als Abfolge von Dankeszeremonien für die Pflanzen, die nacheinander ihre Gaben darbieten. Zuerst die Ahornbäume, dann Erdbeeren, Bohnen und Mais. In der kalifornischen Big-Bear-Region wird im Oktober ein Fest zu Ehren der Eicheln gefeiert. Soweit ich weiß, gibt es für Moose keine derartige Zeremonie. Vielleicht sollte man dieser kleinen, alltäglichen Pflanze auch lieber auf kleine, alltägliche Art und Weise huldigen. Indem wir unsere Babys wiegen, unser Blut auffangen, eine Wunde verbinden, die Kälte fernhalten – finden wir unseren Platz nicht genau mit dieser Anteilnahme am Leben in der Welt?

Die Menschen versammeln sich, um den Pflanzen – den großen ebenso wie den bescheideneren – dafür zu danken, dass sie wieder einmal ihre Fürsorgepflicht den Menschen gegenüber erfüllt haben. Ihnen zu Ehren wird Tabak verbrannt. In meiner Kultur gilt Tabak als Wissensüberbringer. Meiner Meinung nach sollten wir die unterschiedlichen Wege des Wissenserwerbs honorieren, die Lehrer der mündlichen Tradition, die Lehrer der schriftlichen Tradition und die Lehrer unter den Pflanzen. Es ist höchste Zeit, dass wir unser Denken auf unsere Pflichten richten. Was ist denn im Netz der Gegenseitigkeit *unsere* besondere Gabe? Welche Verpflichtung bieten denn *wir* den Pflanzen als Gegenleistung?

Unsere altehrwürdigen Lehrer sagen, die Rolle der Menschen bestünde in Respekt und Verantwortung. Unsere Pflicht sei, für die Pflanzen und auch den Rest des Landes auf eine Art und Weise zu sorgen, die das Leben würdigt. Man lehrt uns, dass durch Verwendung einer Pflanze ihr Wesen respektiert wird, und wir verwenden sie so, dass sie ihre Gaben auch weiterhin darbringen kann. Die Rolle unseres heiligen Salbeis ist, Gedanken für den Schöpfer sichtbar zu machen. Wir können von diesem Lehrer lernen und so leben, dass unser respektvolles, dankbares Denken auch für die Welt um uns herum sichtbar wird.

DER ROTE SNEAKER

Ich tanze ganz für mich allein über ein sonnenbeschienenes Moor, und der Boden unter mir schwingt langsam. Einen langen, seekranken Moment lang hängt mein Fuß in der Luft und wartet auf eine feste Stelle zum Drauftreten. Jeder Schritt setzt eine neue Wellenbewegung in Gang, wie bei einem Wasserbett. Halt suchend strecke ich die Hand aus und bekomme einen Lärchenzweig zu fassen, nur bin ich zu lange auf der gleichen Stelle geblieben und das kalte Wasser steigt mir bis an den Knöchel. Das Moor saugt an meinem Fuß, und ich ziehe ihn mit einem satten Schmatzgeräusch heraus, schwarz bis an die Wade. Ich bin froh, dass ich die Stiefel am Rand stehengelassen habe. Hier unten ruht bereits ein roter Sneaker von mir, den ich vor ein paar Jahren bei einem ähnlichen Forschungsausflug verloren habe. Jetzt gehe ich barfuß. Abgesehen von seiner Neigung, Schuhwerk zu entwenden, ist ein schwankendes Moor ein toller Ort für einen schönen Augustnachmittag.

Ein Ring aus Bäumen trennt das Moor vom Rest des Waldes. Der Kreis aus *Sphagnum* ist vor der dunklen Fichtenwand so leuchtend grün wie ein Glühwürmchen. Die sichtbare und die unsichtbare Welt, von der unsere Stammesältesten gern erzählen, existieren hier in unmittelbarer Nähe: die sonnenbeschienene Oberfläche des Moors und die dunklen Tiefen des Wasserlochs. Hier ist mehr, als das Auge erkennen kann.

Das Land meiner Vorfahren – die Wälder rund um die Großen Seen – ist mit Toteislöchern übersät. Das Volk der Anishinabe benutzt bei Zeremonien die Wassertrommel, ein Instrument, das so heilig ist, dass es keiner sehen darf. Es besteht aus einer Holzschale, mit heiligem Wasser gefüllt und mit Hirschfell bespannt, und repräsentiert »den Herzschlag des Wassers, des Universums, der Schöpfung und der Menschen«. Die Holzschale ehrt die Pflanzen, das Hirschfell die Tiere und das enthaltene Wasser die lebendige Mutter Erde. Ein Reifen fasst die Trommel ein und versinnbildlicht den

Kreislauf, in dem sich alles bewegt: Geburt, Heranwachsen und Tod, der Zyklus der Jahreszeiten, der Zyklus unseres Lebens.

Es gibt auf der gesamten Erde kein Ökosystem, in dem Moose größere Prominenz erlangen als in einem *Sphagnum*-Moor. *Sphagnum* enthält mehr lebenden Kohlenstoff als jede andere Gattung auf dem Planeten. In terrestrischen Lebensräumen werden Moose von den Gefäßpflanzen überschattet und spielen nur eine untergeordnete Rolle. Aber in Mooren und Sümpfen sind sie konkurrenzlos. *Sphagnum*- oder Torf-Moose gedeihen nicht nur in Moorgebieten, sie erzeugen diese sogar. Der saure, wassergetränkte Lebensraum ist für die meisten höheren Pflanzen unbewohnbar. Ich kenne keine andere Pflanze, ob groß oder klein, die ihre physische Umgebung in größerem Ausmaß dirigieren kann, als das dem *Sphagnum* durch seine bemerkenswerten Eigenschaften möglich ist.

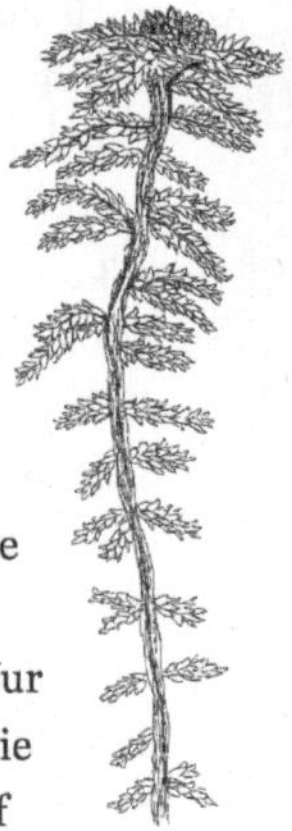

Der gesamte Boden eines Moors ist mit *Sphagnum* bedeckt. Nur handelt es sich gar nicht um Boden, sondern Wasser, das durch die raffinierte Moos-Architektur haltbar gemacht ist. Ich gehe also auf Wasser, auf einer Matte *Sphagnum*-Moos, die auf der Oberfläche des Teichs liegt. In der Mitte des Moors ist das Wasser zu sehen, eine flache, dunkle Oberfläche. Moorteiche sind meist ruhig und glasig. Das dunkle Wasser zieht dein Auge nach unten, um das Verborgene zu erkennen. Keine Strömung zerstört die gespiegelten Sommerwolken, denn die einzige Wasserquelle ist hier der Regen. Kein Bach speist oder verlässt diese Insel aus *Sphagnum*. Das Wasser ist klar und hat die Farbe von Root Beer: die Humin- und Tanninsäure, die das *Sphagnum* beim Verrotten freisetzt.

Einzelne Sphagnum-Pflanze

Ein einzelner *Sphagnum*-Stengel erinnert an einen englischen Hirtenhund, der gerade eine Runde geschwommen ist und um sich herum alles volltropft. *Sphagnum* hat einen großen, wischmoppartigen Kopf, das *Capitulum*. Es wird über Wasser gehalten, während der Rest der Pflanze durch lange Äste verborgen ist, die vom Stengel herabhängen. Die Blätter sind klein, nur eine dünne, grüne Membran, und kleben wie nasse Fischschuppen an den Ästen. Wenn die Matte gestört wird, riecht das *Sphagnum* sogar nach nassem Hund, denn aus dem darunterliegenden Schlamm steigen schwefelhaltige Gase auf.

Am meisten fasziniert mich am *Sphagnum*, dass der Großteil der Pflanze tot ist. Wie unter dem Mikroskop zu erkennen, besitzt jedes Blatt dünne Streifen lebender Zellen, die tote Stellen einrahmen wie grüne Hecken eine kahlgefressene Weide. Nur eine von zwanzig Zellen lebt tatsächlich. Die restlichen sind nur tote Zellwände, Skelette, die den Raum umschließen, an dem sich der Zellinhalt einmal befunden hat. Diese Zellen sind nicht krank oder beschädigt, sondern erlangen ihren reifen, funktionsfähigen Zustand erst, wenn sie tot sind. Ihre Wände sind wasserdurchlässig – ein mikroskopisch kleines Sieb mit winzigen Poren. Diese perforierten Zellen können weder Photosynthese betreiben noch sich reproduzieren, und doch sind sie für das Überleben der Pflanze wesentlich. Greift man in die scheinbar feste Mooroberfläche und zieht eine Handvoll *Sphagnum* heraus, dann ist es vollkommen nass. Man kann aus diesem Büschel fast einen Viertelliter Wasser herauswringen.

Indem sich die toten Zellen mit Wasser füllen, kann *Sphagnum* das Zwanzigfache seines Gewichts aufnehmen. Seine unglaubliche Fähigkeit zur Wasserabsorption erlaubt es diesem Moos, das Ökosystem für seine eigenen Zwecke umzugestalten. Durch die Präsenz des *Sphagnum* wird die Erde wassergesättigt: Alle Räume im Erdreich, die ansonsten vielleicht Luft enthalten hätten, füllen sich mit Wasser. Da Wurzeln aber atmen müssen, erzeugt das durchweichte Moor Bedingungen, wie sie die meisten Pflanzen nicht tolerieren. Es wachsen also keine Bäume, und das Moor bleibt sonnig und offen.

Wasserdurchlässige Sphagnum-Zellen

Der Sauerstoffmangel, der in der nassen Matte unter dem lebenden *Sphagnum* herrscht, bremst auch das Wachstum von Mikroben. So verrotten die toten Teile nur äußerst langsam und können über Jahrhunderte hinweg beinahe unverändert bleiben. Die begrabenen Partien bleiben einfach, wo sie sind, nehmen Jahr um Jahr zu und füllen so den Teich an. Mein roter Sneaker, so er denn in den Tiefen des Moors auffindbar wäre, hätte keinerlei Verrottungsmerkmale an sich. Verrückt, dass ein Schuh einen Menschen überleben kann. In hundert Jahren ist er vielleicht der greifbarste Beweis für meine kurze Anwesenheit auf diesem Planeten. Ich bin froh, dass er wenigstens rot war.

Dieser konservierende Effekt hat für die Sensationsfunde gesorgt, die

Torfstecher in Dänemark beim Freilegen bestens erhaltener, aber schon vor über zweitausend Jahren beerdigter Menschenkörper gemacht haben. Wie archäologische Studien ergaben, waren diese eisenzeitlichen Moorleichen (der Tollund-Mann u. a.) nicht zufällig begraben worden. Offenbar hatte man sie im Rahmen agrikultureller Rituale geopfert – Leben wurde gegen eine hoffentlich reiche Ernte eingetauscht. Ihr Gesichtsausdruck ist so ernst wie gefasst, und ihre Präsenz zeugt von der Auffassung, dass sich das Leben nur durch den Tod erneuert.

Ein Nebeneffekt der langsamen Verrottung ist, dass die Mineralstoffe, die in Lebewesen vorhanden sind, nicht so leicht zu recyceln sind. Kaum eine Pflanze kann diese komplexen organischen Moleküle aufnehmen. Viele Gefäßpflanzen besitzen keinerlei Toleranz gegenüber Nährstoffmangel und bleiben deshalb fern. Bäume, die im Moor trotz allem irgendwie Wurzeln schlagen, bleiben gelb und kümmerlich. Besonders knapp ist Stickstoff, aber manche Moorpflanzen haben besondere Adaptionen entwickelt, um diesen Mangel auszugleichen: den Verzehr von Fliegen.

Moore sind die exklusive Heimstatt für insektenfressende Pflanzen wie Sonnentau, Kannenpflanze oder Venusfliegenfalle, die sich auf der *Sphagnum*-Matte niederlassen. Im Moor gibt es jede Menge Goldaugenbremsen und Stechmücken, und jede von ihnen ist eine Wurfsendung konzentrierten, tierischen Stickstoffs. Die klebrigen Fallen und Kannenblätter wurden entwickelt, um ihn für die Pflanze zu gewinnen: Was nicht durch Wurzeln zu besorgen ist, liefern die fleischfressenden Blätter.

Bei der Manipulation seiner Umgebung geht das *Sphagnum* gründlich vor. Es erzeugt nicht nur wassergetränkte, nährstoffarme Bedingungen, sondern verändert obendrein auch noch den pH-Wert. *Sphagnum* säuert das Wasser, in dem es wächst, und macht es so für andere Pflanzen unbewohnbar. Durch die Absonderung von Säure kann es die kargen Nährstoffe ganz für sich allein nutzen. Am Rand eines Moors kann das Wasser den pH-Wert 4,3 haben, was verdünntem Essig entspricht.

Der Säuregehalt trägt zu den antibakteriellen Eigenschaften des Mooses bei. Ein niedriger pH-Wert schadet den meisten Bakterien. Aus diesem Grund – und wegen seiner unübertroffenen Saugfähigkeit – wurde *Sphagnum*-Moos früher gern als Verbandsmaterial eingesetzt. Als im Ersten Weltkrieg der Baumwollnachschub stockte, verwendete man in ägyptischen Militärkrankenhäusern steriles *Sphagnum* als Wundverband.

Einzelnes Sphagnum-Blatt

Das asymmetrische Verhältnis von 1:20, das zwischen lebenden und toten Zellen in einer einzelnen Pflanze herrscht, spiegelt sich auch in der Struktur des gesamten Moors wider. Der Großteil ist tot und unsichtbar. Ein *Sphagnum*-Moor besteht aus zwei Schichten: dem tiefen, abgestorbenen Moor und der dünnen Oberfläche aus lebendem Moos. Nur die oberen Zentimeter einer *Sphagnum*-Pflanze sind lebendig. Das sonnenbeschienene, grüne Capitulum und seine diesjährigen Blätter bilden gerade mal die Spitze einer langen Säule aus *Sphagnum*-Gewebe, die mehrere Meter ins Moor hinunterreichen kann. Jedes Jahr wächst die lebende Schicht nach oben und entfernt sich dadurch immer weiter vom darunterliegenden Wasser. Aber die Blätter hängen nach unten, sodass die toten Zellen das Wasser in der Tiefe aufnehmen und zur lebenden Schicht an der Oberfläche bringen können.

Anhäufung von Sphagnum-Zweigen

Darunter befindet sich das Moor, also die teilweise verrotteten Überreste der *Sphagnum*-Pflanzen, die vormals die lebende Oberfläche bildeten. Die toten Moose werden vom Gewicht des Wassers und der oberen Pflanzenteile zusammengepresst und in die Tiefe gedrückt. Das ist die Grundlage des Moors: Ein riesiger Schwamm, der Wasser sammelt und beständig nach oben weiterreicht, vom Verborgenen hin zum Sichtbaren.

Torf spielt in menschlichen Kulturen schon lange eine Rolle, von der therapeutischen Verwendung im alten Griechenland bis hin zur heutigen Ethanol-Gewinnung. Das Verbrennen getrockneter Torfstücke war eine wichtige Wärmequelle für die Bewohner nördlicher Erdteile. Es ist der Rauch von langsam schwelendem Torf, der das Gerstenmalz durchzieht und dem schottischen Whisky seinen unnachahmlichen Herbstgeschmack verleiht. Die individuellen Unterschiede der Single-Malt-Whiskys sollen sich dabei, wie man sagt, dem jeweiligen Torf aus einem ganz bestimmten Moor verdanken. Auf der ganzen Welt wässert man Moorlandschaften, um spezielle Gemüsearten anzubauen, etwa Salat oder Zwiebeln.

Die größte kommerzielle Verwendung findet Torf aber als Bodenzusatz in Gärten. Ich hatte einmal einen Garten am Rand einer Au, und die

Erde war derart lehmig, dass wir eine Töpferei hätten eröffnen können. Ich kaufte also säckeweise Torf, um ihn in den Boden einzuarbeiten. Durch dieses organische Material werden die Lehmpartikel voneinander getrennt, was die Erde insgesamt auflockert. Manche Leute graben ihren Garten mit Torf um, damit durch die Saugfähigkeit seiner toten Zellen der Boden das Wasser besser speichert. Torf kann auch als Schwamm für Nährstoffe dienen und diese dann langsam, aber beständig an die Pflanzen abgeben. Öffnet man einen Sack mit Torf, kommt einem der Geruch des Moors entgegen. Wenn ich den Torf zwischen meinen Fingern zerbröckele, denke ich daran, woher er stammt. Die trockenen, braunen Fasern, die jetzt das Tageslicht erblicken, waren jahrhundertelang im dunklen Wasser des Moors. Und davor fristeten sie ein kurzes Dasein an der grünen Oberfläche, wo die Libellen den Mücken nachjagten und sie den Sonnentau-Pflänzchen wegschnappten. Eine kommerzielle Torfgewinnung erfolgt in Mooren, die ausgetrocknet wurden, teils durch die Natur, größtenteils aber durch den Menschen. Mein Garten und ich sind an diesem Prozess beteiligt, was mir zu schaffen macht. Ich mag Moore lieber, wenn sie nass sind und zwischen den Zehen glitschen.

Barfuß lernt man ein Moor am besten kennen. Die Füße erzählen einem Dinge, die der Blick nie erahnen würde. So wirkt etwa die daunenkissenweiche Oberfläche des Moors einheitlich, aber erst wenn man sie beschreitet, zeigt sie ihre komplexe Struktur. Es gibt hier an die fünfzehn unterschiedliche *Sphagnum*-Arten, jede mit leicht unterschiedlicher Erscheinung und Ökologie. Man geht ja nicht durch ein Moor, eher ist das ein gerade noch kontrolliertes Taumeln. Die Füße tasten jede Stelle ab und prüfen, ob sie einen hält, erst dann erfolgt der Schritt – außer man will sich den Moorleichen anschließen und ein Artefakt der Geschichte werden.

Toteisloch-Moore sind in konzentrischen Vegetationszonen arrangiert, in Ringen, die vom Rand des offenen Wassers bis zu den Hügeln mit Lärchen in der Mitte immer älter werden. Dieses Muster ist sowohl durch die Zeit entstanden als auch durch die Fähigkeit des *Sphagnum*, seine Umgebung zu verwandeln. Direkt am Teichrand, dem jüngsten Abschnitt des Moors, leben *Sphagnum*-Arten, die es nirgendwo sonst gibt und die fast ständig vom sauren Wasser überspült werden. Die vermeintlich solide Matte ist nur eine Einbildung. Tatsächlich schwimmt sie, nur lose am Rand hängend, und lässt sich selbst vom Gewicht eines Ochsenfrosches unter Wasser drücken.

Geht man vorsichtig vom Rand weg, wird die Matte dicker, denn die angesammelten Moosschichten haben sie verdichtet. In der Sommersonne fühlt sie sich an wie ein warmer Schwamm. Sinkt man tiefer ein, krümmen sich die Zehen um die Unterwasserwurzeln moorliebender Strauchpflanzen, die unter der *Sphagnum*-Matte liegen wie die angespannten Drahtfedern unter einer weichen Matratze. Hier draußen auf der offenen Matte ruht das *Sphagnum* auf einem Gerüst. Es gibt bestimmte Arten, die nur in diesem Bereich des Moors leben, denn er wird selten überschwemmt und ist deshalb nicht ganz so sauer. Wenn die Strauchwurzeln in den Teich hinauswachsen, folgt ihnen diese Spezies, bis sie sich von allen Seiten zusammenschließt und das offene Wasser unter einer *Sphagnum*-Decke verbirgt.

Der nächste Ring im konzentrischen Vegetationsmuster ist die Hügelzone. Sie ist nicht ganz so wackelig, denn in diesem älteren Teil des Moors hat sich mehr Material angesammelt. Trotzdem tut man sich schwer: Auch hier kann man einsinken, zudem ist das Gelände uneben. Die Moor-Oberfläche hat Hügel mit dichter Vegetation und dazwischen weniger dichte Stellen. Hier würde man sich wünschen, man hätte die Schuhe mitgenommen. Die *Sphagnum*-Matte ist voller toter Strauchzweige, die unter der weichen Oberfläche versteckt sind und nur darauf warten, einen in die Warteschlange für eine Tetanusspritze zu befördern. Die Hügel entstehen durch die Interaktion von *Sphagnum* und Strauchgewächs, die beide um die Vorherrschaft kämpfen. Genau wie die Füße sinken auch die Sträucher durch ihr Eigengewicht in der Matte ein. Die umgebende *Sphagnum*-Decke schickt Triebe in die unteren Zweige und nimmt durch sie Wasser auf. Das macht das Strauchgewächs noch schwerer, und seine Zweige versinken komplett im Wasser. Dieser Kreislauf setzt sich fort: Strauchzweige wachsen nach oben, während das *Sphagnum* sie gleichzeitig nach unten zieht. Auf der Moormatte bildet sich ein kegelförmiger, bis zu vierzig Zentimeter hoher Hügel aus Strauch und Moos. Oft stirbt der Strauch dabei ab, nur bleiben die Zweige auch weiterhin in diesem Hügel begraben.

Der Hügel besitzt diverse Mikroklimata, die im kleinen Moosmaßstab den Höhenstufen eines Berges entsprechen. Sein Fuß liegt unter Wasser in der Matte, also in saurer und nasser Umgebung, während sich sein Gipfel weit über das Wasser erhebt. Durch die Saugfähigkeit des *Sphagnum* gelangt aber Wasser auch bis ganz nach oben. Trotzdem ist der Gipfel natürlich trockener und weniger sauer. So überrascht es nicht, dass in diesen verschiedenen Zonen auch unterschiedliche *Sphagnum*-Spezies wohnen. Sie bilden eine Schichttorte aus Moosen, jedes an sein spezifisches Mikroklima des Hügelabhangs angepasst, vom Talboden bis zur Gipfelregion. Diese winzigen Mikroklimata und die daran angepassten *Sphagnum*-Spezies sind einer der Gründe für die große Biodiversität von Mooren.

Wenn man an einem Sommertag die Hand auf den Hügel legt, ist die Spitze ganz trocken und warm. Lässt man die Finger dann nach unten gleiten, wird alles immer kühler und feuchter. Man kann ohne Weiteres die Hand in den Hügel und bis zur darunterliegenden Torfmatte stecken. Hier sind mehr als zwanzig Grad Temperaturunterschied möglich, denn oben sorgt die Luft zwischen den trockenen Moospflanzen für eine hervorragende Isolation. Die niedrige Temperatur unten verlangsamt auch den Verrottungsvorgang. Die Bewohner der moorigen Taiga verwendeten diesen kalten Torf früher als Kühlschrank für frisch erlegtes Wild. Im Grundstudium nutzte mein Dozent Ed Ketchledge dieses Phänomen, um seine Studenten zu ärgern. Wir machten bei brütender Hitze eine Moor-Exkursion, wurden von den Bremsen gepiesackt und hatten nur unsere lauwarmen Feldflaschen dabei. Er hingegen ging seelenruhig zu einem bestimmten Hügel, griff hinein und zog ein kaltes Bier heraus, das er bei seinem letzten Besuch dort eingelagert hatte. Diese Lektion konnte ich mir gut merken.

Immer wieder wird die Hügelspitze auch so trocken, dass das *Sphagnum* nicht mehr dort leben kann und andere Moose wachsen. Diese erhöhten Stellen sind auch der einzige Ort, an dem Bäume Fuß fassen können, denn ihre Wurzeln haben genügend Abstand zur nassen Torfmatte. Man sieht hier oben durchaus kleine Fichten- oder Lärchensetzlinge. Manche wachsen heran und erzeugen so einen lichten Moorwald. Unter diesen Bäumen, wo die Moormatte dick und solide ist, siedeln sich dann wieder andere *Sphagnum*-Arten an.

In diesen dicken Moordepots können Paläoökologen die Geschichte der Landschaft ablesen. Sie schieben ein langes, glänzendes Reagenzglas in die

Matte, bohren es durch die Schichten unverrotteter Pflanzen und entnehmen ihr ein Kernstück. Anhand des Pflanzenvorkommens, der enthaltenen Pollen und der chemischen Beschaffenheit organischer Materie erkennen sie stattgefundene Veränderungen. Veränderungen der Vegetation, Veränderungen des Klimas, Jahrtausende zurückliegend und hier penibel aufgezeichnet. Was werden sie in der Schicht ablesen, die unsere Zeit, unseren flüchtigen Moment an der Oberfläche repräsentiert? Das liegt in unserer Verantwortung.

Ich liebe es, dem Moor zuzuhören – dem papierenen Knistern der Libellenflügel, dem Banjoschnalzer eines grünen Froschs, dem gelegentlichen Rascheln der Riedgräser im Wind. Wenn man ganz leise ist, wird man an einem heißen Sommertag vielleicht sogar Zeuge des minimalsten Geräuschs, das ich kenne – dem »Plopp« der *Sphagnum*-Kapseln. Man sollte kaum glauben, dass der Klang, den ein gerade mal einen Millimeter langer Pflanzenteil erzeugt, tatsächlich hörbar sein soll. Die Kapseln, urnenförmige Gebilde auf einem kurzen, das Moos überragenden Stiel, knallen wie ein Spielzeuggewehr. Die Sonnenwärme lässt in der Kapsel den Luftdruck ansteigen, bis der Deckel aufplatzt und die Sporen herausgeschleudert werden. Als ich in vollkommener Stille intensiv lauschte, kam es mir vor, als würde ich die Wassertrommel hören.

Für mich ist ein schwankendes Moor die leibhaftige Verkörperung einer Wassertrommel: Die *Sphagnum*-Matte spannt sich über die Oberfläche des Wassers, das in einer von Gletschern geformten Granitschale aufbewahrt wird. Das *Sphagnum* ist die lebende Membran, die zwischen zwei Ufern aufgespannt ist, eine Begegnungsstätte für Erde und Himmel schafft und das enthaltene Wasser umschließt. Ich stehe auf der Oberfläche einer irdischen Trommel, unter meinen Füßen das schwimmende *Sphagnum*, das auf die kleinste Bewegung reagiert und sich durch jede Gewichtsverlagerung wellt. Ich fange an zu tanzen. Auf traditionelle Weise, mit Fersen und Zehen, ganz langsam; jedes Aufsetzen bewegt die Matte und wird mit einer Welle beantwortet, die meinem Tritt begegnet. Meine Füße machen Trommelschläge auf der Oberfläche und versetzen die gesamte Matte in rhythmische Bewegung.

Das weiche Moor unter mir reagiert auf meine Tritte, zieht sich mit jedem Schlag zusammen und schnellt wieder hoch. Es tanzt ebenfalls und schickt seine Energie an die Oberfläche. Beim Tanz auf dem *Sphagnum*, der schwimmenden Moor-Oberfläche, spüre ich die Kraft der Verbindung mit dem, was vor mir da war, dieser dicken Torfschicht an Erinnerungen, die mich oben hält. Der Trommelschlag meiner Füße erzeugt Echos aus den tiefsten Schichten, den ältesten Zeiten. Der pulsierende Rhythmus erweckt mit seiner Beharrlichkeit unsere Ahnen, und während ich tanze, kann ich ihre entfernten Lieder hören, die Lieder der Wassertrommel im Zelt des Medizinmanns, die Lieder, die sie beim Wildreis-Sortieren am Ufer eines großen, blauen Gewässers gesungen haben und in die sich der Ruf von Eistauchern mischte. Wie Dampf aus dem dicken Torf der Erinnerung aufsteigend, erklingen die Abschiedslieder und Schreie der Menschen, die aus ihrer geliebten Heimat vertrieben wurden und mit vorgehaltenem Bajonett den Todesmarsch ins trockene Oklahoma antreten mussten, wo kein Eistaucher sang. Heraufdringen – durch Moosmatte und Zeit – die Stimmen der barmherzigen Schwestern von St. Mary, die den rothäutigen Kindern ihren scheinheiligen Katechismus beibringen.

Während ich tanze und durch den Torf hindurch die Botschaft meiner Existenz sende, spüre ich als Antwort die Zugräder, die ostwärts rumpeln und meinen Großvater, damals neun Jahre alt, an die Carlisle Indian School bringen, wo zum beharrlichen Rhythmus von »Kill the Indian to save the man« (Töte den Indianer und rette den Menschen) getanzt wurde. Dunkles Moor, dunkle Zeiten, in denen die Wassertrommel beinahe verstummt ist. Erinnerungen verknüpfen genau wie das Moor die längst Verstorbenen mit den Lebenden. Aber genau wie Wasser wurde auch alter Geist geschöpft und von Hand zu Hand aus der nassen Tiefe an die trockene Oberfläche gereicht, wo mein Großvater in Internatsbaracken lebte und davon zehren konnte. Der Indianer in ihnen wurde nicht getötet. Denn heute tanze ich auf einer Wassertrommel aus Torf, in einer Landschaft mit großen, blauen Gewässern, wo die Seetaucher rufen. Tanzend sende ich die Botschaft meiner Existenz in Wellen durch den Torf, und in Wellen der Erinnerung senden sie mir die Botschaft *ihrer* Existenz zurück. Wir sind immer noch da. Genau wie die lebendige Oberfläche des *Sphagnum*, die sonnige, grüne Schicht an der Spitze einer Säule aus dunklem, angesammeltem Moor: individuell vergänglich, kollektiv jedoch beständig. Wir sind immer noch da.

Vielleicht muss meine Existenz auch nur durch den roten Sneaker angezeigt werden. Indem ich einfach weiterlebe, ehre ich meine Vorfahren und bereite ich die Basis für meine Enkelkinder. Wir alle tragen größte Verantwortung füreinander. Wenn wir uns versammeln und in den Fußabdrücken der Alten tanzen, ehren wir diese Verbindung. Wenn wir die Erde für unsere Kinder behüten, leben wir so wie das *Sphagnum*.

SPLACHNUM: EIN PORTRÄT

Der Jetstream durchzieht die Stratosphäre wie ein schmutziger Fluss. Er nimmt vom einen Ufer, lädt am anderen ab und homogenisiert seine Sedimentladung. Mit in der Strömung sind flugfähige Samen und Sporen, die ein paar unsteten Spinnen Gesellschaft leisten. Jeder Kontinent wird von ein und demselben Aeroplankton überflutet. Es ist nicht nur ein Wunder, dass die Erde so reich bevölkert, sondern dass sie auch überall anders ist. Irgendwie findet jede herumirrende Spore den Weg nach Hause.

Diese globale Sporenwolke pudert jede Oberfläche mit der Möglichkeit von Moosen ein. In meiner Auffahrt in Upstate New York habe ich die gleiche Spezies gesehen, der ich am nächsten Morgen in den Gehsteigritzen von Caracas begegnet bin. Und ebendiese Spezies schmiegt sich auch in die Betonziegel antarktischer Stützpunkte. Es ist nicht die Nähe zum Äquator, die ein Zuhause schafft, sondern die chemische Zusammensetzung des Asphalts.

Die Grenzen, die festlegen, wo sich eine Moos-Art zu Hause fühlt, sind oft sehr eng gesteckt. Manche sind streng aquatisch, andere terrestrisch. Epiphytische Moose beschränken sich auf die Äste von Bäumen, aber manche Epiphyten lassen sich nur auf dem Zuckerahorn nieder, andere nur in den morschen Astlöchern eines Zuckerahorns, der auf Kalksteinboden wächst. Es gibt Generalisten, die auf jedem Fleck freier Erde vorkommen, und Spezialisten, die eine Vorliebe für die von Taschenratten im hohen Präriegras aufgeworfenen Erdhügel haben. Manche felsbewohnenden Moose können auf Granit leben, andere nur auf Kalkstein, und das *Mielichhoferia* nur auf Gestein, das Kupfer enthält.

Bei der Wahl seines Lebensraums ist aber kein Moos pingeliger als das *Splachnum*. An den üblichen Moostreffpunkten glänzt es durch Abwesenheit und zeigt sich ausschließlich im Moor. Aber nicht unter dem Fußvolk

Sphagnum, das all die moorigen Hügel bildet, und auch nicht am Rand der Schwarzwassertümpel. Das *Splachnum ampullulaceum* gibt sich ausschließlich an *einer* Stelle des Moors die Ehre. Auf Hirschkot. Auf Weißwedelhirschkot. Der vier Wochen lang auf der Moosmatte gelegen hat. Im Juli.

Durch Suchen habe ich *Splachnum* noch nie entdeckt. Ein paar Tage vor Beginn meines Moose-Seminars ging ich zu einem schwankenden Moor im Herzen der Adirondacks, um vielleicht ein Fleckchen zu entdecken, das ich meinen Studenten hätte zeigen können. Ich hatte es dort schon gesehen, aber nur dann, wenn ich etwas anderes suchte. Ich watete durch den Schlamm und setzte mit meinen Tritten die schweflig riechenden Gase frei. Ich suchte die gesamte Moosmatte ab, fand seltene Kannenpflanzen, Sonnentau und einen mit Spinnweben überzogenen Sumpflorbeer. Außerdem entdeckte ich jede Menge Kot, von Rotwild und auch Kojoten, aber die braunen Häufchen waren alle leer.

So selten das *Splachnum* auch ist, kann ein Moor dennoch bis zu drei verschiedene Arten beherbergen. Das *Splachnum ampullulaceum* bewohnt die Ausscheidungen des Weißwedelhirschs. Wäre ein Wolf oder ein Kojote der Witterung des Hirsches gefolgt, würde auf deren Exkrementen eine andere Spezies wachsen, das *Splachnum luteum*. Fleischfresserkot unterscheidet sich in seiner chemischen Zusammensetzung stark genug von dem der Pflanzenfresser, um einer vollkommen anderen Art ein Auskommen zu bieten. Würde ein Elch durchs Moor streifen und seinen Beitrag zum örtlichen Stickstoffhaushalt leisten, wäre dieser für beide genannten *Splachnum*-Arten nutzlos. Elchkot hat seine eigene Fangemeinde.

Splachnum-Blatt

Der Gattung *Splachnum* gehören etliche Moose an, die eine Affinität zu tierischem Stickstoff besitzen. *Tetraplodon* und *Tayloria* wachsen durchaus auch auf Humus, nur bevorzugen sie tierische Überbleibsel wie etwa Knochen oder das Gewölle von Eulen. Einmal habe ich einen Wapitischädel gefunden, auf dessen Unterkiefer das *Tetraplodon* sprießte.

Etliche Faktoren müssen zusammenkommen, damit das *Splachnum* möglich wird. Die reifen Cranberrys locken die Hirschkuh ins Moor. Sie steht und knabbert mit gespitzten Ohren, denn sie flirtet mit dem Chaos in Form eines Kojoten. Noch Minuten nach ihrem Besuch dampfen die Ausscheidungen. Ihre Hufe haben im Moor Abdrücke hinterlassen, die sich mit Wasser füllen und eine Fährte aus kleinen Tümpelchen ergeben. Der Kot verschickt eine Einladungskarte, beschrieben mit den verwehenden Molekülen von Ammoniak und Buttersäure. Käfer und Bienen reagieren nicht auf dieses Signal und gehen unbeirrt ihrem Tagwerk nach. Aber im gesamten Moor stellen die Fliegen ihr hektisches Herumgesurre ein und lassen vorfreudig die Fühler beben. Sie versammeln sich auf dem frischen Kot und lecken die salzige Flüssigkeit auf, die jetzt auf seiner Oberfläche kristallisiert. Trächtige Weibchen sondieren den Dung und setzen leuchtend weiße Eier in die Wärme. Ihre Beinborsten tragen Spuren der bisherigen Erforschung heutigen Kots, weshalb ihre Fußabdrücke *Splachnum*-Sporen zurücklassen.

Im feuchten Kot keimen die Sporen schnell und überziehen ihn mit einem Netz aus grünen Fäden. Geschwindigkeit ist entscheidend. Das Wachstum muss sich einen Vorsprung vor dem Verrotten der Exkremente sichern, sonst hat das Moos keine Heimstatt mehr unter den Füßen. Die Nährstoffe im Dung beschleunigen die Entwicklung, sodass er innerhalb weniger Wochen unter einem lückenlosen *Splachnum*-Rasen verschwunden ist. Genau wie alle anderen Pflanzen stehen auch Moose vor der Wahl, ob sie ihre Energie lieber ins Wachstum oder in die Reproduktion stecken. Die Investition in langlebige Stiele und Blätter kann in der Zukunft gute Dividenden erbringen, denn so kann die Pflanze Konkurrenten verdrängen und ihren Rang in der Gemeinschaft sichern. Also wird die Reproduktion aufgeschoben, um den begrenzten Energievorrat fürs Wachstum zu verwenden. Diese Strategie lohnt sich in stabilen Lebensräumen, wo die Fortpflanzungsmöglichkeiten weit in die Zukunft reichen – so weit, dass der Lebensraum die Pflanze vermutlich überlebt. Bei einer geringeren Stabilität profitiert eine Pflanze aber dann am meisten, wenn sie ihre Energie in Mobilität steckt. In einem dahinschwindenden Lebensraum festzusitzen, ist fast schon die Garantie für ein örtliches Aussterben. Die Pflanze muss also flugfähige Sporen produzieren, die noch vor der Zerstörung des bisherigen Standorts in neue Lebensräume entsandt werden können. So eine Fluchtspezies ist das *Splachnum*: Es besiedelt einen Dunghaufen, und bevor dieser verrottet, flieht es zum nächsten.

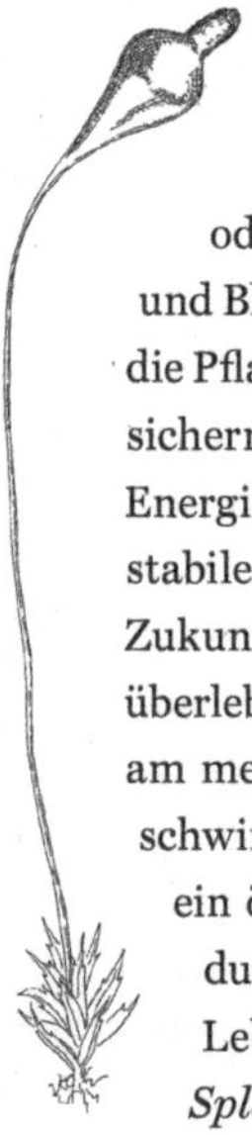

Splachnum

Die Notwendigkeit des Aufbruchs durchzieht eine *Splachnum*-Kolonie bereits bei der Entstehung. Mit einer bemerkenswerten Geschwindigkeit, ganz untypisch für die ansonsten eher schneckenmäßigen Moose, tauchen die Sporen quasi über Nacht auf. Prallgefüllte Kapseln erheben sich über die Blätter, jede von einem Stiel emporgetragen. Kein anderes Moos legt ein derartig protziges und ungehemmtes Reproduktionsverhalten an den Tag. In komplett moosuntypischem Pink und Gelb überragen die Kapseln die Blätter und baumeln im Wind. Sie schwellen an, platzen und entlassen eine klebrige Masse bunter Sporen. Bescheidenere Moose vertrauen darauf, dass der Wind ihre Nachkommen fortträgt, ohne ihn dafür erst groß begeistern zu müssen. Da aber das *Splachnum* ausschließlich auf Kot wächst, kann es sich nicht auf den Wind verlassen. Das Entkommen der Sporen ist nur dann gewährleistet, wenn sie erstens ein geeignetes Transportmittel und zweitens eine Ticketreservierung für ein bestimmtes Reiseziel haben. Im monotonen Grün der Moorlandschaft ziehen die Zuckerwattefarben des *Splachnum* Fliegen an, die glauben, sie hätten es mit Blüten zu tun. Sobald ihnen der Wind die Witterung frischer Rotwildexkremente zuträgt, machen sich die Fliegen auf die Suche und hinterlassen im dampfenden Dung ihre mit *Splachnum* bedeckten Fußabdrücke. Und so zeigt sich dann eines taufrischen Morgens, an dem ich im Moor Blaubeeren pflücke, zu meinen Füßen ganz unaufgefordert ein Sträußchen *Splachnum*.

DER BESITZER

Auf dem Umschlag stand kein Absender. Ich war zu einem unsichtbaren Mann eingeladen – mit einem Angebot, das ich nicht ablehnen konnte. Auf dickem weißem Papier fragte man mich, ob ich mein »Expertenwissen bezüglich Moosen in ein ökologisches Restaurierungsprojekt einfließen lassen« könne. Das klang ziemlich gut.

Geplant war, »in einem Landschaftsgarten ein exaktes Abbild der Appalachen-Flora zu schaffen«. Der Besitzer lege »Wert auf Authentizität« und wolle bei der Restaurierung deshalb auch »unbedingt Moose dabeihaben«. Nur sei natürlich wichtig, »welche Moose am besten zu den jeweiligen Gesteinsformen passen«. Letzteres wäre meine Aufgabe, so ich denn das Angebot annehmen würde. Es gab keine Unterschrift, nur den Namen des Landschaftsgartens. Ich las den Brief ein zweites Mal durch. Er klang wirklich zu schön, um wahr zu sein. Kaum jemand ist an ökologischer Restaurierung interessiert, ganz zu schweigen von einer Moosrestaurierung. Ich selbst beschäftigte mich damals mit der Frage, wie es Moosen überhaupt gelingt, sich auf blankem Fels anzusiedeln. Diese Einladung passte da wie die Faust aufs Auge. Das Projekt interessierte mich brennend, und als frischgebackene Hochschuldozentin fühlte ich mich äußerst geschmeichelt, mein Wissen einbringen zu können und dafür auch noch ein Beraterhonorar einzustreichen. Der Brief wirkte irgendwie dringlich, deshalb vereinbarte ich so schnell wie möglich einen Termin.

Ich hielt an, um meine Wegbeschreibung zu konsultieren, die zusammengefaltet auf dem Beifahrersitz lag. Man hatte mich gebeten, pünktlich zu sein, und dieser Aufforderung wollte ich natürlich entsprechen. Seit Tagesanbruch war ich zu diesem wunderschönen Tal unterwegs, wo die Bluebirds (die Hüttensänger) über die gewundene Straße und hinein in die grünen Juni-Wiesen flatterten. Eine alte Steinmauer säumte die Straße, und sogar vom Auto aus konnte ich den Moosbewuchs erkennen, den sie sich im Lauf der Jahre zugelegt hatte. Im Süden nennt man solche Mauern »Sklavenzäune« und würdigt damit die Hände, die sie errichtet haben. Ein Jahrhundert an *Brachythecium* schleift sowohl die Kanten als auch die Erinnerung. Meiner Richtungsangabe zufolge musste ich der Mauer bis zum Beginn des Maschendrahtzauns folgen. »Biegen Sie nach links in das Tor ein. Es öffnet sich um 10 Uhr.« Beim Eintreffen schob sich tatsächlich wie von Geisterhand gesteuert ein großes Tor zur Seite. Es war eigenartig, hier auf eine derartige Sicherheitsvorkehrung zu treffen, denn das idyllische Tal ließ eher an Pferdekutschen denken als an Photozellen.

Ich gab Gas und fuhr den steilen Hügel hinauf, dass der Kies unter meinen Rädern knirschte. Ich hatte vier Minuten Zeit. Nach einer Kurve war vor mir ein Hahnenschwanz aus Staub, der sich gegen den blauen Vormittagshimmel erhob. Er kroch so langsam den Hügel hinauf, dass ich wusste, ich würde zu spät kommen. Nach einer Kehre sah ich dann, hinter was ich da herfuhr. Mein Gehirn verweigerte den Anblick, der sich mir darbot. Bäume können sich nicht bewegen. Aber da war er schon wieder – die kahlen Frühlingsäste eines Baums, der sich vor dem Abhang abzeichnete und bergauf bewegte. In aller Klarheit und Deutlichkeit. Eine Eiche, die der Länge nach auf einem Tieflader lag. Nur war das kein Bäumchen aus der Pflanzschule, mit Sackleinen über dem kleinen Wurzelballen. Nein – das war ein großer, alter Eichengreis. So einen hatten wir auch auf unserer Farm in Kentucky, eine riesige Bur-Eiche mit tiefhängenden, ausladenden Ästen, die einen Schatten so groß wie ein Haus warf. Nur zu zweit konnten wir ihren Stamm umfassen. Bäume dieser Größe kann man nicht bewegen. Und doch war hier einer – auf einem Anhänger thronend wie ein Zirkuselefant auf dem Festwagen. Der Wurzelballen hatte einen Durchmesser von über drei Metern und war mit Stahlseilen am Tieflader befestigt. Der Sattelschlepper fuhr rechts ran, und beim Überholen sah ich von der Kühlerhaube Dampf aufsteigen.

Die Straße führte zu einem Hof voller Baufahrzeuge, jedes davon mit laufendem Motor. Das Gelände bestand aus blanker Erde und war von Scheunen und offenen Garagen umgeben. Ich parkte mein Auto neben ein paar eingestaubten Jeeps und hielt Ausschau nach meinem Gastgeber. Es gab hier Dutzende von Menschen, die eilig in alle Richtungen liefen und mich an einen Ameisenhaufen in Aufruhr erinnerten. LKWs wurden beladen und fuhren mit Vollgas weg. Die meisten Arbeiter waren dunkelhäutig und klein. Sie hatten blaue Arbeitsanzüge an und riefen sich auf Spanisch irgendwelche Dinge zu. Einer der Männer trug ein rotes Hemd und einen weißen Schutzhelm. Seine verschränkten Arme ließen erkennen, dass er auf mich wartete und ich mich verspätet hatte.

Die Begrüßung war kurz und förmlich. Mit einem Blick auf seine Uhr meinte er, der Besitzer würde genau auf die jeweilige Beratungsdauer achten. Zeit sei schließlich Geld. Er zog ein Funksprechgerät aus dem Gürtel und informierte eine höhere Stelle über meine Ankunft. Ich wurde an einen jungen Mann weitergereicht, der aus einem Büro in der Scheune kam. Sein scheues Lächeln und sein warmer Händedruck wirkten wie eine Entschuldigung für den rüden Empfang, auch schien er Wert darauf zu legen, dass wir uns vom Zentrum der Aktivitäten wegbewegten. Das war Matt, direkt von der Uni und mit nagelneuem Gartenbaudiplom. Er arbeitete schon das zweite Jahr hier im Garten, und er war es auch gewesen, der den Besitzer gebeten hatte, für die ihm zugeteilte und fast schon zu große Aufgabe der Moosrestaurierung eine Fachkraft hinzuziehen zu dürfen. Matt wusste, dass seine Arbeit eine wichtige Rolle bei der Gartengestaltung einnahm. Der Besitzer legte offenbar größten Wert auf die Moose, dementsprechend hoch war also auch der Druck. Er wollte bei der Bepflanzung eine botanische Korrektheit erzielen und durch die Moose erreichen, dass sein Garten älter wirkte, als er tatsächlich war. Matt führte mich über einen neu angelegten Fußpfad durch die Baustelle. Er wollte mir zuallererst den Moosgarten zeigen. Wie er meinte, könnten wir dazu durchs Haus gehen, denn der Besitzer sei heute nicht da.

Das nagelneue Haus sah aus wie ein alter Herrensitz und war von großen Bäumen umgeben, die in blanker Erde standen: einem Tulpenbaum, einer Kastanie und einer knorrigen Platane. Jeder war mit Abspannseilen verankert und hatte schwarze Schläuche in der Krone. Gerade war auch die Eiche angekommen, der ich unterwegs begegnet war, und auf ihre Wurzeln wartete bereits ein klaffendes Loch. Sie würde direkt vor einer Wand mit Bleiglasfenstern stehen. »Ich wusste gar nicht, dass man Bäume dieser Größe kaufen kann«, sagte ich. »Kann man auch nicht«, meinte Matt. »Wir kaufen das Grundstück und graben sie dann aus ... mit der größten Ballenstechmaschine der Welt.« Für einen Moment betrachtete er meine schockierte Miene, dann senkte er den Blick und zupfte verlegen an seinen Händen herum, bevor er wieder geschäftsmäßig wurde. »Die Eiche hier stammt aus Kentucky.« Er erklärte mir, dass zur Milderung des Verpflanzungsschocks jeder Baum mit Chemikalien behandelt würde und dann ein Tropfbewässerungssytem in die Baumkrone bekäme. Dieses sei per Zeitschaltuhr gesteuert und dazu da, über einen Sprühregen aus Nährstoffen und Hormonen das Wurzelwachstum anzuregen. Der Garten verfüge über ein hochqualifiziertes Baumpfleger-Team, weshalb noch kein einziger Baum verlorengegangen sei. Sie hätten die gesamte Gruppe um das Haus hierher verpflanzt, die Bäume mit der Ballenstechmaschine aus ihrem ursprünglichen Boden geschnitten und zur Restaurierung eines Ökosystems hierhergeschafft.

Matt entschärfte mit einer Karte das Sicherheitssystem und wir betraten die klimatisierte Düsterkeit des Hauses. Hinter dem Seiteneingang befand sich eine »Galerie« mit afrikanischer Kunst. Geschnitzte Masken und geometrische Webmuster schmückten die Wände, auf Steinpodesten ruhten eine mit Kuhfell bespannte Trommel und eine Holzflöte. Ich blieb stehen und ließ den Blick schweifen. »Das ist alles echt«, meinte Matt stolz. »Er ist ein großer Sammler.« Während ich mich umsah, blieb er ruhig stehen und sonnte sich im Glanz meines Staunens. Jedes Stück war mit dem Dorf seiner Herkunft und dem Namen des jeweiligen Künstlers beschriftet. Wirklich eine beeindruckende Sammlung. In der Mitte des Atriums stand eine diskret alarmgesicherte Vitrine, in der ein fein gearbeiteter Kopfschmuck angeleuchtet wurde. Sein aufwändiges Design aus Bienen und Blumen war aus leuchtendem Elfenbein geschnitzt. Fast war ich schockiert, wie fremd er hier auf seinem Samtsockel wirkte – nicht wie ein Kunstwerk, sondern mehr wie ein geraubter Schatz. Um wie vieles schöner wäre er gewesen, wenn er in den geölten schwarzen Haaren der Frau dieses Künstlers gesteckt hätte. Und letztendlich authentischer. In einer Schauvitrine wird eine Sache nur das Faksimile ihrer selbst, genau wie eine Trommel, die an der Galeriewand hängt. Authentisch ist die Trommel, wenn eine menschliche Hand auf Holz und Fell trifft. Erst dann erfüllt sie ihren Zweck.

Wir gingen durch eine gewölbte Halle mit dem Swimmingpool, und ich war definitiv beeindruckt. Handbemalte Fliesen ringsum, dazu jede Menge tropischer Pflanzen. Unten leuchtete der Marmorboden, während das Wasser einladend gluckste. Ich kam mir vor wie auf einem Filmset. Um das Becken herum standen Liegestühle, auf denen gefaltete Handtücher drapiert waren, bereit für den Komfort der Gäste. Die Stielgläser auf den Terrassentischen hatten das gleiche Rubinrot wie die Handtücher. »Der Besitzer wird am Wochenende da sein«, sagte Matt und zeigte auf das vorbereitete Arrangement. Schließlich erreichten wir die Küche, wo mir ein Pappbecher mit Wasser angeboten wurde.

Der Garten in der Mitte des Gebäudes war Matts Hauptaugenmerk. Beim Gang durch das üppige Grün, das er hier geschaffen hatte, war er ein paar Zentimeter größer als sonst. Es gab alle möglichen tropischen Pflanzen: Paradiesvogelsträucher, Orchideen, Baumfarne. Flursteine bildeten einen Pfad, der komplett mit *Mnium* bewachsen war. Es war eine spektakuläre Ansammlung von fedrigem Grün, so glatt wie der Moosrasen eines japanischen Gartens. Es sei gar nicht so einfach gewesen, das Moos am Leben zu erhalten, deshalb hätte er immer wieder in den Wald gehen müssen, um neues zu holen und entstandene Lücken zu schließen. Wir sprachen über Chemie des Wassers und Bodenbeschaffenheit, und er schrieb eifrig mit. Jetzt endlich kam ich mir nützlich vor und wies ihn darauf hin, dass für den Garten die richtige Moosspezies wichtig sei, damit sich alles von selbst regenerieren könne. Ich betonte den moralischen Aspekt des Sammelns in freier Wildbahn. Der Wald dürfe keine Pflanzschule für seinen Garten sein. Dieser würde nur dann gedeihen, wenn er sich selbst aufrecht erhalten könne. In der Mitte des Gartens stand ein künstlich gestalteter Felsblock, größer als wir beide und über und über mit Moos bewachsen. Jeder sorgfältig ausgewählte Klumpen betonte die Unregelmäßigkeiten des Gesteins. In einer erodierten Felstasche prangte ein makelloser Kreis aus *Bryum*.

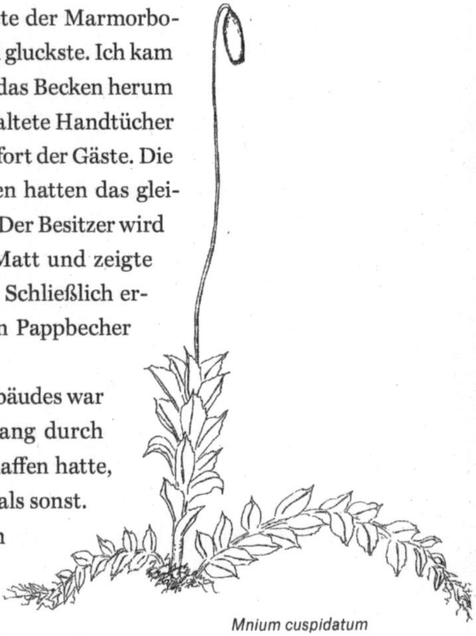

Mnium cuspidatum

Vom Künstlerischen her übertraf dieses Gebilde alles, was wir in der Galerie gesehen hatten, und doch schlug es den falschen Ton an – die Ansammlung war nur eine Illusion der Natur. *Plagiothecium* wächst nicht in solchen Rissen, genausowenig wie sich *Racomitrium* den Lebensraum mit *Anomodon* teilt, so schön sie auch farblich zusammenpassen. Ich musste mich fragen, wie diese schöne, aber doch synthetische Kreation den Authentizitätsanspruch des Besitzers erfüllen konnte. Die Moose waren von Lebewesen zu bloßem Künstlerbedarf degradiert und dann auch noch schlecht verarbeitet worden. »Wie haben Sie es geschafft, dass die hier wachsen?«, fragte ich. »Weil das ist äußerst ... ungewöhnlich.« Matt grinste wie ein Schulbub, der den Lehrer ausgetrickst hat, und erwiderte: »Mit Sekundenkleber.«

Moosgärten stellen eine anspruchsvolle Aufgabe dar, und ich war beeindruckt, was man hier geschaffen hatte. Aber wo war die Ökosystem-Restaurierung, der sich all die vielen Lastwagen und Arbeiter widmeten? Als wir schließlich hinausgingen, gab es da keinen Garten mit einheimischen Pflanzen, sondern das blanke Skelett eines Golfplatzes im Bau. Ein kleiner Staub-Tornado erhob sich vom nackten Boden. Die zukünftigen Cart-Wege waren von großen Steinplatten gesäumt, wobei das Gras erst noch wachsen musste. Die Platten bestanden aus Glimmerschiefer, dem hiesigen Grundgestein, das in der Frühlingssonne glänzte wie Gold. Auf dem Golfplatz befand sich ein Entwässerungsteich; er war mit einem Steinwall umgeben, aus dem man terrassenförmige Stufen herausgearbeitet hatte.

Matt führte mich auf den Steinwall, und wir ließen den Blick über das Gelände schweifen. Überall räumten und schaufelten die Bulldozer, um die Landschaft an den Sport anzupassen. Wie Matt mir erklärte, wollte der Besitzer das blanke Gestein um den Teich herum unsichtbar machen. Jetzt würde es so aussehen, als sei hier jüngst gesprengt worden, was ja nun tatsächlich der Fall war. Der Besitzer wollte von mir wissen, wie man den Steinbruch mit Moosen zuwachsen lassen könne. »Er ist die Kulisse für den Golfplatz, der aber so aussehen soll, als gäbe es ihn schon seit Jahren«, erklärte Matt. »Mehr wie ein alter englischer Golfplatz. Die Moose lassen ihn älter wirken, deshalb müssen wir sie hier zum Wachsen bringen.« Er ist viel zu groß, um das mit Superkleber zu schaffen.

Es gibt nur eine Handvoll Moos-Arten, die sich auf der schroffen Oberfläche von saurem Gestein ansiedeln, und keine davon ist besonders prachtvoll. Die meisten bilden struppige, schwärzliche Krusten, die gut an die anspruchsvolle Umgebung angepasst sind, einem vorbeischlendernden Golfspieler aber kaum auffallen würden. Die schwarze Farbe der Moose, die ungefiltertem Sonnenlicht ausgesetzt sind, entsteht durch Anthocyan-Pigmente: Diese schützen die Pflanze vor der ultravioletten Strahlung, der ihre schattenliebenden Gegenstücke entgehen. Ich erklärte, das Mooswachstum würde stark von der Wasserzufuhr abhängen, die auf dem blanken Fels hier aber nicht gegeben sei. Ohne Feuchtigkeit würden auch Jahrhunderte des Mooswachstums nur eine schwarze Kruste erzeugen. »Ach, das ist kein Problem«, meinte Matt. »Wir können Bewässerungssysteme installieren. Wenn nötig, bauen wir auch einen Wasserfall über das ganze Ding.« Offenbar spielte Geld hier wirklich keine Rolle. Aber was der Fels brauchte, war nicht Geld, sondern Zeit. Und umgekehrt funktioniert die »Zeit ist Geld«-Gleichung einfach nicht.

Ich gab mir Mühe, diplomatisch zu antworten. Selbst mit einem Bewässerungssystem würden die grünen Teppiche, die der Besitzer sich vorstellte, nur über mehrere Generationen entstehen. In Wahrheit war das Problem hier auch gar nicht das Wachstum. Der kritische Punkt beim Mooswachstum ist die Geburt einer Kolonie. Ich habe mich intensiv damit beschäftigt, wie sich Moose für die Besiedlung eines Felsens entscheiden. Das »Wie« kennen wir in etwa, nur über das »Warum« weiß man nicht so gut Bescheid. Vom Wind angewehte Sporen, kleiner als Pulverkörnchen, müssen durch exakt passende mikroklimatische Bedingungen zum Keimen angeregt werden. Blanker Fels ist für Moose unbewohnbar. Die Oberfläche muss zuerst durch Wind und Wasser verwittern und dann durch die Säuren einer Flechtenkruste verätzt werden. Nur so bildet die Spore kleine, grüne Fäden aus, die Protonemata, die sich fest an das Gestein heften. Wenn sie überleben, bilden sich kleine Knospen, aus denen dann blättrige Triebe sprießen. In unzähligen Versuchen hat sich gezeigt, dass die Wahrscheinlichkeit, mit der eine einzelne Spore auch nur *einen* Trieb ausbildet, verschwindend gering ist. Und dennoch können Moose – unter den richtigen Bedingungen und mit ausreichend Zeit – einen Stein so bedecken, wie das bei dem alten Sklavenzaun der Fall war. Die Entstehung einer Mooskolonie auf blankem Fels ist also keine leichte Aufgabe, im Gegenteil – sie ist ein mysteriöses und seltenes Phänomen, dessen Reproduktion mir rätselhaft bleibt. So gern ich also die erfolgreiche Troubleshooterin gewesen wäre, musste ich die schlechte Kunde überbringen. Es war einfach nicht möglich.

Jeden unserer Ortswechsel gab Matt per Funk durch. Ich fragte mich, wer sich wohl so sehr für unseren jeweiligen Standort interessieren könnte. Jetzt gingen wir zurück zum Haus, wo von ein paar Lastwagen riesige Felsblöcke abgeladen wurden. »Hier entsteht die Terrasse«, sagte Matt. »Auf diesen Steinen will der Besitzer ebenfalls Moose. Es gibt genug Schatten, also was denken Sie: Können wir sie hier anpflanzen? Zur Not mit einem Bewässerungssystem?« Matt wollte nicht lockerlassen. Wenn man Eichenriesen verpflanzen konnte, warum dann nicht Moose? Könnten die Steine nicht einfach durch Verpflanzung besiedelt werden? Wenn man für ausreichend Schatten, genügend Wasser und die richtige Temperatur sorgen würde, müssten die Moose doch überleben, oder? Aber auch hier war die Antwort nicht das, was der Besitzer gern gehört hätte.

Man sollte denken, dass es durch die fehlenden Wurzeln doch ein Leichtes sein müsste, Moose in ein neues Zuhause zu versetzen. Aber Moose sind anders als die Pflanzen in meinem Ganzjahresbeet, das ich wie ein Möbelstück im Garten hin- und herschieben kann. Moose wie das *Polytrichum*, die auf Erdreich wachsen, lassen sich durchaus wie ein Stück Rasen bewegen, aber steinliebende Moose sind einer Domestizierung gegenüber äußerst resistent. Trotz größter Sorgfalt sind Moostransplantationen von einem Fels zum anderen meist zum Scheitern verurteilt. Es kann sein, dass beim Ablösen winzige Rhizoide abgerissen werden oder manche Zellen unwiderruflich Schaden nehmen. Oder unserem sorgfältigst nachempfundenen Lebensraum fehlt ein zentrales Element. Wir wissen es nicht genau. Aber so gut wie immer sterben sie. Ich frage mich, ob das eine Art Heimweh sein kann. Moose haben eine derart intensive Verbindung mit ihrem Standort, dass heutige Menschen das nur vereinzelt nachvollziehen können. Sie müssen an einem Ort geboren sein, um dort gedeihen zu können. Ihr Leben beruht auf dem Einfluss vorhergehender Generationen an Flechten und Moosen, die den Fels erst zu einem Zuhause gemacht haben. Durch die erste Niederlassung von Sporen treffen sie ihre Entscheidung. Umsiedlung ist nicht ihr Ding.

»Wie wäre es dann mit Säen?«, fragte Matt. Er sah ganz hoffnungsvoll aus. Dies war sein erster Job, mit einem anspruchsvollen Chef und einer fast schon unmöglichen Aufgabenstellung. Ich fühlte mich verpflichtet, seiner Hoffnung auf halbem Weg zu begegnen und ihm seine Erwartungen an mein vermeintliches Expertenwissen nicht zu nehmen.

Niemand weiß, wie man Moose auf Fels zum Wachsen bringt, aber dennoch existiert unter Gärtnern die Legende eines gewissen Mooszaubers. Ein Versuch kann nicht schaden, denke ich. Gartenliebhaber versuchen schon lange, das Mooswachstum auf Steinmauern zu beschleunigen und so eine moosige, altehrwürdige Patina zu erhalten. Wie ich gehört habe, übergießen sie dazu ihre Mauer wiederholt mit Säure. Dadurch soll die Oberfläche des Steins aufgelöst werden, damit winzige Poren entstehen und die Moose Fuß fassen können. In gewisser Weise imitiert man damit das Vorgehen der Flechten, die geduldig am Fels knabbern. Andere Gärtner schwören darauf, die Steine mit Pferdejauche zu bespritzen. So widerlich das anfangs sein mag, folgen doch nach kurzer Zeit die Moose. Die häufigste Empfehlung ist aber etwas hygienischer und besteht in einem Moos-Milkshake. Das Rezept lautet folgendermaßen: Von einem ähnlichen Stein im Wald holst du dir die gewünschte Moos-Art. Nimm dabei nur solches, das die gleichen Bedingungen hat wie dein Garten. Das gleiche Gestein, das gleiche Licht, die gleiche Feuchtigkeit. Keine Kompromisse oder Tricks – das Moos erkennt den Unterschied. Das zutreffende Moos kommt dann mit einem Liter Buttermilch in den Mixer und wird zu einer schaumig-grünen Masse verrührt. Durch Bestreichen der Steine mit dieser Masse wirst du, wie es heißt, nach ein oder zwei Jahren eine schöne Moosschicht haben. Eine ganze Reihe von Rezepten ist im Umlauf: mit Joghurt, Eiweiß, Bierhefe oder anderen Zutaten. Rein theoretisch kann so ein Zaubertrank schon wirken. Moose schaffen es nämlich, sich aus abgetrennten Blättern und Stielen zu regenerieren. Unter den richtigen Bedingungen bildet ein Fragment Protonemata aus, um an seinem neuen Untergrund Halt

Trieb des felsenbewohnenden Grimmia

zu finden und dann erste, winzige Triebe entstehen zu lassen. So breiten sich Moose in der Natur aus, und vielleicht befördert ein Mixer diesen Prozess. Viele Moose bevorzugen ein saures Umfeld, wie es durch die Buttermilch hergestellt wird – zumindest bis zum ersten Regen.

Da Matt für jeden Strohhalm dankbar war, versprach ich, ihm die Rezepte für diese Moos-Milkshakes aufzuschreiben, nur fügte ich warnend hinzu, dass ich keiner dieser Instant-Moos-Techniken vertraute.

Wir gingen an der geplanten Terrasse vorbei und redeten. Entlang des Weges war ein steiniges Beet mit einheimischen Wildblumen. Es gab hier Dreiblätterlilien, Goldglöckchen und ein ganzes Büschel von Blättern, die für mich wie Frauenschuh aussahen. Lauter seltene oder gar geschützte Arten. War das die ökologische Restaurierung, von der hier die Rede war? Ein Blumenbeet? Ich fragte, wo sie die Pflanzen herhätten, und zusammen mit einem »Geht dich nichts an«-Blick wurde mir versichert, dass sie aus einer Gärtnerei stammten, die solche Pflanzen züchtet. Tatsächlich trage jede noch das Gärtnerei-Etikett. Keine einzige Pflanze sei aus der freien Natur, versicherte er mir.

Den ganzen Tag über hatte Matt eine beflissene Professionalität an den Tag gelegt, aber nach und nach machte sich sein entspannter, offener Grundcharakter bemerkbar. Er erinnerte mich an meine eigenen Studenten, die in die Welt hinausdrängten und etwas verändern wollten. Dieser Job war sein allererster, und er schien ihm fast zu gut, um wahr zu sein. Die Arbeit war kreativ und besser bezahlt, als er das zum Einstieg für möglich gehalten hätte. Nach seinem ersten Jahr hier waren ihm Zweifel an der Vorgehensweise gekommen, und er hatte mit dem Gedanken an eine Kündigung gespielt. Aber der Besitzer sprach von einer Gehaltserhöhung. Er hatte gerade ein kleines Haus gekauft, seine Frau erwartete ein Baby, also entschied er sich fürs Bleiben.

Kaum rückte Matt wieder ins Blickfeld des Mannes mit dem weißen Schutzhelm, ging er schneller, überquerte die Baustelle wie jemand, der Wichtiges zu tun hat, und sprach dabei in sein Funkgerät. Ich folgte ihm und konnte nur hoffen, dass auch ich dem Bild einer vielbeschäftigten Expertin entsprach. »Zeit ist Geld« hörte ich ihn innerlich sagen. Wir bogen in einen der vielen Wege ein, die vom Bauhof wie Radspeichen abgingen.

Als wir außer Sichtweite der Gebäude waren, blickte Matt noch einmal nach hinten und verlangsamte seinen Schritt. »Macht es Ihnen etwas aus, wenn wir querfeldein gehen?«, fragte er. Wir verließen den Weg und traten zwischen die Bäume. Bereits nach wenigen Schritten wurde der Dieselgeruch vom Duft des Frühlingswaldes weggewaschen. Im Schutz der Bäume entspannte er sich sichtlich. Mit einem verschwörerischen Grinsen schaltete er das Funkgerät ab und steckte seine Kappe in die Gesäßtasche. Wir fühlten uns plötzlich wie Kinder, die die Schule schwänzen und angeln gehen. »Es ist nicht weit«, sagte er. »Ich möchte Ihnen zeigen, wie die hiesigen Moose aussehen. Vielleicht können Sie mir sagen, ob wir sie für die Terrasse verwenden können, also mit dieser Milkshake-Methode.« Er führte mich quer durch den Eichenwald. Immer wieder stießen wir auf Felsblöcke, deren Moosbewuchs ich dann begutachtete. Aber Matt war ungeduldig. »Mit denen müssen wir uns nicht aufhalten, weil das gute Material ist dort oben.« Er hatte recht.

Von der steinigen Anhöhe fiel der Hang in ein schattiges Tal ab. Wir kletterten die gewaltige Verwerfung hinunter und gaben uns Mühe, dabei nicht die Moosteppiche zu beschädigen. Das Appalachen-Gestein war hier durch äonenlangen geologischen Druck aufgeworfen und ineinander gepresst worden, nur um dann von Gletschern ganz neu arrangiert zu werden. Das Resultat war eine zerborstene Steinskulptur mit den aberwitzigsten Winkeln und Formen, das kubistische Bild einer bemoosten Landschaft. In jede Felsoberfläche hatte die Zeit Risse geätzt, die an die Falten im Gesicht eines alten Mannes erinnerten. Durch die Risse zogen sich schwarze Spuren mit *Orthotrichum*, und auf den feuchten Oberflächen lagen dicke Matten aus *Brachythecium*. Mir war, als sähe ich Matts Vorbild für seine Superkleber-Skulptur im Garten. Wirklich atemberaubend, dieser herrliche Wandteppich aus alten Moosen. Matt zeigte mir jede Nische und jede Ritze in der Steinböschung mit einer fast schon familiären Vertrautheit. Es schien, als sei er mehr als nur einmal ausgebüchst und hierhergekommen. »Genau so will der Besitzer seine Terrasse haben«, sagte er. »Ich habe ihn einmal hergebracht, und er war total begeistert. Jetzt muss ich nur noch herausfinden, wie ich diese Moose auch beim Haus ansiedeln kann.« Ich hatte irgendwie das Gefühl, das Problem nicht ausreichend kommuniziert zu haben. Also erklärte ich erneut den Zusammenhang zwischen Zeit und Moos. Die Kolonien hier waren vermutlich jahrhundertealt. Wenn man es schaffen würde, genau dieses Mikroklima herzustellen, und dann per Milkshake diese Art aussäte, könnte die Sache *vielleicht* funktionieren. Aber selbst dann würde es Jahre dauern. Matt schrieb alles mit.

Wir gingen zurück zur Straße und sahen auf die Uhr. Die geplante Beratungszeit war um. Matt bedauerte, dass der Besitzer sehr sparsam sei und Terminplanungen, speziell mit Leuten von außen, genau eingehalten werden müssten. Die Arbeiter kletterten jetzt auf Lastwagen, um hinunter zum Tor gebracht zu werden, das um Punkt fünf schloss. Als wir bei den Autos standen, sagte mir Matt, der Besitzer würde mein Gutachten in exakt drei Tagen erwarten. Bevor ich losfuhr, musste ich doch noch die Frage stellen: »Wer ist denn der Besitzer? Wer steckt hinter diesem Projekt?« Seine einstudierte Antwort kam schnell und ohne Blickkontakt. »Das kann ich nicht sagen. Er ist sehr reich.« Zumindest *das* hatte ich bereits vermutet.

Auf dem Weg zum Tor suchte ich die Landschaft nach Anzeichen einer Öko-Restaurierung ab, die mir bislang vielleicht entgangen waren. Tatsächlich sah ich aber nur das Haus und den Golfplatz. Das war tatsächlich alles zu schön, um wahr zu sein. Ich rätselte über die Namenlosigkeit, die Unsichtbarkeit dieses mächtigen Mannes, der all diese Ressourcen versammelt hatte, um einen Landschaftsgarten anzulegen. Handelte es sich um die Anonymität eines diskreten Philanthropen oder um den Schutz einer berühmt-berüchtigten Persönlichkeit?

Meine Abfahrt war per Funk durchgegeben worden, und als ich den Rand des Anwesens erreichte, öffnete sich das Tor und schloss sich dann geräuschlos hinter mir.

Daheim in meinem Büro erstellte ich ein kurzes Gutachten. Ich versuchte, dem Besitzer die Unmöglichkeit seines Vorhabens zu erläutern. Auch alles Geld der Welt sei nicht in der Lage, Moose schnell auf blankem Fels anzusiedeln. Dazu bräuchte man Zeit. Ich listete die Arten auf, die wir uns angesehen hatten, dazu ihre nötigen Umweltbedingungen sowie die Richtlinien, nach denen man die richtige Spezies für einen geplanten Moosgarten auswählt. Wie jede gute Wissenschaftlerin schlug ich ein zu beauftragendes Kooperationsforschungsprojekt vor, das Erkenntnisse zum Mooswachstum auf Gestein bringen und womöglich sogar zum gewünschten Moosgarten führen könnte. Zur Sicherheit fügte ich auch noch die Milkshake-Rezepte mit Buttermilch und Pferdejauche an.

Ein paar Wochen später brachte der Briefträger meinen Scheck. Ich kann nicht sagen, dass ich mit meiner Arbeit sonderlich zufrieden gewesen wäre. Was als Bildungsobjekt für Landschaftsrestaurierung angepriesen wurde, sah verdächtig nach einer Steuerabschreibung aus, die das neue Eigenheim eines reichen Mannes mit einer gewissen Liebe zu Moosen und einer großen Leidenschaft für Kontrolle landschaftlich einbetten sollte. Vielleicht fand ja tatsächlich eine gute Restaurierung statt, also dort, wo die Männer mit ihren Lastern hinfuhren, nur hatte ich die nie gesehen.

Zu meiner Überraschung rief mich im Jahr darauf Matt an. Er fragte, ob ich noch einmal kommen und behilflich sein könne. Wie er sagte, hätten sie große Fortschritte gemacht, und er würde mir den Garten gern zeigen. Als ich ankam, war er nirgendwo zu sehen. Ich wurde von einer energischen jungen Frau begleitet, die den Auftrag hatte, mich über das Gelände zu begleiten. Ich fragte nach Matt, aber sie meinte, der sei jetzt für ein anderes Projekt zuständig, den Azaleengarten oder so. Sie führte mich im Eilschritt zum Haus. »Der Besitzer wollte, dass Sie sehen, was wir mit den Moosen auf der Terrasse gemacht haben. Erst letzten Monat wurde alles fertig.«

Was für eine Verwandlung hier stattgefunden hatte! In nur zwölf Monaten war dieser Ort um hundert Jahre gealtert. Die Kentucky-Eiche sah aus, als sei sie hier geboren, und anstelle von Baudreck prangte überall grüner Rasen. Wo letzten Frühling noch die blanken Felsen gelegen hatten, gab es jetzt eine beeindruckende Kopie der Flora, wie man sie auf einem Berg in den Appalachen vorfindet. Flammen-Azaleen mit geschwungenem Rumpf warfen Schatten auf die dunklen Steine, die jetzt so gut aufgeschichtet waren, dass aus den tiefen Spalten Zirbelkiefern wachsen konnten. Büschel aus Adlerfarn und Gagelsträucher säumten die Wege, die zu einem verwitterten Gartenstuhl-Ensemble führten. Alles sah so richtig alt aus. Und zu meiner Überraschung war tatsächlich jeder Stein mit Moos bedeckt, mit prächtigen, dicken Teppichen der jeweils richtigen Spezies. *Brachythecium* thronte ganz oben, *Hedwigia* zog sich über die Seiten. *Orthotrichum* folgte kunstvoll den freigeätzten Erhöhungen und sah aus wie eine schwarze Kalligraphie auf altem Pergament. Wirklich ein atemberaubender Anblick. Perfekt bis ins kleinste Detail. Und ganze zwei Wochen alt. Bei diesem Ergebnis sollte ich meine Haltung zu Moos-Milkshakes vielleicht doch noch einmal überdenken.

Meine Betreuerin interessierte sich nicht sonderlich für meine Begeisterung über den Garten. Sie war streng durchgetaktet und brachte mich schnell zur Veranda auf der anderen Hausseite, die unter den verpflanzten Bäumen lag und aus wunderschönen Steinplatten bestand. »Der Besitzer würde gerne wissen, wie man das Moos loswird, das sich in den Ritzen bildet«, sagte sie und hielt bereits den Kuli über ihr Notizbuch. Ich wusste nicht, was ich sagen sollte. Dieser unglaubliche Aufwand, um an einer bestimmten Stelle Moos wachsen zu lassen, aber sobald es anderswo von selbst auftauchte, wollte er es unbedingt weghaben?

Wir kehrten zur Hauptbaustelle zurück, wo pausenlos die Laster zur Erdbewegung ankamen und abfuhren. Die knarzenden Funkgeräte, diese uniformierten Männer und die insgesamt angespannte Stimmung ließen das Ganze wie eine militärische Operation wirken. Die Schutzhelm-Sergeants fuhren in Jeeps herum, während in offenen Fahrzeugen die guatemaltekischen Infanteristen, jeder mit einer Schaufel oder Baumsäge in der Hand, weggeschafft wurden – alles auf Anweisung des Besitzers.

Auch ich wurde in einen Jeep gepackt, dann bretterten wir über eine holprige Piste, die man quer durch den Eichenwald geschlagen hatte. Der Fahrer war extra wegen mir gekommen, gab aber keinerlei Hinweise darauf, wo es hinging. Ich fragte mich, ob ich vielleicht Matt treffen würde. Der Fahrer bellte in sein Funkgerät, dass wir bald da seien. Die improvisierte Straße mündete in einer kleinen Lichtung, auf der ein knallgelber Kran stand. Daneben, in der Sonne, ein Stapel mit leeren Paletten. Am schattigen Rand ragten seltsame Gebilde auf, in Sackleinen gewickelt und mit Erntegarn zugebunden wie Statuen, die auf ihre Enthüllung warten. Ein paar muskelbepackte Männer steckten unter den Bäumen ihre schutzhelmgeschmückten Köpfe zusammen. Einer kam auf mich zu und meinte strahlend, er heiße Peter und sei Designer mit dem Spezialgebiet Naturstein. Er sei so froh, mich kennenzulernen, weil sie vor dem Weitermachen dringend Rat bräuchten. Er war Ire und redete in einem entzückenden Tonfall. Der Besitzer hatte ihn extra wegen dieses Projekts einfliegen lassen. Er mache sich Sorgen, dass sie das mit den Moosen verbocken würden, also könnte ich bitte mitkommen und einen Blick draufwerfen? Wir gingen zu den anderen Männern, die sich ausgiebig Zeit nahmen, diesen Neuzugang zu betrachten, diese Moos-Lady.

Die Herren wurden mir als Präzisions-Sprengmeister vorgestellt. Das Spezialistenteam kam direkt aus Italien. Vor uns stand der Grund ihres Sondereinsatzes, eine schroffe Felsverwerfung, die über und über mit Moos bedeckt war. Ich sah sofort, dass es sich um den Abhang handelte, an den Matt mich im Jahr zuvor geführt hatte. Nur dass jetzt die Hälfte fehlte. Dieses Team nahm seine Aufgabe ganz offensichtlich ernst. Peter, der Natursteindesigner, wählte die geeigneten Stellen aus, etwa solche, an denen sich eine Quarzader durchzog oder besonders schönes Moos wuchs. Dann überlegten die Experten, wo ihre Ladung am besten zu platzieren sei, und sprengten diesen Teil aus dem Abhang. Hilfsarbeiter hoben das Stück dann mit dem Kran heraus und setzten es auf eine Palette, wo es zum Schutz der wertvollen Moose in feuchtes Sackleinen gewickelt wurde. Mir wurde klar, dass die herrlichen Steine auf der Terrasse nichts mit Buttermilch zu tun hatten. Auf meinen Händen bildete sich kalter Schweiß.

Sie hatten so viele Fragen. Sollten sie die Steine vor dem Sprengen einwickeln? Traf Peter die richtige Auswahl – würden die jeweiligen Moose also den Transport überleben? Wie lange konnte man die Moose eingewickelt lassen? Könnte ich Peter vielleicht bei der Entscheidung helfen, wo jeder Stein hinkommt, damit die Moose sich weiterhin wohlfühlen? Sehr zum Ärger des Besitzers verloren die Moose nämlich an Lebenskraft, sobald man sie in den Garten transportiert hatte. Die Separierung dieser Felsen sei sehr teuer, deshalb wolle er keinen einzigen davon umsonst ausgelöst haben. Sie betrachteten mich als neues Team-Mitglied, das für die Lösung dieses Problems zuständig war. Ich sah von einem Gesicht zum anderen, um vielleicht Anzeichen einer kritischen Haltung zu entdecken, aber alle schienen vollkommen erpicht darauf, die Sache hier zu erledigen. Ich war wie betäubt und kam mir fast vor wie ein Auftragskiller. Es war noch nie meine Absicht gewesen, mein Wissen für so etwas zur Verfügung zu stellen und unabsichtlicher Ratgeber für zerstörerische Maßnahmen zu sein.

Die Arbeiter hier gingen sehr sorgfältig mit den gestohlenen Moosen um und sorgten sich ernsthaft um ihr Wohlergehen. Sie wurden gewässert und bekamen eine Schutzhülle für den Transport. Sie würden alles ausführen, was ich an weiteren Überlebenstipps parat hätte. Sobald die Moose von ihrem Zuhause getrennt waren, fingen sie irgendwie an zu kränkeln und verwandelten ihr üppiges Grün in ein schales Gelb. Der Besitzer wolle sein Geld nicht für Moose verschwenden, die beim Transport absterben. Sie hätten also einen Triagebereich eingerichtet, in dem die Kandidaten wieder aufgepäppelt und die, die sich nicht erholten, ausgesondert würden. Dieser bestand aus einem großen, weißen Zelt, das auf einer Wiese an der Straße zum Haus stand. Von außen sah es aus wie ein Feldlazarett für die Verwundeten. An den Seiten waren Schattenspender heruntergelassen, um die Feuchtigkeit innen zu behalten. Über Spritzdüsen wurde Wasser versprüht. Man hatte weder Kosten noch Mühen gescheut. Auf den Paletten lagen Felsbrocken, von Sprengspuren gezeichnet und mit kränkelndem Moos bedeckt.

Meine Aufgabe war, Diagnosen zu stellen und Empfehlungen auszusprechen. Welches Moos konnte beruhigt zum Haus gekarrt und welches sollte verabschiedet werden? Ich musste an die Ärzte denken, die beim Anlegen der Sklavenschiffe vor Ort waren. Sie inspizierten die menschliche Fracht und wählten die Gesündesten aus, also diejenigen, die in ihrer neuen Umgebung am ehesten überleben würden und deshalb verkauft werden konnten. Aber was war das kleinere Übel? In die Knechtschaft entlassen zu werden oder zurückzubleiben und zu sterben? Ich ging zwischen den kranken Steinen herum und fühlte mich genauso fehl am Platz und machtlos. Ich wollte schreien, sie sollten damit aufhören, aber dazu war es einfach zu spät. Und ich war auch noch Komplizin bei der Sache. Ich weiß nicht mehr, was ich gesagt habe. Hoffentlich, dass sie alle retten sollen.

Ich hätte gern den Besitzer getroffen, um ihn von Angesicht zu Angesicht mit diesem Verrat zu konfrontieren, nur blieb er leider unsichtbar. Wer war nur dieser Mann, der einen wilden Felshang voller Moose zerstörte, um seinen Garten mit der Illusion des Alters zu dekorieren? Wer war dieser

Mann, der sich nicht nur Zeit, sondern auch noch mich kaufen wollte? Der Besitzer. Was war das für eine gesichtslose Macht, dass niemand ihren Namen aussprach?

Ich versuche zu verstehen, was es heißt, etwas zu besitzen, insbesondere etwas Wildes und Lebendiges. Hat man damit uneingeschränkte Macht über sein Schicksal? Kann man es nach Belieben wegwerfen? Darf man anderen seine Nutzung verbieten? Eigentum scheint etwas durch und durch Menschliches zu sein, eine Art Gesellschaftsvertrag, der die Sehnsucht nach zweckungebundener Inbesitznahme und Kontrolle rechtskräftig macht.

Etwas Wildes aus Hochmut zu zerstören, scheint ein wirksamer Akt der Herrschaft zu sein. Aber Wildes kann nicht gesammelt werden und danach auch weiterhin wild sein. Sein Wesen ist in dem Moment verloren, in dem es von seinem Ursprung separiert wird. Durch den Akt der Inbesitznahme wird es ein Objekt und verliert seine Identität.

Wer eine Felswand sprengt, um ihre Moose stehlen zu können, begeht ein Verbrechen. Nur verstößt man nicht gegen das Gesetz, denn man »besitzt« die Steine ja. Ohne Weiteres könnte diese Entführung als Vandalismus bezeichnet werden. Andererseits lässt dieser Mann ein Expertenteam einfliegen, damit die bemoosten Steine auch richtig eingewickelt werden. Der Besitzer ist ein Mann, der Moose liebt. Und die Ausübung von Macht. Ich bin davon überzeugt, dass er ernsthaft an ihr Wohlbefinden denkt, so sie zu seinem Landschaftsdesign passen. Nur denke ich, dass man eine Sache nicht gleichzeitig besitzen und lieben kann. Inbesitznahme mindert ihre angeborene Souveränität – sie macht den Besitzenden reicher und das Besessene, den Besitz, ärmer. Würde er die Moose mehr lieben als die Kontrolle, hätte er sie in Ruhe gelassen und einfach jeden Tag besucht. Barbara Kingsolver schreibt: »Man braucht die selbstloseste Liebe, um den Dingen, die man liebt, gerecht zu werden und den nötigen Schutz zu gewähren, um außerhalb unserer besitzergreifenden Umarmung gedeihen zu können.«

Ich würde gern wissen, was der Besitzer sieht, wenn er seinen Garten betrachtet. Vielleicht gar keine Dinge, sondern Kunstwerke, so leblos wie die zum Schweigen gebrachte Trommel in seiner Galerie. Auch wenn er sich noch so um Authentizität bemüht, bleibt ihm das Wesen der Moose vermutlich doch verborgen. Er hat Unsummen an Geld ausgegeben, um authentische Mooskolonien an der Türschwelle zu haben, wo Gäste seinen Kennerblick und Geschmack loben können. Indem er sie aber besitzt, ist es mit der Authentizität vorbei. Die Moose konnten nicht selbst entscheiden, ob sie seine Gesellschaft wollen, sie wurden dazu gezwungen.

Man setzte mich wieder am Bauhof ab, so unterkühlt, wie es jemand, der nicht mitspielt, verdient hat. Nachdenklich ging ich zu meinem Auto, da sah ich Matt in seinen Pick-up einsteigen. Er freute sich, mich zu sehen, und erzählte, er sei jetzt für ein anderes Projekt zuständig. Die Moose lägen nicht mehr in seiner Verantwortung, meinte er glücklich. Aber da er meine Interessen kenne, wollte er mir doch noch etwas zeigen. Er war gerade auf dem Heimweg und damit außerhalb der Zeit, die dem Besitzer gehörte. Also stiegen wir in seinen ramponierten Pick-up, und er schaltete das Funkgerät mit seinen ständigen Durchsagen ab. Wir redeten über sein kleines Töchterchen und Azaleen, aber nicht über die Terrasse. Er brachte mich durch den Wald an den äußersten Rand des Geländes. Die Grenze war durch einen viersträngigen Elektrozaun markiert, der oben nach außen geneigt war, um Rotwild und andere Eindringlinge abzuwehren. Der Randbereich entlang des Zauns war mit *Roundup* behandelt worden, was die gesamte Vegetation abgetötet hatte. In dieser zehn Meter tiefen Schneise waren alle Farne, Wildblumen, Sträucher und Bäume eliminiert. Nichts lebte mehr, außer den Moosen. Immun gegenüber Chemikalien, hatten sie sich ausgebreitet und eine aberwitzige Patchworkdecke aus eintausend Grüntönen geformt. Hier war er, der Moosgarten des Besitzers, eine Meile von seinem Haus entfernt, am Fuß eines Elektrozauns und einem Herbizid-Regen ausgesetzt.

DER WALD BEDANKT SICH BEI DEN MOOSEN

Von der windumtosten Einsamkeit des Marys Peak sieht man unter sich den Kampf ausgebreitet. Siebzig Meilen entfernt glitzert der Pazifik, aber davor besteht die Landschaft aus Fragmenten. Flecken mit roter Erde, glatte, blaugrüne Hänge, Vielecke in leuchtendem Gelbgrün und formlos dunkelgrüne Streifen liegen unruhig nebeneinander. Die Coast Range von Oregon ist ein Patchworkteppich aus abgeholzten Flächen und der zweiten oder gar dritten Generation Douglasfichten, die hier wie besessen nachwachsen. Das Landschaftsmosaik umfasst auch ein paar verstreute Überbleibsel des ursprünglichen Waldes, den Altbestand, der einst vom Willamette Valley bis zum Ozean reichte. Die Landschaft, die sich vor mir ausdehnt, erinnert weniger an eine säuberlich gemusterte Decke, als vielmehr an zusammengestückelte Fetzen. Sie sieht aus, als wüssten wir nicht, wie unsere Wälder sein sollen.

Die Nadelwälder des Nordwestens sind für ihren Wasserreichtum bekannt. In den gemäßigten Regenwäldern von West-Oregon gibt es im Jahr bis zu drei Meter Niederschlag. Die milden, regenreichen Winter lassen die Bäume das ganze Jahr über wachsen – und mit ihnen auch die Moose. In einem gemäßigten Regenwald ist jede Oberfläche mit Moos bedeckt. Nicht nur Baumstümpfe und herumliegendes Holz, auch der gesamte Waldboden ist von verworrenen *Rhytidiadelphus*-Matten und durchscheinenden Klumpen *Plagiomnium* überwuchert. Die Stämme sind mit *Dendroalsia* gefiedert und erinnern an die Brust eines großen, grünen Papageis. Ahornsträucher beugen sich unter dem Gewicht ganzer Vorhänge aus *Neckera* und *Isothecium*. In diesen Wäldern schlägt mein Herz unwillkürlich schneller. Vielleicht ist hier ein toxisches Element in der Luft, die von den Moosen ausgeatmet wurde und sich bei ihrer Reise durch funkelnde Blätter verwandelt hat.

Indigene Bewohner solcher Wälder haben hier und auch rund um den Globus traditionelle Dankgebete, in denen die Rolle von Fischen, Bäumen, Sonne und Regen für das Wohlbefinden der Welt gewürdigt wird. Jedes Naturphänomen, mit dem unser Leben verknüpft ist, wird angerufen und bedankt. Wenn ich mein Morgengebet spreche, warte ich immer kurz auf eine Antwort. Nur frage ich mich oft, ob die Landschaft auch heute noch Anlass hat, uns Menschen gegenüber diesen Dank zu erwidern. Wenn ein Wald beten könnte, würde er vermutlich den Moosen danken.

Die Schönheit der Moose ist hier nicht nur fürs Auge da. Erst durch Moose »funktioniert« der Wald überhaupt. Zwar gedeihen sie in der Feuchtigkeit eines gemäßigten Regenwaldes, aber sie spielen auch eine wichtige Rolle bei seiner Entstehung. Wenn auf das Walddach Regen fällt, kann er auf dem Weg nach unten viele Routen einschlagen. Nur ein geringer Teil gelangt nämlich direkt auf den Boden. Ich bin schon bei strömendem Regen im Wald gestanden und trotzdem so trocken geblieben, als hätte ich einen Regenschirm dabei. Die Regentropfen werden von Blättern aufgefangen und zu den Ästen geleitet. An einer Gabelung treffen sich zwei Tropfen, dann weitere zwei, und bilden kleine Rinnsale. Wie die Zuflüsse eines verzweigten Stroms münden sie in den Gewässern, die am Stamm entlang abwärtsfließen. Förster bezeichnen dieses Wasser, das am Baum hinabrinnt, als »Stammabfluss«. Was von Ästen und Blättern tropft, heißt »Kronendurchlass«.

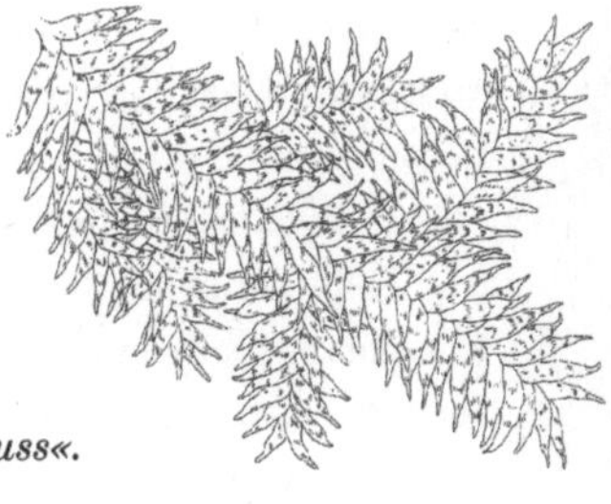

Neckera pennata, ein epiphytisches Moos

Bei starkem Regen schlage ich gern meine Kapuze hoch und stelle mich direkt neben einen Baumstamm, um der Flut von oben zuzusehen. Die ersten Tropfen versickern in der Rinde wie Regen in durstiger Erde, weil die Feuchtigkeit von der Korkschicht absorbiert wird. Dann füllen sich die Furchen in der Rinde, bis sie überlaufen und das Wasser die gesamte Oberfläche bedeckt. Winzige Niagarafälle ergießen sich über kleine Vorsprünge und reißen dabei Flechtenstücke und hilflose Milben mit. Auf ihrem Weg über Zweig und Ast nimmt die Strömung ordentlich Sediment auf. Staub, Insektenkot und mikroskopisch kleine Rückstände werden mitgeschwemmt und im Wasser aufgelöst, wodurch es viel nährstoffreicher als der oben angekommene Regen wird. Letztendlich wäscht der Regen die Bäume ab und gießt das Badewasser in die wartenden Wurzeln. Das Nährstoff-Recycling, das hier zwischen Rinde und Erdreich erfolgt, bewahrt die wertvollen Nährstoffe und verhindert, dass sie dem Waldboden verlorengehen. Die Erde bedankt sich bei den Moosen.

Wie kissenförmige Sandsäcke, die einen Bach stauen, bremsen die Moosklumpen den Regenfluss am Baumstamm ab. Vieles von dem, was da über die Moose rinnt, wird von den kleinen Kapillarräumen des Klumpens aufgenommen. Das Wasser sammelt sich in kegelförmigen Blattspitzen und wird über kleine Ablaufrohre zum konkaven Becken am Fuß jedes Blattes geleitet. Selbst die abgestorbenen Teile der Kolonie, die alten Blätter und verworrenen Rhizoide, können Feuchtigkeit auffangen. In Oregon ist bislang noch nie gemessen worden, welche Regenmenge die Moose aufnehmen können, aber in einem vergleichbaren Wald in Costa Rica absorbierten sie bei einem einzigen Guss 50 000 Liter pro Hektar. Man erkennt leicht, warum Abholzung quasi zwangsläufig Hochwasser nach sich zieht. Auch wenn der Regen dann längst vorbei ist, bleiben die bemoosten Baumstämme weiterhin schön feucht und setzen das gespeicherte Wasser erst nach und nach frei. Fällt dann eine Lichtsäule durch das Blätterdach herunter auf einen Moosklumpen, kann man den Dampf aufsteigen sehen. Die Wolken bedanken sich bei den Moosen.

Abends zieht vom Meer her Nebel auf. In den Baumkronen warten die Moose schon darauf, ihn wie silberne Beeren einzusammeln. Die fein strukturierte Oberfläche einer Mooskolonie wird mit Feuchtigkeit benetzt, weil haarförmige Blattspitzen und winzige Zweige den Nebel zu Tröpfchen kondensieren lassen. Darüber hinaus sind die Zellwände reich an Pektin, jenem wasserbindenden Stoff, durch den sich auch Erdbeeren zu Marmelade verdicken. Das Pektin erlaubt es den Moosen, direkt aus der umgebenden Luft Wasserdampf zu ziehen. Auch ohne Regen sammeln die Baumkronenmoose also Wasser und lassen es zu Boden tropfen, wodurch die Erde feucht gehalten wird und die Bäume wachsen, die wiederum die Lebensgrundlage für die Moose bieten.

Ich mag Papier – sehr sogar. Seine gewichtslose Stärke, seine einladende Leere. Ich mag, wie es wartet, dieses saubere, weiße Rechteck, das vom glatten Eichenholz meines Schreibtischs eingerahmt ist. Die Maserung wellt sich und fängt das Licht besser ein als jedes Erdölnebenprodukt. Ich mag die Kiefernverkleidung in meiner Hütte und den Geruch von Holzrauch an einem Herbstabend. Aber so sehr ich die Erzeugnisse des Waldes liebe, stimmt mich ein Holzlaster auf der Autobahn doch traurig, speziell an einem Regentag, wenn sich die Moosklumpen noch an die Stämme klammern und vom schmutzigen Spritzwasser überholender Sattelzüge durchnässt werden. Als diese Stämme vor wenigen Tagen noch Bäume waren, trug ihr Moos die Feuchtigkeit des Waldes in sich – und nicht das dieselhaltige Brackwasser, das auf der Interstate 5 von Reifen aufgewirbelt wird.

Ich muss dieser Ambivalenz nachspüren, so wie man mit der Zunge einen lockeren Zahn abtastet. Einerseits umgebe ich mich gern mit Walderzeugnissen, bin aber andererseits gegen die Abholzung, die Folge meiner Sehnsüchte ist. In Oregon ist das, was gefällt wird, der »arbeitende Wald«, also das Baum-Proletariat, aus dem mein schönes Papier und das Dach meines Hauses entstehen. Ich befinde mich in demselben Konflikt, den auch die fragmentierte Landschaft aufweist. Es war an der Zeit, dass ich mich dieser Ignoranz stellte und ein Rodungsgelände aufsuchte.

Eines schönen Samstagmorgens fuhren mein Freund Jeff und ich also los, um uns ein abgeholztes Waldstück in der Coast Range anzusehen. Es ist gar nicht schwer, so eines zu finden. Zwar gibt es zwischen Autostraßen und Rodungsgebieten gesetzlich verordnete Trennstreifen, die sehr zum Ärger der Holzfäller nicht berührt werden dürfen. Aber letztendlich profitiert das Gewerbe von diesen dünnen, den Blick versperrenden Waldmauern, denn sie suggerieren einen intakten Wald und verhindern dadurch übermäßige Kritik. Wir biegen in eine neue Forststraße ein und fahren am Tor und den entsprechenden Warnschildern vorbei. Hier gibt es keinen Schutzwall mehr, der die Landschaft vor dem Blick des Betrachters verbirgt. Fast müssen wir umkehren. Ich versuche, meine Übelkeit mit den abschüssigen Straßen zu erklären und meinen kalten Schweiß mit der Sorge vor entgegenkommenden Holztransportern. Nur weiß ich, dass ich Angst habe und über die gewaltsame Stimmung hier entsetzt bin. Und ich verspüre Trauer, eine Trauer, die aus den Baumstümpfen aufsteigt und in unsere Haut einsickert.

Das ist eine Szenerie, die wir alle gern vermeiden wollen, nur *müssen* wir uns die Konsequenzen unserer Entscheidungen einfach ansehen. Jeff und ich ziehen uns die Wanderschuhe an und betreten das Gelände. Ich suche nach Anzeichen übrig gebliebener Moose, Anzeichen einer einsetzenden Erholung. Aber alles, was ich sehe, ist ein Ödland aus Baumstümpfen und zerfetzten Pflanzen, die im grellen Sonnenlicht zu einem rostigen Braun verschrumpelt sind. Der üppige Waldboden ist einer Fläche aus Holzspänen gewichen. Es riecht nicht mehr nach frischer Erde, sondern nach dem Harz der offenen Baumstümpfe. Man will kaum glauben, dass auf einer Rodungsfläche die gleiche Regenmenge wie auf einem Wald mit altem Baumbestand niedergeht. Die Landschaft hier ist trocken wie Sägemehl. Das ganze Wasser nützt nichts, wenn es keinen Wald zum Auffangen gibt. Ein Bach, der durch einen Kahlschlag fließt, führt viel mehr Wasser als einer im normalen Wald. Und ohne den bemoosten Boden, der es speichern könnte, ist das Wasser ganz braun vor Erde und versandet bei seinem Transport des Bodens zum Meer die Lebensräume der Lachse. Die Flüsse bedanken sich bei den Moosen.

Dieser Kahlschlag wird mit Douglasfichtensetzlingen bepflanzt werden, was eine hochgradige Monokultur darstellt. Aber der Wald besteht nicht allein aus Bäumen, und viele andere Lebewesen haben größte Probleme damit, diese niedergemähte Fläche neu zu besiedeln. Moose und Flechten, die für ein Funktionieren des Waldes so essenziell sind, siedeln sich beim Nachwachsen desselben nur langsam wieder an. Forstwissenschaftler haben nach Wegen gesucht, um eine Wiederherstellung der Biodiversität zu beschleunigen. Man muss altes Holz zurücklassen, damit der Lebensraum von Mykorrhizen und Salamandern erhalten bleibt, außerdem abgestorbene Bäume für die Spechte. Im gutgemeinten Anliegen, das Nachwachsen von Epiphyten zu beschleunigen, wird jetzt behördlicherseits vorgeschrieben, dass ein paar alte Bäume stehenbleiben müssen, um den Moosen, die sich im neuen Wald ausbreiten sollen, Zuflucht zu bieten. Es wäre natürlich toll, wenn die entstehende Douglasfichten-Monokultur von den Moosen auf diesen paar verbliebenen Bäumen besiedelt würde. Nur müssen die Moose, diese Inseln im Meer der Baumstümpfe, den Verlust des umgebenden Waldes erst einmal überstehen.

Weit unten am Hang entdecke ich einen einsamen Überlebenden. Ein gestreiftes Bändchen flattert im lauen Wind – als Markierung für die Holzfäller, dass dieser Baum gemäß der Vorschrift stehenbleiben und die Aufforstung vorantreiben soll. Ich laufe den Abhang hinunter und versuche, dabei nicht im liegengebliebenen Astholz hängenzubleiben. Der Regen hat hier eine richtiggehende Rinne ausgewaschen. Ich überquere sie mit einem Sprung und sehe dort, wo ich lande, Staub aufsteigen. Der Überlebende steht so einsam und verlassen da wie der letzte Mensch auf unserem Planeten. Es ist wenig erfreulich, von der Axt verschont zu werden, wenn alle anderen weg und unterwegs zum Sägewerk in Roseburg sind.

Ich hatte gedacht, unter dem Überlebenden Schatten zu finden, aber seine Äste sind so hoch oben, dass es ihn nur weit draußen in der Baumstumpflandschaft gibt. Beim Hinaufsehen in die Baumkrone merke ich, dass die Person, die diesen Baum markiert hat, genau wusste, was sie tat. Er besitzt eine beispielhaft üppige Blätterdachgemeinschaft, die das Markenzeichen eines alten Waldes ist. Sowohl der Stamm als auch die Äste sind mit Moosskeletten übersät. Die Sonne hat ihre grüne Farbe ausgebleicht, und die braunen Matten lösen sich langsam ab. Verwitterte Kadaver von Farnrhizomen kommen unter dem Moos zum Vorschein. Der Wind bearbeitet das lose Ende einer *Antitrichia*-Matte, die durch die Bewegung knistert. Wir stehen mit offenem Mund da.

Durch ihre poikilohydre Anlage können viele Moos-Arten austrocknen und sich bei erneuter Wasserzufuhr erholen. Aber bei diesen Spezies, jahrein, jahraus von der ständigen Feuchtigkeit des Waldes verwöhnt, wurde die Toleranzgrenze überschritten. So ausgebrannt und vertrocknet, wie sie sind, werden sie das Heranwachsen des nächsten Waldes wohl nicht mehr erleben. Es freut mich, dass die Verantwortlichen an die Moose und ihre Präsenz im zukünftigen Wald gedacht haben. Aber die Moose sind mit der

Gesamtstruktur des Waldes verknüpft und können allein nicht überleben. Wenn sie im nachwachsenden Wald ihren Platz einnehmen sollen, dann brauchen sie ein Refugium, das sie ernährt. Wären sie im Besitz einer Stimme, würden sie wohl für Flächen plädieren, die nicht nur groß genug sind, um die Feuchtigkeit halten zu können, sondern auch so viel Schatten haben, dass ihre komplette Gemeinschaft dort leben kann. Was gut für die Moose ist, ist auch für Salamander, Bärtierchen und Walddrosseln gut.

Es gibt einen positiven Feedback-Loop zwischen Moosen und Feuchtigkeit. Je mehr Moos vorhanden ist, desto größer die Feuchtigkeit. Und größere Feuchtigkeit führt zwangsläufig zu mehr Moos. Das beständige Ausatmen der Moose verleiht dem gemäßigten Regenwald einen Großteil dessen, was ihn ausmacht, vom Vogelgezwitscher bis hin zur Bananenschnecke. Ohne die feuchte Luft würden kleine Lebewesen aufgrund ihres Oberfläche-Volumen-Verhältnisses viel zu schnell austrocknen. Wenn die Luft austrocknet, tun sie das auch. Ohne Moose gäbe es also weniger Insekten und – die Nahrungskette weiter hinauf – auch ein Defizit an Drosseln.

Die Insekten finden Zuflucht in den Moosmatten, verzehren aber nur selten die Triebe. Auch Vögel und Säugetiere fressen wenn, dann nur besonders große, proteinhaltige Sporophyten. Dass die Pflanzenfresser fast vollständig ausbleiben, liegt vielleicht am hohen Phenolgehalt der Blätter, vielleicht auch an ihrem geringen, den Verzehr unrentabel machenden Nährwert. Aufgrund ihrer stabilen Zellwände sind sie zudem schwer verdaulich. Tiere, die Moos gefressen haben, scheiden es meistens so gut wie unverändert aus. Berichte über unverdauliche Moosfasern gibt es auch von einem höchst erstaunlichen Ort – dem Analstöpsel überwinternder Bären. Offenbar essen Bären, bevor sie sich in ihr Winterlager zurückziehen, große Mengen an Moos, wodurch ihr Verdauungssystem so verschnürt wird, dass es während des Winterschlafs nicht zur Ausscheidung kommt.

Diverse Insekten verbringen das Larvenstadium in Moosmatten, kriechen also im Verborgenen herum und werden erst im Moment der Metamorphose sichtbar. Sie befreien sich von der alten Haut und steigen mit nagelneuen Flügeln in die moosbefeuchtete Luft auf. Sie fressen, paaren sich und legen wenige Tage später ihre Eier in einem Mooskissen ab. Dann fliegen sie weg und werden von einer Einsiedlerdrossel geschnappt, deren Eier in einem moosgefütterten Nest liegen.

Aufgrund ihrer Weichheit und Formbarkeit werden Moose von vielen Vögeln zum Nestbau verwendet, von der samtenen Kugel eines Zaunkönigs bis zum Hängekorb des Vireos. Haupteinsatzgebiet ist der Nestboden, um die zerbrechlichen Eier weich zu betten und eine isolierende Dämmschicht zu bilden. Einmal habe ich ein Kolibri-Nest gesehen, dessen Rand mit herabhängendem Moos geschmückt war, als handele es sich um tibetanische Gebetsfahnen. Die Vögel bedanken sich bei den Moosen. Sie sind aber längst nicht die Einzigen, die bei ihrem Baumaterial auf Moos zurückgreifen, denn auch Flughörnchen, Wühlmäuse, Chipmunks und viele andere Tiere polstern ihre Höhlen mit Bryophyten. Sogar Bären tun das.

Der Marmelalk ist ein Küstenvogel, der sich von der reichhaltigen Meeresfauna entlang des Pazifiks ernährt. Nachdem sein Bestand jahrzehntelang zurückging, wurde er in die Liste bedrohter Tierarten aufgenommen. Der Grund für sein Aussterben war unbekannt. Viele andere Küstenvögel nisten am Ufer, wo sie Nahrung im Überfluss finden und in Felswänden oder auf vorgelagerten Klippen Kolonien bilden. Hier hat sich der Marmelalk nie angeschlossen. Man nahm an, er würde seine Nistplätze irgendwo im Verborgenen bauen, denn niemand hat je einen gesehen. Tatsächlich nistet der Marmelalk aber in Baumkronen, die von seinem Futterplatz weit entfernt sind. Jeden Tag fliegen die Vögel bis zu fünfzig Meilen landeinwärts – in die Wälder der Coast Range. Ihr Aussterben hing direkt mit dem Verschwinden des alten Baumbestands zusammen. Wie von Forschern entdeckt wurde, bettet der Marmelalk seine Eier vornehmlich in ein Nest aus *Antitrichia curtipendula*, ein luxuriös aussehendes, goldgrünes Moos, das im pazifischen Nordwesten endemisch vorkommt. Beide, Moos und Marmelalk, sind vom Altbestand abhängig.

Es kommt einem vor, als werde der gesamte Wald durch Moosfäden zusammengehalten. Manchmal als subtile Hintergrundstickerei, manchmal als grellbuntes Band aus Farngrün. Farne, die altgewachsene Stämme und Äste schmücken, leben nie direkt auf der Rinde, sondern auf Moos.

Die Farne bedanken sich bei den Moosen. Der Lakritzfarn bildet unter dem Moos Rhizome aus, die im dort angesammelten, organischen Erdreich verankert sind.

Die riesigen Bäume und winzigen Moose pflegen eine Langzeitbeziehung, die schon mit der Geburt beginnt. Oft dienen Moosmatten als Baumschule für Setzlinge. Ein Kiefernsame, der auf blanker Erde landet, wird vielleicht von schweren Regentropfen zertrümmert oder von einer Ameise auf Beutezug fortgetragen. Seine bloßgelegte Wurzel vertrocknet in der Sonne. Ein Same, der auf ein Moosbett fällt, findet sich inmitten belaubter Triebe wieder, die Wasser noch länger speichern können als der Erdboden und ihm so zu einem guten Start verhelfen. Das Zusammenspiel von Samen und Moos ist nicht automatisch positiv, denn bei einem großgewachsenen Moos wird der Setzling vielleicht verdeckt. Trotzdem ermöglichen Moose oft die Ansiedlung von Bäumen. Bemooste Holzstücke werden gern als »Ammenstämme« bezeichnet. Das Ergebnis dieser Aufzucht sieht man dann als die gerade Linie, die Hemlocktannen im Wald manchmal bilden – als Vermächtnis der Setzlinge, die ihren Anfang auf ein und demselben Holzstück genommen haben. Die Bäume bedanken sich bei den Moosen.

Durch Feuchtigkeit entsteht Moos, und durch Moos entstehen Schnecken. Die Bananenschnecke darf als inoffizielles Maskottchen des nordwestlichen Regenwalds gelten, wie sie da über die bemoosten Holzstücke kriecht und Wanderer auf ihrer Route mit fünfzehn bis zwanzig Zentimetern gelbgefleckten Molluskentums überrascht. Die Schnecken ernähren sich von den vielen Bewohnern einer Moosmatte sowie von dieser selbst. Ein befreundeter Biologe, der sich für alles Kleine interessiert, hat an der Bushaltestelle einmal Schneckenkot aufgesammelt und mit nach Hause genommen, um ihn unter dem Mikroskop zu betrachten. Und ja, er war voll mit kleinen Moosfragmenten, weshalb er gleich zum Hörer griff und mir die freudige Botschaft mitteilte. Schnecken fressen Moos und sorgen im Gegenzug für seine Verbreitung. Wir Biologen führen oft merkwürdige Tischgespräche, aber langweilig ist uns nie.

Auf Bananenschnecken trifft man meist morgens, wenn ihre Schleimspuren noch auf den Holzstücken glitzern. Sobald der Tau getrocknet ist, sind auch sie verschwunden. Aber wohin? Eines Nachmittags entdeckte ich zufällig ihr Versteck, als ich die Flora verrottender Baumstämme untersuchte. Ich zog eine Schicht *Eurhynchium* von einem fetten Holzstück und legte dabei ein ganzes Wohnheim mit Bananenschnecken frei. Jede lag in einer abgetrennten Kammer der schwammartigen Holzschicht, eingebettet zwischen dem kühlen, feuchten Holz und der Moosmatte darüber. Schnell deckte ich sie wieder zu, bevor die Sonne sie im Schlaf überraschen konnte. Die Schnecken bedanken sich bei den Moosen.

Die Holzstücke auf dem Waldboden beherbergen mehr als nur Schnecken und Käfer, die eine entscheidende Rolle im Nährstoffzyklus des Ökosystems spielen. Auch die Pilze, die für die Verrottung zuständig sind, wohnen hier, wobei ihr Überleben von der beständigen Feuchtigkeit im Holz abhängt. Die schützende Moosschicht sorgt dafür, dass der Baumstamm nicht austrocknet, und erzeugt damit ein Umfeld, in dem die Pilz-Mycelien gedeihen können. Das fadenartige Mycel ist der verborgene Teil des Pilzes, das Arbeitsgerät der Verrottung. Viele Pilze sieht man am ehesten auf hohen Moosmatten. Sie sind aber nur die Spitze eines Eisbergs und stellen das angeberische Reproduktionsstadium dar, das wie ein kleiner Blumengarten aus dem Holzstück sprießt. Die Pilze bedanken sich bei den Moosen.

Eine spezialisierte Pilzgattung, die für das Funktionieren des Waldes essenziell ist, wohnt ebenfalls unter dem Moos, allerdings direkt auf der Erde. Die Oberfläche aus *Rhytidiadelphus*-Matten und *Leucolepis*-Büscheln bedeckt den Waldboden. Darunter, im Humus, wachsen die Mycorrhizae, eine Gruppe von Pilzen, die in symbiotischer Beziehung mit den Baumwurzeln leben. Der Fachbegriff setzt sich aus den griechischen Wörtern für Pilz (mýces) und Wurzel (rhiza) zusammen. Die Bäume sind Gastgeber dieser Pilze und füttern sie mit den Zuckerprodukten der Photosynthese. Als Dank dafür strecken die Pilze ihre fadenförmigen Mycelien in die Erde, um Nährstoffe für den Baum aufzunehmen. Die Lebenskraft vieler Bäume hängt komplett von diesem kongenialen Verhältnis ab. Erst kürzlich wurde herausgefunden, dass die Dichte von Mycorrhizae unter einer Moosschicht deutlich höher ist. Ein blanker Erdboden ist dieser Partnerschaft längst nicht so förderlich. Gut möglich, dass sich die Verbindung von Moos und Mycorrhizae dem gleichmäßigen Feuchtigkeits- und Nährstoffreservoir unter einem Moosteppich verdankt.

Ein Studium dessen, was im Untergrund auf mikroskopischer Ebene geschieht, ist ja gar nicht so einfach, aber dennoch konnten Forscher eine komplizierte Dreiecksbeziehung offenlegen. Beim Versuch, die Phosphor-Bewegung im Wald zu verstehen, folgten sie seinen Spuren auf einem verschlungenen Pfad, der seinen Ausgang beim Regen nahm. Der Kronendurchlassniederschlag wusch den Phosphor aus Fichtennadeln und spülte ihn direkt zu den darunterliegenden Moosen, wo er gespeichert wurde, bis mycorrhizale Pilze ihre Fäden in die Moosmatte wirkten. Deren fadenartige Hyphen und extrazellulare Enzyme absorbierten den Phosphor aus dem abgestorbenen Moosgewebe. Die Pilze hatten ihre Hyphen aber nicht nur im Moos, sondern parallel dazu auch in den Fichtenwurzeln und spannten so eine Brücke zwischen Moos und Baum. Das Netz der Wechselseitigkeit sorgt dafür, dass der Phosphor endlos recycelt und nichts davon verschwendet wird.

Die Muster der Wechselseitigkeit, mit denen Moose eine Waldgemeinschaft zusammenbinden, schenken uns eine Vision dessen, was sein könnte. Sie nehmen selbst nur das Wenige, das sie brauchen, und geben es mannigfaltig zurück. Ihre Anwesenheit befördert das Leben von Flüssen und Wolken, Bäumen, Vögeln, Algen und Salamandern, während die unsrige dieses Leben gefährdet. Von Menschen gemachte Systeme sind weit von dem entfernt, was das Ökosystem auf natürlichem Weg gesund hält. Kahlschläge erfüllen vielleicht das kurzzeitige Bedürfnis einer einzelnen Spezies, nur vernachlässigen sie die ebenso legitimen Bedürfnisse von Moosen und Marmelalken, Lachsen und Fichten. Ich gebe den Glauben nicht auf, dass wir bald so mutig sind, uns zu beschränken und so bescheiden zu leben wie die Moose. Wenn wir an diesem Tag aufstehen, um dem Wald unseren Dank auszusprechen, hören wir vielleicht sein Echo, mit dem er uns Menschen dankt.

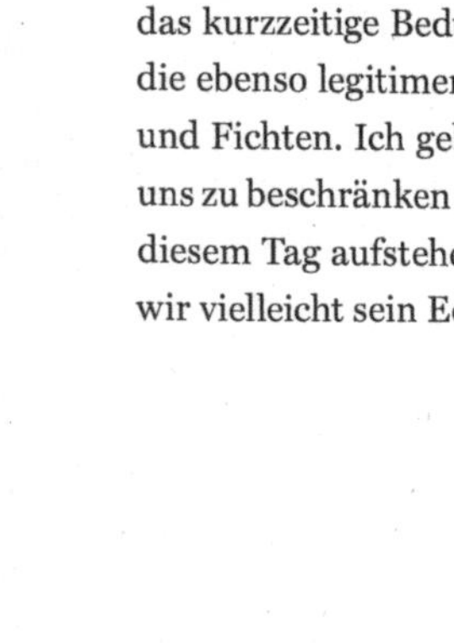

Ein Wedel des Hypnum imponens, das gern auf herumliegenden Holzstücken wächst.

STUMMES BEOBACHTEN

Ich stemme meine Schuhspitzen in den Berghang, sammle meine Kräfte und hole tief Luft, um die Zweige über mir zu erreichen – und damit den nächsten Griff. Ein Dorn bohrt sich in meinen Daumen, aber ich darf nicht loslassen, denn einen anderen Halt gibt es nicht. Das helle Blut lenkt meine Aufmerksamkeit von den schmerzenden Beinen und dem Pulsschlag in meinen Ohren ab. Was um alles in der Welt hat sie hier heraufgeführt? Das Gestrüpp aus Zimthimbeere ist teilweise so dicht, dass ich gar nicht durchkomme. Auf Händen und Knien habe ich es irgendwie geschafft, darunter durchzukriechen. Die Dornen grapschen unentwegt nach Hut, Rucksack und Haut. Meine Kleidung ist vor lauter Dreck so schwer, dass jeder Schritt eine Qual ist. Und jetzt bin ich auch noch von ihrem andeutungsweise gebahnten Weg abgekommen. Ich bewege mich auf dem schmalen Grat zwischen Lachen und Weinen. Erschöpft sehe ich mich nach einem Grund um, die Suche abzubrechen und umzukehren. Aus dem Augenwinkel erblicke ich etwas Rotes, eine zerfetzte Beflaggung an einem Zweig weiter vorne. Das muss der Weg sein, den sie genommen haben. Ich wette, sie haben Markierungen hinterlassen, um nach getaner Arbeit schnell wieder verschwinden zu können. Mein Daumen schmeckt nach Erde und Eisen, als ich das Blut ablecke, dann klettere ich weiter und schütze bei jedem Schritt mein Gesicht vor den Dornen.

Je höher ich komme, desto mehr bin ich von dem Nebel umgeben, der diese Berge in der Coast Range bedeckt. Das Grau unterstreicht die Kälte und macht mir immer bewusster, wie weit ich schon gekommen bin. Und dass niemand weiß, wo ich mich befinde. Nicht einmal ich selbst. Das Gebell wütender Hunde am Talboden sagt mir, dass ich nicht allein bin. Man weiß um meine Anwesenheit. Hoffentlich kommt niemand auf die Idee, sich diesen Eindringling genauer anzusehen. Das würde mir schon genügen. Ich habe das gleiche Recht wie sie, mich auf diesem öffentlichen Gelände aufzuhalten, nur würde sie das nicht groß kümmern. Diese Hunde waren vermutlich ihre Begleiter und sahen dann am Boden liegend mit heraushängender Zunge zu, wie sie sich an ihr Werk machten.

An einer Kante wird der Berg plötzlich flach und führt zu einer Gruppe nebelverhangener Ahornbäume. Mein Puls beruhigt sich etwas und ich versuche, mit der verdreckten Hand den Schweiß von den Augen zu wischen. Die Zimthimbeeren werden lichter und ich kann wieder weiter sehen als nur einen Meter. Ich erkenne sofort, dass dies die Stelle ist. Das sind also die Reichtümer, die sie diesen unerträglichen Berg hinaufgelockt haben. Sie hatten die Hauptader entdeckt. Außerdem ist sie so abgelegen, dass sie von niemandem erwischt würden. Es ist eine ganze Weile her, dass sie hier waren, und der Ort lässt immer noch Spuren der Gewalt erkennen.

Als sie es schließlich heraufgeschafft hatten, muss es leichte Beute gewesen sein. Hier, wo der Berg den ganzen Tag in Nebel eingehüllt ist, liegt es ziemlich dick. Sie müssen die mitgebrachten Säcke schneller als erwartet gefüllt haben, denn der Standort ist nur zur Hälfte kahl. Sie hätten nie gedacht, dass es so viel gibt, und es ist ja auch ziemlich schwer.

Der Wald jenseits des Baches wirkt unberührt. Die Ahornbäume dort sind mit derartig dicken Laken behängt, dass sogar die Luft grün aussieht. Es gibt keinen einzigen Fleck, der nicht moosbedeckt wäre. Ich weiß genau, was ich da bei genauerem Hinsehen vor mir haben würde. Das faszinierende Zeug, das es nur an diesen alten, abgelegenen Standorten gibt – jedes davon ein guter, alter Freund. Man findet sie kaum noch, diese großen Federn aus *Dendroalsia* oder Klumpen mit *Antitrichia*, so dick, dass die ganze Hand darin verschwindet. Leuchtende Bänder aus *Neckera*. Und so viele andere. Ich zucke zusammen, als mir klar wird, dass sie vermutlich gar nicht genau betrachtet wurden. Kunsträuber wissen wenigstens, was sie da klauen.

Die andere Seite des Standorts ist säuberlich abgeräumt; genau wie die Geier haben sie nur die Knochen übriggelassen. Ich stelle mir vor, wie sie mit schmutzigen Händen tief in die Matten gegriffen und Streifen so breit wie ein Arm herausgerissen haben. Es überläuft mich kalt, wenn ich an diese Bewegung denke, als würden Angreifer einer Frau die Kleider vom Leib reißen. Einem Baum nach dem anderen ziehen sie das Moos ab und stopfen es in ihre Leinensäcke, vom Licht ins Dunkel. Man muss anerkennen, dass sie effektive Jäger sind. Die exponierte Rinde ist vollkommen nackt.

Mich ärgert, dass sie sich nach getaner Tat hingesetzt und selbstzufrieden eine Zigarette geraucht haben. Das zerknüllte Päckchen steckt in einer Baumhöhle. Ich male mir aus, wie sie die Hunde herbeigepfiffen haben und dann, die Geiseln hinter sich herziehend, bergab marschiert sind. Das muss genauso schlimm wie der Anstieg gewesen sein, weil die Dornen jetzt auch nach den vollen Säcken griffen. Ich kann ihnen nicht vorwerfen, kein zweites Mal zurückgekommen zu sein, um ihr Werk zu vollenden. Eine ganze Wagenladung ist nicht schlecht für den einen Tag. Unten an der *Pacific Pride*-Tankstation gibt es einen Käufer, der bar bezahlt.

Und jetzt beginnt meine Arbeit: die Katalogisierung des Resultats. Ich komme mir vor wie ein Fotograf, der hilflos eine Katastrophe dokumentiert, passiv und ohne die Möglichkeit, ihren Ausgang zu beeinflussen. Wir suchen die Orte auf, die von Moossammlern heimgesucht wurden, und werden wissenschaftliche Zeugen der Zerstörung. Jeder skalpierte Ast wird vermessen, gekennzeichnet und nach Spuren neuen Wachstums abgesucht. Voller Hoffnung halte ich Ausschau nach jungem Grün. Aber es gibt keines. Höchstens dass ein Trieb oder auch ein vereinzelter Zweig auf der harten, trockenen Rinde sitzt. Die Erholung ist so gut wie nicht existent. Um das zu erkennen, braucht es keine aufwändige Analyse, aber pflichtbewusst halte ich dennoch alles fest. Niemand weiß, wie lange es dauert, bis alles nachgewachsen ist. Vielleicht tut es das auch nie. Die meisten Matten hier waren so alt wie die Bäume selbst, haben also zu wachsen begonnen, als diese Bäume noch Setzlinge waren.

Der intakte Teil des Standorts bietet hingegen so viel Anlass zu Messungen, dass mein Datenbuch voll wie ein Beutesack der Räuber wird. Auf jedem Ast wächst mindestens ein Dutzend Moosarten, in einem Dutzend unterschiedlicher Grüntöne. *Eurhynchium, Claopodium, Homalothecium* … jedes ein richtiges Kunstwerk, eine Vermählung von Licht und Wasser, die einen Teppich erzeugt, wie es ihn raffinierter nicht gibt auf der Welt. Ein uralter Wandbehang, in Stücke gerissen und in eine Tasche gestopft. Mit in der Tasche sind Milliarden anderer Lebewesen, die das Moos so zu ihrem Zuhause gemacht haben, wie Vögel im Wald nisten. Scharlachrote Hornmilben, hüpfende Springschwänze, herumwirbelnde Rädertierchen, scheue Bärtierchen mitsamt ihren Kindern – soll ich wie bei einer Totenmesse alle aufzählen?

Diese ganze Zerstörung – für was? Würden wir dem Pick-up hinunter in die Stadt folgen, könnten wir sehen, wie sie an der Laderampe ihre Beute auf die Waage hieven und dann weggehen, die Hosentaschen ein bisschen schwerer, aber nicht viel. Im Lagerhaus leert man die Säcke aus, reinigt den Inhalt und trocknet ihn. Dieses Spitzenprodukt namens »Oregon Green Forest Moss« wird in die ganze Welt verkauft. Die Hersteller machen sich den Namen »Oregon« zunutze, um das Bild üppiger Wälder abzurufen. Die Moose werden je nach Art und Qualität für verschiedene Produkte verwendet. Schlechteres Material nimmt man, um die Blumenkörbe zu füttern, die an Floristen verkauft werden, oder um synthetischen Pflanzenarrangements einen – wie der Katalog verspricht – »lebensechten Look« zu verleihen. Den robusteren und schöneren Teil spart man für einen Spezialzweck auf – für die Herstellung von »Designer-Plattenmoos«. Die fedrigen Wedel werden auf Stoffbahnen geklebt und mit Flammschutzmittel besprüht, um die feuerpolizeilichen Vorschriften an öffentlichen Orten wie Autosalons (wo man sie unter die Motorräder drapiert) oder eleganten Hotellobbys zu erfüllen. Zum Abschluss erfolgt ein patentierter Prozess, bei dem die markengeschützte »Moss Life«-Farbe aufgetragen wird und für ein leuchtendes Grün sorgt. Dieses Moos-»Gewebe« wird aufgerollt und ist damit vertriebsbereit. Es wird nach Quadratmetern verkauft und eignet sich laut Website für Orte, »an denen die Hand von Mutter Natur gewünscht ist«.

So habe ich sie am Flughafen von Portland gesehen, wo sie den Bereich unter den Plastikbäumen zierten. Ich hauchte ihre Namen – *Antitrichia, Rhytidiadelphus, Metaneckera* –, aber sie wandten den Blick von mir ab.

Die Regenwälder des pazifischen Nordwestens schaffen ideale Bedingungen für das Mooswachstum. Die Zweige von Sträuchern und Bäumen sind oft mit dicken Epiphyten-Matten behängt. Sie bestehen aus diversen Moosspezies, Lebermoosen und Flechten, die alle eine wichtige Rolle für Nährstoffzyklen, Nahrungsketten, Biodiversität und die Lebensräume wirbelloser Tiere spielen. Das Gewicht lebender Moose beträgt zwischen zehn und zweihundert Kilogramm pro Hektar. In manchen Wäldern ist das Gewicht der Moose größer als das der Blätter.

Seit 1990 ist das üppige Moosvorkommen durch Angriffe kommerzieller Sammler bedroht, die bemooste Äste komplett kahl machen und ihre Beute an die Gartenbau-Industrie verkaufen. Die gesetzlich erlaubte Moosernte in der Coast Range von Oregon wird auf über 230 000 Kilogramm pro Jahr geschätzt. Die Forstverwaltung regelt die Ernte in staatlichen Wäldern über Genehmigungen, nur wird das kaum kontrolliert. Illegale Ernten belaufen sich wohl auf das Dreißigfache der genehmigten. Zusätzliche Mengen werden in anderen öffentlichen oder auch privaten Wäldern gepflückt.

Bryologen haben experimentell abgeerntete Standort untersucht, um abschätzen zu können, wie schnell das Moos nachwächst. Unseren ersten Erfahrungen zufolge dauert das Jahrzehnte. Auch vier Jahre nach einer Ernte sind die Äste von Ahornbäumen noch glatt und kahl, nur vereinzelt gibt es Spuren wiederkehrender Moose. Die Moose am Rand abgerissener Matten gedeihen nach wie vor, besiedeln die kahlen Bereiche aber nur im Schneckentempo – in vier Jahren nur wenige Zentimeter. Wie es scheint, ist die glatte Rinde eines erwachsenen Baums einfach *zu* glatt und schlüpfrig, um Moosen Halt zu verschaffen.

Kent Davis und ich haben uns damit beschäftigt, wie Moose als Epiphyten ihren natürlichen Anfang nehmen. Sie müssen doch in der Lage sein, eine Rinde zu besiedeln – wie könnten sich sonst diese dicken Moosteppiche bilden? Was wir herausfanden, hat uns selbst überrascht. Auf jungen Bäumen besiedeln Moose gar nicht die Rinde. Wir stellten fest, dass sie auf kleinen Zweigen und jungen Ästen komplett kahl bleibt. Hingegen gab es auf fast jeder Blatt- oder Blütennarbe ein kleines Moosfleckchen. Wenn man sich einen Zweig genauer ansieht, erkennt man, dass er zum Großteil mit Rinde bedeckt, gleichzeitig aber auch von seiner kurzen Geschichte gezeichnet ist. Wo das Blatt vom letzten Jahr stand, gibt es einen kleinen Stummel. Diese sogenannte Blattnarbe ist korkig und besitzt gerade so viel Struktur, dass sich ein oder zwei Sporen festsetzen können. Zweige haben außerdem ein paar dicht beieinander liegende Erhöhungen, die anzeigen, wo die Blüte war. Auch diese Unebenheit scheint Halt für Moose zu bieten. Ein junger Ast gewinnt seinen Moosbewuchs also durch einen kleinen Fleck nach dem anderen, und das durch immer mehr Blattnarben. Wir konnten beobachten, dass die Größe der Moosflecken mit dem Alter des Astes zunahm. Je älter ein Baum wurde, desto vielfältigere Moose siedelten sich an – nicht auf der Rinde, sondern auf den ursprünglichen Moosen. Die dicken Moosmatten reifer Bäume nahmen ihren Anfang also auf Zweigen. Wie wir festgestellt haben, ist die Besiedlung auf jungen, unebenen Zweigen viel einfacher, die auf alten Ästen hingegen so gut wie unmöglich. Wenn der Zweig älter wird, die Blattnarben weniger werden und weiter auseinander liegen, können sich Moose viel schlechter ansiedeln. Das lässt also den Schluss zu, dass die Moosmatten, die Zweige und Äste nach unten ziehen, vermutlich genauso alt sind wie die Bäume selbst.

Moossammler entfernen letztendlich »Primär«-Moos, das sich längst nicht so schnell wiederherstellen kann, wie es beseitigt wurde. Laut Definition wird also nicht nachhaltig geerntet. Der Verlust der Moose lässt Konsequenzen erahnen, die wir noch gar nicht abschätzen können. Wenn das Moos weg ist, verschwindet mit ihm auch sein Netz der Interaktionen. Vögel, Flüsse und Salamander werden es schmerzlich vermissen.

In diesem Frühjahr habe ich ein paar winterharte Stauden gekauft, und zwar in meinem Gartenbaumarkt in Upstate New York, einen ganzen Kontinent von den moosigen Wäldern Oregons entfernt. Wie üblich gab es die schönsten Dinge zu sehen, von Sonnenuhren bis hin zu edler Töpferware. Beim Gang durch die Reihen griff meine Tochter nach meinem Arm und sagte unheilvoll: »Schau mal.« An der Wand war eine Menagerie aus Tiernachbildungen aufgereiht: lebensgroße Rentiere, grüne Teddybären und graziöse Schwäne. Jedes bestand aus einem Drahtgestellt, ausgestopft mit den Kadavern von Oregon-Moos. Die Zeit des stummen Beobachtens ist vorbei.

STROH ZU GOLD

Es verschwand in dem Jahr, in dem ich die Vorhänge angebracht habe. Ich wusste, das war ein Fehler, aber da ich sie selbst genäht und eben zur Verfügung hatte, fühlte ich mich verpflichtet, sie auch aufzuhängen – obwohl sie im Wind flattern und bei Sturm durchnässt an der Scheibe kleben. So ist sie nun mal, die Tyrannei des Eigentums. Das Fenster geht nach innen auf, ein großer, quadratischer Rahmen mit gewellter Glasscheibe, dessen Lack wettergegerbt ist und stückchenweise abblättert. Ob Tag oder Nacht, ich mache es nur selten zu. Durch dieses Fenster dringen die lauten Geräusche des Sees sowie die leiseren der Weymouthkiefern, die von der Sonne ganz harzig werden. Warum hängt jemand in der Wildnis Vorhänge auf? Um in tiefschwarzer Nacht das Sternenlicht auszuschließen? Um eintausend winzige Punkte am Hereinschauen zu hindern?

In jedem Frühjahr schließe ich mein Haus voller Dinge ab, dieses weiche Nest der Bücher und Schallplatten, der sanften Beleuchtung, der gemütlichen Sessel und – ich muss es errötend eingestehen – der drei Computer sowie einer Spülmaschine. Ich verlasse den akkurat gepflegten Garten, in dem gerade der Rittersporn zu blühen beginnt, und nehme so wenig wie möglich mit. Je weiter ich nach Norden fahre bei dieser jährlichen Migration vom hügeligen Ackerland Upstate New Yorks in die dichten Wälder der Adirondacks, desto mehr entfernt sich das bequeme Leben im Professorenhaus.

Die Bio-Station steht einsam und allein am Ostufer des Cranberry Lake. Um sie zu erreichen, muss man mit dem Boot sieben Meilen über den See fahren. Anfang Juni kann die Passage ganz schön wild sein. Noch vor sechs kurzen Wochen war der See zugefroren. Regen und Wellen tragen das Ihrige bei und rinnen mir am Regenmantel herunter. Ich drehe mich nach den Mädchen um, die im Heck sitzen und die Köpfe in ihre Ponchos eingezogen haben wie blaurote Schildkröten. Der Wind bläst mir fast die Brille aus dem

Gesicht, dazu blendet mich der Regen beim Versuch, das Boot auf Höhe der Wellen zu halten. Nur eine davon muss den Bug treffen, und schon sind alle klatschnass. Das eisige Wasser bahnt sich den Weg in meinen minimal geöffneten Kragen und rinnt hinunter zwischen meine Brüste. Alles, was wir haben, ist dieses Boot. Alles, was wir brauchen, liegt am anderen Ufer.

Wir erreichen die Anlegestelle, als der Himmel sich in Dunkelheit verwandelt, und gehen durch den tropfenden Wald zur unbeleuchteten Hütte, die nur durch den grauen Widerschein vom See her erkennbar ist. Im Dunkeln streifen wir die nassen Sachen ab, dann suche ich tastend die Kaffeedose mit den Streichhölzern. Die Mädchen stehen in Decken gehüllt hinter mir, während ich vor dem Kamin knie. Ihre nassen Socken hinterlassen Spuren auf dem Boden. Die erste Schwefelflamme des Streichholzes scheint den ganzen Raum zu erleuchten, erst blau, dann golden, bevor sie den Birkenscheit erfasst. Die Rinde der Gelbbirke riecht für mich immer nach Geborgenheit. Ich stoße einen Seufzer der Erleichterung aus und spüre die Spannung von meinen Schultern abgleiten, als sei sie Regen auf dem Dach. An diesem fernen Ufer, an diesem regnerischen Abend mit seinem Feuerschein, der über die nackten Wände tanzt, bin ich glücklicher als in meinem warmen Haus voller schöner Dinge. Hier ist alles, was ich brauche. Und das ist wunderbar wenig: draußen Regen, innen Feuer. Und Suppe. Alles andere ist Luxus. Gerade auch Vorhänge.

Jeden Sommer habe ich weniger mit hergebracht. Als die Mädchen noch klein waren, hatte jede nur ein Spielzeug sowie für Regentage eine Schachtel mit Stiften, Papier und dergleichen dabei. Meist wurde alles wieder eingepackt, ohne je benutzt worden zu sein. Ein Sommer war fast nicht lang genug für die Felsen, die zu erklettern, und die Forts, die zu bauen waren. Die Malstifte schmachteten dahin, während unter den Kiefern kleine Dörfer aus Kieseln und Zapfen entstanden. Sie flochten sich Blauhäherfedern in die Zöpfe und löffelten den Sommer wie selbstgemachtes Pfirsicheis. Nach dem Abendessen legte ich meine Moos-Arbeit weg und wir drehten eine Runde am See entlang. Zu dieser späten Stunde tauchte die tiefstehende Sonne unser Ufer in ein Licht, das so dickflüssig und golden wie Honig war. Wir kletterten über die Felsen, tauchten die Füße ins Wasser und versuchten dabei, den Wellen auszuweichen. Die Mädchen untersuchten Treibholz und perlmuttfarbene Muschelschalen, im Gesicht den leuchtend goldenen Sonnenuntergang. Und genau da entdeckten wir es, dieses unvorstellbarste aller Dinge.

Die Brände, die hier am Ende des zwanzigsten Jahrhunderts wüteten, erzeugten eine Vegetation aus Papierbirken, strahlend weiß und im Gletschersand wurzelnd. Der letzte Gletscher hatte für ein Ufer aus Granitblöcken gesorgt. Diese Steingebilde bieten herrliche Plätze, um den Sonnenuntergang zu betrachten, und formen einen starken Schutzwall gegen Wind und Wellen. Aber es gibt Spalten, wo Sturm die Wellen herangepeitscht, den Sand weggespült und das Gestein ausgehöhlt hat. Hier stecken wir den Kopf hinein, nachdem wir die Spinnweben über der Öffnung weggewischt haben. Die Höhlen sind gerade so groß, dass ein Kind hineinpasst – Erwachsene haben keinen Zutritt und dürfen nur hineinschauen. Ich liege auf den flachgeschliffenen Kieseln, habe den Kopf in der Höhle und sehe nach oben ins Dunkel. Es riecht hier so feuchtkalt wie in einem alten Keller mit Erdboden. So gedämpft der Wellenschlag draußen klingt, so laut hört man in der düsteren Stille das aufgeregte Atmen meiner Töchter.

Die Höhlendecke ist eine dunkle Kuppel aus Sand, die von einem Netz aus Birkenwurzeln zusammengehalten wird. Die Rückseite der Höhle verschwindet oben im Schatten. Was es an Licht gibt, bewegt sich gespenstisch, Reflexionen des Wassers draußen, die an den Wänden auf und ab tanzen. Dann sehe ich aus dem Augenwinkel etwas glitzern. Etwas Grünes. Etwas Flüchtiges, wie das Aufblitzen eines Luchsauges im Feuerschein.

Ich strecke den Finger nach dem grünen Geglitzer aus, ziehe ihn aber gleich wieder zurück, als ich nur Feuchtigkeit spüre, wie eine Schicht kalten Schweiß. Fast erwarte ich, dass meine Fingerspitze so leuchtet wie an dem Sommerabend, als ich beim Verschließen eines Einweckglases aus Versehen ein Glühwürmchen zerquetscht habe. Aber nichts ist zu sehen. Die Wand selbst scheint hier Licht abzugeben. Wenn ich den Kopf drehe, kommt und geht dieses Licht wie das Schillern einer Kolibri-Kehle, im einen Moment leuchtend, im nächsten wieder schwarz.

Schistostega pennata, das »Teufelsgold«, ist anders als andere Moose. Es ist der Inbegriff des Minimalismus – größter Erfolg mit einfachsten Mitteln. So einfach, dass man es gar nicht für ein Moos halten will. Die typischeren Moose draußen am Ufer breiten sich aus, um auch genügend Sonne abzubekommen. So widerstandsfähig die kleinen Blätter und Triebe sind, brauchen sie doch eine bestimmte Menge an Sonnenenergie, um zu wachsen und überhaupt zu überleben. In der Sonnenwährung sind sie teuer. Manche Moose brauchen zum Überleben das volle Sonnenlicht, andere mögen das diffuse Licht des Wolkenspiels, aber *Schistostega* braucht nichts als nur den Silberstreif der Wolken. In diesen Uferhöhlen beschränkt sich das Licht auf die Reflexionen von der Seeoberfläche – gerade mal ein Zehntelprozent von dem, was es draußen gibt.

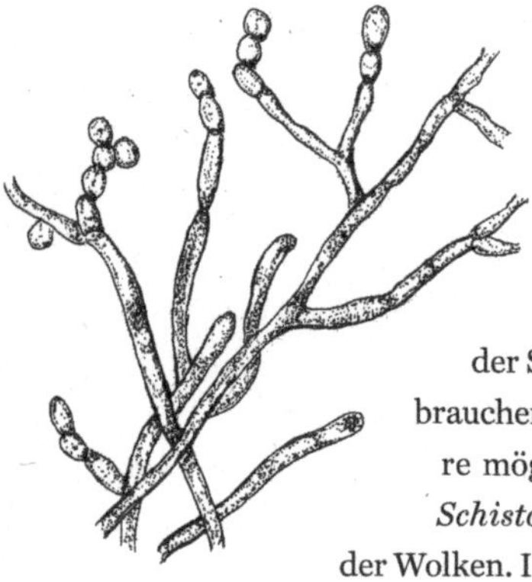

Faserige Protonemata des Schistostega pennata.

In der Höhle ist viel zu wenig Licht, um eine aufwändige Architektur zu betreiben. Blätter würden in derart karger Umgebung einen Luxus darstellen. So beschränkt sich das *Schistostega* auf eine fragile Matte aus leuchtend grünen Vorkeimen, den Protonemata. Sein flatterndes Auftreten entsteht durch die annähernd unsichtbaren Fäden, die sich kreuz und quer durch den Untergrund ziehen. Es leuchtet im Dunkeln oder besser: Es funkelt im Halbdunkel von Orten, die kaum Sonne abbekommen.

Jeder Faden ist ein Band aus Einzelzellen, die wie Perlen auf eine Schnur aufgereiht sind. Die Wände der Zellen sind angewinkelt und bilden Facetten wie ein geschliffener Diamant. Diese Facetten sind schuld daran, dass das *Schistostega* funkelt wie die Lichter einer weit entfernten Stadt. Minimale Lichtmengen werden von den Zellwänden aufgenommen und nach innen geleitet, wo ein einzelner großer Chloroplast den gebündelten Strahl erwartet. Er ist voller Chlorophyll, besitzt höchst komplizierte Membranen und verwandelt die Lichtenergie in einen Fluss aus Elektronen. Das ist der elektrische Strom der Photosynthese, die Sonne in Zucker umwandelt, Stroh zu Gold spinnt.

An diesem schattigen Ort, an dem grünes Leben unmöglich scheint, hat das *Schistostega* alles, was es braucht. Draußen Regen, innen Feuer. Ich fühle mich diesem Lebewesen verwandt, auch wenn sein kaltes Licht ganz anders ist als meines. Es fordert so gut wie nichts von der Welt und antwortet dennoch mit Geglitzer. Ich hatte schon oft das Glück, mit außergewöhnlichen Lehrern gesegnet zu sein, und einer davon ist definitiv das *Schistostega*.

Meine kleine Tochter pustet gegen die Wurzeln, die vor ihrem Gesicht baumeln. Sie sieht selbst wie ein Teufelchen aus, wie sie da im Dunkeln hockt und das Gold betrachtet. Draußen geht bald die Sonne unter. Ein breiter Streifen orangefarbenes Licht entrollt sich über den See auf uns zu. Die Sonne ist jetzt nur ein, zwei Grad über dem Horizont und senkt sich auf die Berge am anderen Ufer. Gleich ist es soweit. Mit angehaltenem Atem sehen wir, wie das Licht an der Höhlenwand hinaufklettert. Dann ist die Sonne endlich tief genug, um die Öffnung der Höhle zu erfassen. Sie durchdringt die Finsternis wie ein Lichtstrahl, der am Morgen der Sommersonnenwende durch den Spalt eines Inka-Tempels fällt. Timing ist alles. Für einen Moment, kurz bevor die Erde uns wieder in die Nacht dreht, ist die Höhle mit Licht überflutet. Die Unscheinbarkeit des *Schistostega* explodiert in einen Funkenregen, der an weihnachtlichen Glitzerstaub erinnert. Jede Zelle des Protonema reflektiert das Licht und verwandelt es in den Zucker, von dem sich das Moos in der kommenden Dunkelheit ernähren wird. Nach wenigen Minuten ist es wieder weg. All seine Bedürfnisse werden in einem flüchtigen Moment am Ende des Tages erfüllt, wenn die Sonne eine Linie mit dem Höhlenmund bildet. Wir klettern wieder auf die Uferböschung und gehen zurück zur Hütte, während der Sonnenuntergang zu Dunkelheit verblasst.

An einem günstigen Sommerabend wie diesem gibt es viel Licht. In Reaktion darauf vergrößert sich das *Schistostega*, um mehr davon aufnehmen zu können. Entlang des Protonema haben sich kleine Augen gebildet, die den kurzzeitigen Überfluss ausnutzen wollen. Diese Augen erweitern sich zu aufrechten Trieben, die über das ganze Protonema verteilt sind. Jeder Trieb sieht aus wie eine Feder, ganz flach und zart. Die glatten, blaugrünen Wedel stehen da wie eine Waldwiese aus durchscheinenden Farnen und folgen dem Weg der Sonne. Es gibt so wenig davon. Und trotzdem reicht sie aus.

Das Wissen um dieses Moos wurde mir geschenkt, und ich teile es nur zögerlich. Mein ehemaliger Professor hat mir die Stelle gezeigt, bevor er in Rente ging – und nachdem ihm klar geworden war, dass mich die Bryologie nicht mehr loslassen würde. Kaum jemand wurde von mir eingeweiht. Ich befürchte sogar, mit diesem Wissen richtig geizig gewesen zu sein, denn ich teilte es nur mit denjenigen, die dieses Geschenks auch wirklich würdig waren. Nicht dass ich Angst gehabt hätte, sie würden es so sehr schätzen, dass sie es mit nach Hause nahmen. Eher befürchtete ich, sie könnten es nicht *hoch genug* einschätzen. Deshalb hortete ich das Gold und beschützte es, wie ich dachte, vor der Missachtung derer, die sein schwaches Funkeln nicht spektakulär genug fanden.

Das beständig glimmernde Licht schenkt dem *Schistostega* so viel Energie, dass es eine Familie gründen kann. In der Feuchtigkeit, die sich an der Höhlenwand bildet, schwimmen die Spermien blind vor sich hin, bis sie ein empfängnisbereites weibliches Geschlecht finden, und es entsteht ein Sporophyt. Diese winzige Kapsel sprießt aus einem hauchdünnen Wedel und übergibt ihre Sporen dem Wind. Ich würde vermuten, dass es aus dieser windstillen Höhle kein Entrinnen gibt, und doch finden sich am Ufer immer wieder *Schistostega*-Flecken. Irgendwie schaffen sie es wohl zu anderen Nischen dieses zufälligen Lebensraums, was wirklich gut ist, denn ewig lebt so eine Höhle ja nicht.

Meine Mädchen wurden älter und hatten irgendwann Besseres zu tun, als bei Sonnenuntergang am See entlang zu spazieren. Und ohne sie ging ich immer seltener zu den Höhlen. Ich beschäftigte mich mit anderen Dingen, etwa dem Anbringen von Vorhängen. Das war das Jahr, in dem unser Leuchtmoos verschwand. Eines Abends ging ich alleine zum See und sah, dass die Böschung, in der es gewohnt hatte, durch ihr Eigengewicht eingebrochen war und den Höhlenmund verschlossen hatte. Vermutlich als unvermeidliche Folge von Zeit und Erosion. Aber wer weiß?

Schistostega pennata, das »Teufelsgold«

Ein Onandaga-Ältester hat mir einmal erklärt, dass Pflanzen dann zu uns kommen, wenn sie gebraucht werden. Wenn wir ihnen durch Verwendung Respekt erweisen und ihre Geschenke zu schätzen wissen, werden sie stärker. Sie bleiben so lange bei uns, solange wir sie respektieren. Aber wenn wir sie vergessen, verschwinden sie.

Die Vorhänge waren ein Fehler. Als ob Sonne, Sterne und ein Moos, das glitzert, nicht genug gewesen wären. Ihr unnötiges Flattern war ein Mangel an Respekt, ein richtiger Affront gegenüber dem Licht und der Luft vor meinem Fenster. Stattdessen bat ich die kleine Tyrannei der Dinge herein und ließ zu, dass sie mich vergesslich machte. Ich vergaß, dass alles, was ich brauche, bereits da ist: draußen Regen, innen Feuer. Diesen Fehler hätte das *Schistostega* nicht gemacht. Jetzt ist es natürlich zu spät, die Höhle existiert ja nicht mehr. Ich stopfte die Vorhänge in den Holzofen und schickte sie durch den Kamin hinauf zu den funkelnden Sternen.

Später, als das Feuer zu glimmender Asche heruntergebrannt war und der Mond zum Fenster hereinschien, dachte ich über das *Schistostega* nach. Lässt es sich auch durch gespiegeltes Mondlicht zum Funkeln bringen? Wie viele Tage im Jahr kann es damit rechnen, dass die Sonne mit seinem Fenster zum See eine Linie bildet? Kann es am gegenüberliegenden Ufer leben, wo es auf das Licht des Sonnenaufgangs wartet? Oder wächst es tatsächlich nur auf unserer Seite, wo der Wind Höhlen geformt hat und die Sonne in den Fels hineinscheinen kann? Ein Zusammentreffen der Umstände, die seine Existenz überhaupt erst möglich machen, ist derartig unwahrscheinlich, dass *Schistostega* bei weitem wertvoller ist als Gold. Ob des Teufels oder anderes. Seine Existenz hängt nicht nur vom zufällig passenden Winkel der Höhle ab, sondern auch von den Bergen am westlichen Ufer, die mit mehr Höhe für einen früheren Sonnenuntergang sorgen würden. Dieses kleine Detail würde ein Glitzern verhindern. Und nur dadurch, dass der Wind von Westen her gegen das Ufer schlägt, sind die Höhlen für das *Schistostega* überhaupt erst entstanden. Sein Leben gibt es genau wie das unsrige aufgrund einer Vielzahl an zusammenlaufenden Faktoren, die uns in diesem speziellen Moment an diesen speziellen Ort bringen. Um so ein Geschenk angemessen zu erwidern, müsste man eigentlich selbst glitzern.

Danksagungen

Viele wunderbare Menschen waren an der Entstehung dieses Buches beteiligt. Dank geht an meinen Vater Robert Wall für all die Zeit, die er mit dem Betrachten von Moosen verbracht, sowie seine Begabung, die ihm zu diesen wunderschönen Zeichnungen verholfen hat – es war eine Freude, mit ihm zusammenzuarbeiten. Außerdem bedanke ich mich für die Genehmigung, die Illustrationen von Howard Crum verwenden zu dürfen, einem großen Bryologen, dessen Bücher und Abbildungen viele Leuten mit Moosen bekannt gemacht haben. Ich danke Pat Muir und Bruce McCune für ihre Gastfreundschaft und Ermutigung; Chris Anderson und Dawn Anzinger für ihre Lektüre; der National Science Foundation sowie der Oregon State University für die Unterstützung, durch die dieses Buch erst möglich wurde. Sehr dankbar bin ich Mary Elizabeth Braun und Jo Alexander von der Oregon State University Press, die mir mit Rat und Rat zur Seite gestanden haben. Die Anmerkungen und Hinweise der Rezensentinnen Janice Glime und Kareen Sturgeon, der Teilnehmer meines »Bryophyte Ecology«-Kurses am SUNY College of Environmental Science and Forestry sowie vieler Freundinnen und Freunde waren alle sehr hilfreich. Vor allem habe ich aber eine liebevolle Familie, die mir einen Lebensraum bietet, in dem Gutes wachsen kann. Ich danke meiner Mutter, die mir von Anfang an beim Schreiben zugehört und einen Ort der Schönheit geschaffen hat, meinem Vater, den ich in die Wälder und andere Landschaften begleiten durfte, sowie meinen Schwestern und Brüdern für ihre Aufmunterungen. Ich danke Jeff, der seit dem allerersten Schritt an mich geglaubt hat. Besonders dankbar bin ich für die Liebe und Großzügigkeit meiner Töchter Linden und Larkin, die mir stets die größte Inspiration waren.

Literaturverzeichnis

BÜCHER: BIOLOGIE DER MOOSE

Bates, J.W. & A.M.Farmer (Hrsg.): *Bryophytes and Lichens in a Changing Environment.* Clarendon Press 1992.
Bland, J.: *Forests of Lilliput.* Prentice Hall 1971.
Grout, A. J.: *Mosses with Hand-lens and Microscope* (1903 im Eigenverlag erschienen).
Malcolm, B. & N.Malcolm: *Mosses and Other Bryophytes: An Illustrated Glossary.* Micro-optics Press 2000.
Schenk, G.: *Moss: Gardening.* Timber Press 1999.
Schofield, W.B.: *Introduction to Bryology.* The Blackburn Press 2001.
Shaw, A.J. & B.Goffinet: *Bryophyte Biology.* Cambridge University Press 2000.
Smith, A.J.E. (Hrsg.): *Bryophyte Ecology.* Chapman and Hall 1982.

BÜCHER: BESTIMMUNG VON MOOSEN

Conard, H.S.: *How to Know the Mosses and Liverworts.* McGraw-Hill 1979.
Crum, H.A.: *Mosses of the Great Lakes Forest.* University of Michigan Herbarium 1973.
Crum, H.A. & L.E.Anderson: *Mosses of Eastern North America.* Columbia University Press 1981.
Lawton, E.: *Moss Flora of the Pacific Northwest.* The Hattori Botanical Laboratory 1971.
McQueen, C.B.: *Field Guide to the Peat Mosses of Boreal North America.* University Press of New England 1990.
Schofield, W.B.: *Some Common Mosses of British Columbia.* Royal British Columbia Museum 1992.
Vitt, D.H. u.a.: *Mosses, Lichens and Ferns of Northwest North America.* Lone Pine Publishing 1988.

WEITERE QUELLEN

Alexander, S.J. & R.J.McLain: »An overview of non-timber forest products in the United States today.« In: Emery, M.R. & R.J. McLain (Hrsg.), *Non-timber Forest Products,* S. 59–66. The Haworth Press 2001.
Binckley, D. & R.L.Graham: »Biomass, production and nutrient cycling of mosses in an old-growth Douglas-fir forest.« In: *Ecology* 62, S. 387–389 (1981).
Cajete, G.: *Look to the Mountain: An Ecology of Indigenous Education.* Kivaki Press 1994.
Clymo, R.S. & P.M. Hayward: »The ecology of Sphagnum.« In: Smith, A.J.E. (Hrsg.), *Bryophyte Ecology,* S. 229–290. Chapman and Hall 1982.
Cobb, R.C., N.M.Nadkarni, G.A.Ramsey & A.J. Svoboda: »Recolonization of bigleaf maple branches by epiphytic bryophytes following experimental disturbance.« In: *Canadian Journal of Botany* 79, S. 1–8 (2001).
DeLach, A.B. & R.W. Kimmerer: »Bryophyte facilitation of vegetation establishment on iron mine tailings in the Adirondack Mountains.« In: *The Bryologist* 105, S. 249–255 (2002).
Dickson, J.H.: »The moss from the Iceman's colon.« In: *Journal of Bryology* 19, S. 449–451 (1997).
Gerson, U.: »Bryophytes and invertebrates.« In: Smith, A.J.E. (Hrsg.), *Bryophyte Ecology,* S. 291–332. Chapman and Hall 1982.

Glime, J.M.: »The role of bryophytes in temperate forest ecosystems.« In: *Hikobia* 13, S. 267–289 (2001).
Glime, J.M. & R.E. Keen: »The importance of bryophytes in a man-centered world.« In: *Journal of the Hattori Botanical Laboratory* 55, S. 133–146 (1984).
Gunther, E.: *Ethnobotany of Western Washington: The Knowledge and Use of Indigenous Plants by Native Americans.* University of Washington Press 1973.
Kimmerer, R.W.: »Reproductive ecology of Tetraphis pellucida: differential fitness of sexual and asexual propagules.« In: *The Bryologist* 94(3), S. 284–288 (1991).
Kimmerer, R.W.: »Reproductive ecology of Tetraphis pellucida: population density and reproductive mode.« In: *The Bryologist* 94(3), S. 255–260 (1991).
Kimmerer, R.W.: »Disturbance and dominance in Tetraphis pellucida: a model of disturbance frequency and reproductive mode.« In: *The Bryologist* 96(1), S. 73–79 (1993).
Kimmerer, R.W.: »Ecological consequences of sexual vs. asexual reproduction in Dicranum flagellare.« In: *The Bryologist* 97, S. 20–25 (1994).
Kimmerer, R.W. & T.F.H. Allen: »The role of disturbance in the pattern of riparian bryophyte community.« In: *American Midland Naturalist* 107, S. 37–42 (1982).
Kimmerer, R.W. & M.J.L. Driscoll: »Moss species richness on insular boulder habitats: the effect of area, isolation and microsite diversity.« In: *The Bryologist* 103(4), S. 748–756 (2001).
Kimmerer, R.W. & C.C. Young: »The role of slugs in dispersal of the asexual propagules of Dicranum flagellare.« In: *The Bryologist* 98, S. 149–153 (1995).
Kimmerer, R.W. & C.C. Young: »Effect of gap size and regeneration niche on species coexistence in bryophyte communities.« In: *Bulletin of the Torrey Botanical Club* 123, S. 16–24 (1996).
Larson, D.W. & J.T. Lundholm: »The puzzling implication of the urban cliff hypothesis for restoration ecology.« In: *Society for Ecological Restoration News* 15, S. 1 ff. (2002).
Marino, P.C.: »Coexistence on divided habitats: Mosses in the family Splachnaceae.« In: *Annals Zoologici Fennici* 25, S. 89–98 (1988).
Marles, R. J., C. Clavelle, L. Monteleone, N. Tays & D. Burns: *Aboriginal Plant Use in Canada's Northwest Boreal Forest.* UBC Press 2000.
O'Neill, K.P.: »Role of bryophyte dominated ecosystems in the global carbon budget.« In: Shaw, A. J. & B. Goffinet (Hrsg.), *Bryophyte Biology*, S. 344–368. Cambridge University Press 2000.
Peck, J.E.: »Commercial moss harvest in northwestern Oregon: describing the epiphytic communities.« In: *Northwest Science* 71, S. 186–195 (1997).
Peck, J.E. & B. McCune: »Commercial moss harvest in northwestern Oregon: biomass and accumulation of epiphytes.« In: *Biological Conservation* 86, S. 209–305 (1998).
Peschel, K. & L.A. Middleman: *Puhpohwee for the People: A Narrative Account of Some Uses of Fungi among the Anishinaabeg.* Educational Studies Press 1998.
Rao, D.N.: »Responses of bryophytes to air pollution.« In: Smith, A. J. E. (Hrsg.), *Bryophyte Ecology*, S. 445–472. Chapman and Hall 1982.
Vitt, D.H.: »Peatlands: ecosystems dominated by bryophytes.« In: Shaw, A. J. & B. Goffinet (Hrsg.), *Bryophyte Biology*, S. 312–343. Cambridge University Press 2000.
Vitt, D.H. & N.G. Slack: »Niche diversification of Sphagnum in relation to environmental factors in northern Minnesota peatlands.« In: *Canadian Journal of Botany* 62, S. 1409–1430 (1984).

FÜR DIE ÜBERSETZUNG HERANGEZOGENE QUELLEN

Aichele/Schwegler: *Unsere Moos- und Farnpflanzen.* Verlag Franckh-Kosmos 1993.
Marbach/Kainz: *Moose, Farne und Flechten.* BLV Verlagsgesellschaft 2002.
Wirth, V. & R. Düll: *Farbatlas Flechten und Moose.* Verlag Eugen Ulmer 2000.

www.moose-deutschland.de
www.botanik-seite.de

Abbildungen

Die Zeichnungen auf folgenden Seiten entstammen Howard Crums Mosses of the Great Lakes Forest: **41, 59, 61, 62, 134, 163, 164, 171, 178.**
Alle anderen Zeichnungen stammen von R. L. Wall.

FOTOGRAFIEN:
S. 2: Feodora Umarov, »Moss 2«, Bildausschnitt, CC BY 2.0, {www.flickr.com/photos/25815620@N05/3455551790/}. **S. 10:** Photo by Juan Faraco on Unsplash, Bildausschnitt, {unsplash.com/photos/228dqPI5068}. **S. 18:** U.S. Fish and Wildlife Service Southeast Region, »Sphagnum mosss May 2010«, © Gary Peeples/USFWS, Bildausschnitt, CC BY 2.0 {www.flickr.com/photos/usfwssoutheast/4660978704/}. **S. 27:** Woods People, »Swirly moos«, Bildausschnitt, CC BY 2.0, {www.flickr.com/photos/woodspeople/47842075531/}. **S. 36:** Liz West, »moss flowers«, Bildausschnitt, CC BY 2.0, {www.flickr.com/photos/calliope/33852125913/}. **S. 46:** Photo by Zach Reiner on Unsplash, Bildausschnitt, {unsplash.com/photos/uPOd80Sg8uQ}. **S. 54:** Björn S..., »Moss«, Bildausschnitt, CC BY-SA 2.0, {www.flickr.com/photos/40948266@N04/23972832153/}. **S. 66:** Photo by Eugene Chystiakov on Unsplash, Bildausschnitt, {unsplash.com/photos/9UOF4oliKUY}. **S. 76:** La Mary Anne, »Musgo«, Bildausschnitt, CC BY-ND 2.0, {www.flickr.com/photos/anamlasheras/50755370576/}. **S. 88:** slashvee, »Moss Macro«, Bildausschnitt, CC BY-ND 2.0, {www.flickr.com/photos/slashvee/16411235546/}. **S. 97:** Andrew Otto, »moss«, Bildausschnitt, CC BY-SA 2.0, {www.flickr.com/photos/ottomatona/6864468253/}. **S. 113:** Siaron James, »Moss«, Bildausschnitt, CC BY 2.0, {www.flickr.com/photos/59489479@N08/6097288823/}. **S. 125:** Siaron James, »Moss mat«, Bildausschnitt, CC BY 2.0, {www.flickr.com/photos/59489479@N08/6097301927/}. **S. 135:** Photo by Adam Najah on Unsplash, Bildausschnitt, {unsplash.com/photos/qiLH0OQfXRg}. **S. 149:** Photo by Alex D on Unsplash, Bildausschnitt, {unsplash.com/photos/rAVtj_bCn2M}. **S. 161:** Siaron James, »Moss mat«, Bildausschnitt, CC BY 2.0, {www.flickr.com/photos/59489479@N08/6097279865/in/photostream/}. **S. 166:** Laurent Jégou, »Moss stacking«, Bildausschnitt, CC BY-ND 2.0, {www.flickr.com/photos/laurent_jegou/43208696964/in/photostream/}. **S. 185:** bambe1964, »moss«, Bildausschnitt, CC BY-ND 2.0, {www.flickr.com/photos/bambe1964/5907242492/}. **S. 197:** Rob Mitchell, »Moss«, Bildausschnitt, CC0 1.0, {www.flickr.com/photos/swallowed tail/32610373951/}. **S. 204:** quillons, »Moss«, Bildausschnitt, CC BY-ND 2.0, {www.flickr.com/photos/7632432@N02/4495829416/}.

Die erwähnten Moose und ihre deutschen Bezeichnungen

Anodomon	Wolfsfuß
Antitrichia curtipendula	Hängemoos
Barbula fallax	Falsches Bärtchenmoos
Brachythecium	Kegelmoos
Bryum	Birnmoose
B. argenteum	Silber-Birnmoos
Callicladium	(kein eigener deutscher Name)
Campylium	Goldschlafmoos
Ceratodon purpureus	Purpurmoos oder Hornzahnmoos
Claopodium	(kein eigener deutscher Name)
Conocephalum conicum	Kegelkopfmoos
Dendroalsia	(kein eigener deutscher Name)
Dicranoweisia	Gabelzahnperlmoos
Dicranum	Gabelzahnmoose
D. flagellare	Peitschen-Gabelzahnmoos
D. fulvum	Braungelbes Gabelzahnmoos
D. montanum	Berg-Gabelzahnmoos
D. polysetum	Gewelltblättriges Gabelzahnmoos
D. scoparium	Gewöhnliches Gabelzahnmoos
D. viride	Frischgrünes Gabelzahnmoos
Eurhynchium	Schnabelmoos
Fissidens osmundoides	Eibenblättriges Spaltzahnmoos
Grimmia	Kissenmoos
Gymnostomum aeruginosum	Nacktmundmoos
Hedwigia	Hedwigsmoos
Herzogiella striatella	Streifenfrüchtiges Herzogmoos
Homalothecium	Seidenmoos
Hypnum	Schlafmoos
Isothecium	Mausschwanzmoos
Leucolepis	(kein eigener deutscher Name)
Metaneckera	(kein eigener deutscher Name)
Mielichhoferia	(kein eigener deutscher Name)
Mnium	Sternmoos
M. cuspidatum	Spitzblättriges Sternmoos

Neckera complanata	Glattes Neckermoos
N. pennata	Gefiedertes Neckermoos
Orthotrichum	Steifblattmoos
Plagiomnium	Kriechsternmoos
Plagiothecium denticulatum	Zahn-Plattmoos
Pogonatum	Filzmützenmoos
Polytrichum	Widertonmoos
Racomitrium	Zackenmützenmoos
Rhytidiadelphus	Kranzmoos
Schistostega pennata	Feder-Leuchtmoos, im Volksmund auch Teufelsgold
Sphagnum	Bleich- oder Torfmoos
Splachnum	Schirmmoose
S. ampullulaceum	Flaschenfrüchtiges Schirmmoos
Tayloria	Halsmoos
Tetraphis pellucida	Georgsmoos
Tetraplodon	Schmalfrüchtiges Vierzackmoos
Thuidium delicatulum	Zartes Thujamoos
Ulota crispa	Gemeines Krausblattmoos

Register

Robin Wall Kimmerer, 1953 geboren, ist Wissenschaftlerin, Autorin, Mitglied der Citizen Potawatomi Nation und wahrscheinlich die bekannteste Bryologin der Welt. Ihr 2013 erschienenes Buch *Geflochtenes Süßgras* galt lange als Geheimtipp und entwickelte sich 2020 zum Times-Bestseller.

Dieter Fuchs, 1962 in Salzburg geboren, arbeitete zunächst als freier Musiker und Schauspieler. Nach einem Studium der Rhetorik und Literaturwissenschaften lebt er als Autor, Lektor und literarischer Übersetzer in Stuttgart.

Matthes & Seitz Berlin · Paperback · 048

Vierte Auflage dieser Ausgabe 2026

MSB Matthes & Seitz Berlin Verlagsgesellschaft mbH
Großbeerenstr. 57A, 10965 Berlin, Deutschland
info@matthes-seitz-berlin.de

Der hier abgedruckte Text erschien erstmals in der Reihe NATURKUNDEN herausgegeben von Judith Schalansky.

Umschlaggestaltung und Typografie: Pauline Altmann, Palingen
Druck und Bindung: GGP Media GmbH, Pößneck
Printed in Germany

ISBN 978-3-7518-4502-1
www.matthes-seitz-berlin.de